Franz Bailom/Kurt Matzler/Dieter Tschemernjak

WAS TOP-UNTERNEHMEN ANDERS MACHEN

Franz Bailom/Kurt Matzler/Dieter Tschemernjak

WAS TOP-UNTERNEHMEN ANDERS MACHEN

- Große europäische Strategie-Studie

- Interviews mit Top-Führungskräften

- Erfolgsfaktoren

- Best Practices

Bibliografische Information Der Deutschen Bibliothek

Die Deutsche Bibliothek verzeichnet diese Publikation in der Deutschen Nationalbibliografie; detaillierte bibliografische Daten sind im Internet über http://dnb.ddb.de abrufbar.

ISBN-10: 3-7093-0121-1
ISBN-13: 978-3-7093-0121-0

Es wird darauf verwiesen, dass alle Angaben in diesem Buch trotz sorgfältiger Bearbeitung ohne Gewähr erfolgen und eine Haftung der Autoren oder des Verlages ausgeschlossen ist.

Umschlag: AG MEDIA GmbH
Satz: Hannes Strobl, Satz·Grafik·Design, 2620 Neunkirchen
© LINDE VERLAG WIEN Ges.m.b.H., Wien 2006
1210 Wien, Scheydgasse 24, Tel. 43 01/24630
www.lindeverlag.at

Druck: Hans Jentzsch & Co. Ges.m.b.H., 1210 Wien, Scheydgasse 31

Inhalt

Unserem „Lehrmeister" Univ.-Prof. Hans H. Hinterhuber,
der uns immer wieder gelehrt hat, Wichtiges von Unwichtigem
zu unterscheiden, große Zusammenhänge statt kleiner Details zu
erkennen, Begeisterung für jede neue Idee zu erfahren und ein
Gespür für Vision und Strategie zu entwickeln. Ihm widmen
wir dieses Buch.

Vorwort

Dieses Buch ist für Menschen geschrieben, die etwas verändern wollen. Menschen, die etwas ändern wollen, brauchen „die Gelassenheit, Dinge hinzunehmen, die sie nicht ändern können, den Mut, Dinge zu ändern, die sie ändern können, und die Weisheit, das eine von dem anderen zu unterscheiden." (Friedrich Christoph Oetinger)

Dieses Buch soll Ihnen Impulse und Denkanstöße geben, um jene Änderungen herbeizuführen, die nötig sind, um die Wettbewerbsfähigkeit der Unternehmen, die Sie führen oder in denen Sie arbeiten, zu erhalten oder zu steigern. Es soll helfen, den Blick für das Wesentliche zu schärfen und Ihre Aufmerksamkeit auf jene Stellhebel zu lenken, die den Erfolg des Unternehmens maßgeblich beeinflussen. „Was Top-Unternehmen anders machen" ist das Ergebnis eines vierjährigen Forschungsprojektes. Es ist eine Synthese aus unseren wissenschaftlichen Untersuchungen, aus unseren Erfahrungen in der Praxis und aus zahlreichen Gesprächen mit erfolgreichen Unternehmern und Führungskräften. Unser Ziel war es, dem Erfolgsgeheimnis von Top-Unternehmen auf die Spur zu kommen. Mit der Hilfe von zahlreichen Personen und Institutionen sind wir diesem Ziel ein Stück näher gekommen.

Wir bedanken uns bei jenen 1.100 Führungskräften und Unternehmen, die an unseren Studien teilnahmen und uns ihre wertvolle Zeit und ihr Wissen für unsere Analysearbeiten zur Verfügung stellten. Besonderer Dank gilt Peter Brabeck-Letmathe, Nestlé, Markus Langes-Swarovski, Swarovski, Peter Lorange, IMD, Michael Mirow, Siemens, René Obermann, T-Mobile, Stefan Pierer, KTM, Michael Popp, Uwe Baumann, Bionorica, und Hans-Joachim Reck, Heidrick & Struggles. Sie standen uns in intensiven Gesprächen für eine kritische Reflexion unserer Forschungserkenntnisse zur Verfügung. Sie ermöglichten uns einen Einblick in ihr Führungsverständnis, ihre Strategiekonzeptionen und ihre Denkweisen.

Dieses Forschungsprojekt war nur aufgrund des Engagements

begeisterter Kolleginnen und Kollegen bei IMP möglich. Unser Dank gilt insbesondere Alexander Kausl und Andreas Staudacher für die maßgebliche Unterstützung bei Konzeption und Durchführung der empirischen Studien, sie stellten mit ihren Beiträgen eine zentrale Säule des gesamten Forschungsprojektes dar. Dank auch an Johann Wiespointner, Markus Anschober, Josef Storf und Werner Müller, die uns in der Diskussion forderten und viele wertvolle Denkanstöße lieferten.

Unser Dank an Artur Bobovnicky, Wolfgang Braitsch, Elisabeth Klapsch und Monika Miller für ihre Unterstützung während des gesamten Forschungsvorhabens. Dank auch an unseren Kooperationspartner Institute for International Research IIR, Österreich, Deutschland, Polen, Ungarn und Tschechien, hier im Besonderen Manfred Hämmerle für seine Unterstützung bei der empirischen Erhebung.

Für das Gelingen des Buches sind wir auch Oskar Mennel und Maria Schiestl vom Linde Verlag sowie der Lektorin Monika Spinner-Schuch zu besonderem Dank verpflichtet.

Im Zuge dieser Arbeit gewannen wir die Erkenntnis, dass Ideen Zeit brauchen. Aber wenn die Richtung stimmt, lohnt es sich, Fehler zu begehen, sie zu korrigieren, aus ihnen zu lernen und Umwege zu gehen. Wir hoffen, dieses Buch bereitet dem Leser ebenso viel Freude beim Lesen wie uns beim Verfassen.

Und was sagt Nasreddin? „Wie konntest du es wagen, mein Buch als schlecht zu bezeichnen – schließlich hast du selber noch kein einziges verfasst!" entzürnte sich ein Autor gegen Nasreddin. Dieser antwortete: „Ich habe in meinem Leben auch noch kein Ei gelegt. Wie aber ein gekochtes Ei schmeckt, weiß ich besser als das Huhn!"

Im Sinne der Lesbarkeit wird in diesem Buch meist die männliche Form verwendet, womit selbstverständlich auch immer Frauen gemeint sind.

Franz Bailom, Kurt Matzler, Dieter Tschemernjak
Innsbruck, Linz, St. Gallen (CH), im September 2006

1

Die Suche nach dem Erfolgsgeheimnis

Jack Welch, ehemaliger CEO von General Electric, prophezeite vor dem Hintergrund immer anspruchsvoller werdender Kunden vor mehr als zehn Jahren eine Entwicklung, die Unternehmen in nahezu allen Branchen kennen lernen mussten: „It's going to be brutal. When I said a while back that the 1980s were going to be a white-knuckle decade and the 1990s would be even tougher, I may have understated how hard it's going to get." Die Ergebnisse unserer langjährigen Forschungsarbeiten bestätigen die Aussagen von Jack Welch. Kunden wollen die höchste Qualität zu den niedrigsten Preisen. Gleichzeitig leiden viele Branchen unter Überkapazitäten. Die steigende Markttransparenz macht Kunden zu gut informierten, gnadenlosen Einkäufern und es wird schwieriger, sich von Konkurrenzangeboten zu differenzieren. Die Folgen sind erbitterte Preis- und Qualitätswettkämpfe. Nur durch kontinuierliche Innovation und Verbesserung der Angebote oder durch eindeutige Preisvorteile können Wettbewerbspositionen längerfristig überhaupt gehalten werden. Die Praxis zeigt, dass es trotz teilweise signifikanter Qualitätssteigerungen den wenigsten Unternehmen gelingt, ihre Position am Markt zu halten oder gar höhere Preise durchzusetzen.

Unsere Analysen von mehr als 1.100 Unternehmen über einen Zeitraum von vier Jahren bestätigen, dass sich viele Unternehmen in einer schwierigen Situation, in einer Klemme zwischen Qualität und Preis, befinden. Der Markt fordert eine kontinuierliche Steigerung der Qualität bei geringsten Preisspielräumen nach oben. Etwa ein Drittel der Unternehmen war gezwungen, die Qualität ihrer Produkte und Leistungen zu verbessern, ohne dabei die Preise erhöhen zu können. Knapp ein Drittel musste sogar bei verbesserter Qualität Preisreduktionen in Kauf nehmen.

Zudem deutet vieles darauf hin, dass der Großteil der Unternehmen ihre Kostensenkungspotenziale an den heutigen Standorten weitestgehend ausgeschöpft haben. In vielen Unternehmen geht man davon aus, dass die Prozesse nur noch marginal optimiert werden können. Führungskräfte suchen den Ausweg in teilweise radikalen Outsourcingmaßnahmen, indem sie zunehmend in Billiglohnländer ausweichen.

In diesem Kontext ist es auffällig, dass es trotz der schwierigen Bedingungen immer wieder Unternehmen gibt, denen es nachhaltig gelingt, überdurchschnittlich erfolgreich zu sein.

Vor diesem Hintergrund haben wir es uns zum Ziel gesetzt, den Ursachen von nachhaltig wirkenden Wettbewerbsvorteilen auf den Grund zu gehen. Das heißt, wir versuchen Antworten darauf zu finden, warum es Unternehmen gibt, die ihrer Konkurrenz ständig voraus sind, und welche Elemente in einem Unternehmen aufgrund ihrer Zusammenhänge wie gemanagt werden müssen, damit sich nachhaltiger Erfolg einstellen kann.

Das ist natürlich ein sehr anspruchsvolles Ziel, zumal Erfolg und Misserfolg von sehr vielen Faktoren abhängen. In der Management-Wissenschaft versucht man seit den 1980er-Jahren sich diesem anspruchsvollen Ziel anzunähern.

Die beiden McKinsey-Berater Peters und Waterman[1] lösten mit ihrem Buch „In Search of Excellence" im Jahre 1982 eine ganze Flut von Forschungsarbeiten aus. Die unzähligen Untersuchungen, die seither erschienen sind, brachten höchst unterschiedliche Ergebnisse, je nach verwendeter Methode, je nach Stichprobe oder je nach Untersuchungszeitraum (siehe Tabelle 1.1). Manche dieser Arbeiten untersuchten nur eine kleine Anzahl großer, erfolgreicher Unternehmen[2], andere konzentrierten sich auf kleine Unternehmen mit Weltmarktführerschaft[3]. Einige dieser Arbeiten hatten große Stichproben von Unternehmen als Datenbasis[4], ande-

Autoren/Buchtitel	Methode	Ergebnisse
Peters und Waterman: In Search of Excellence, New York, 1982	Analyse von 43 erfolgreichen Unternehmen	8 Erfolgsdimensionen: Aktives Agieren, Kundennähe, unternehmerischer Freiraum, Produktivität durch die Mitarbeiter, sichtbar gelebtes Wertesystem, Fokussierung auf das Kerngeschäft, flexible, überschaubare Aufbauorganisation, Freiheit und Kontrolle in der Führung
Buzzel und Gale: The PIMS Principles, New York 1987	Auswertung einer Datenbank mit Kennzahlen von über 3.500 Unternehmenseinheiten	8 strategische Hauptfaktoren: Marktanteil, Produktivität, Investment-Intensität, relativer Kundennutzen, Innovationsrate, Wachstumsrate des Markts, vertikale Integration
Simon: Die heimlichen Gewinner, Frankfurt 1996	Analyse von über 500 „unbekannten" Weltmarktführern	Mehrere gemeinsame Merkmale der unbekannten Weltmarktführer: Sie beanspruchen die „psychologische" Marktführung (Marktführerschaft ist mehr als Marktanteile), sie schaffen Marktnischen und entwickeln einzigartige Produkte, die enge Spezialisierung wird mit globaler Vermarktung kombiniert, Kundennähe ist der Dreh- und Angelpunkt, Innovation ist Fundament der Marktführerschaft, sie operieren in Märkten mit intensivem Wettbewerb und Wettbewerbsvorteile sind Differenzierung statt Kosten, leistungsorientierte und teamorientierte Unternehmenskultur, starke und dynamische Führungskräfte

Collins und Porras: Build to Last, London 1998	Analyse von 20 Unternehmen mit „Kultstatus", visionär und langfristig erfolgreich	3 strategische Gestaltungsprinzipien: Nicht das Erbringen einer Leistung, sondern das Schaffen eines stabilen Systems zur Leistungserstellung steht im Vordergrund (nicht die Produkt-, sondern die Unternehmensidee zählt), im Mittelpunkt steht die Dualität vom „Und" und nicht die „Entweder-oder-Annahmen" (z. B. hohe Qualität und niedrige Kosten), Organisationen brauchen einen Kernbestand von Werten
Nohria, Joyce und Roberson: What really works, New York 2003	Analyse von 60 Unternehmen aus 40 Branchen	Die 4+2-Formel: Unternehmen mit hohen Ausprägungen in den vier primären Managementdisziplinen (Strategie, Umsetzung, Kultur und Struktur) und in zwei von vier fakultativen Sekundärdisziplinen (Talente, Innovation, Führung sowie Fusionen und Partnerschaften) sind erfolgreicher als die Konkurrenten und steigern den Shareholder-Value

Tabelle 1.1: Die bedeutendsten Arbeiten zur Erfolgsfaktorenforschung

re beschränkten sich auf Interviews mit den CEOs von visionären, nachweisbar langfristig erfolgreichen Unternehmen und verglichen sie mit einer Kontrollgruppe von weniger erfolgreichen[5].

Zweifellos haben die meisten dieser Arbeiten dazu beigetragen, besser zu verstehen, warum bestimmte Unternehmen erfolgreicher sind als andere. Sie haben unseren Blick auf zentrale Faktoren wie Vision und Leadership, Kernkompetenzen, Marktorientierung, Unternehmenskultur und Marktanteile gelenkt, um nur einige zu nennen.

So überzeugend die einzelnen Arbeiten auch sind, so unterschiedlich sind die Aussagen. Dafür gibt es mehrere Gründe. Erstens,
so glauben wir, lassen sich Erfolgsfaktoren amerikanischer Großunternehmen nicht so einfach auf europäische Unternehmen des
Mittelstands übertragen. Zu unterschiedlich sind das wirtschaftliche, das kulturelle und auch das soziale Umfeld. Zweitens wurden nicht alle Arbeiten zur Erfolgsfaktorenforschung mit entsprechender wissenschaftlicher Sorgfalt durchgeführt. So wird Peters
und Waterman vorgeworfen, mit „nicht gerade seriösen Unter-
suchungsmethoden"[6] an das Thema herangegangen zu sein. Viele
der von Peters und Waterman identifizierten Erfolgsunternehmen
existierten nach einigen Jahren nicht mehr oder kamen in große
Schwierigkeiten. Viele der bisher präsentierten Studien identifizieren Erfolgsfaktoren, die mehr oder weniger unabhängig voneinander dastehen. Wir glauben aber, dass sich einzelne Erfolgsfaktoren
durchaus gegenseitig beeinflussen können, daher sind komplexe
Modelle, die solche Abhängigkeiten und Wechselwirkungen berücksichtigen, notwendig, um vernünftige Aussagen treffen zu
können.

Einige Wissenschaftler sind aus mehreren Gründen der Meinung, dass es gar nicht möglich ist, generelle Erfolgsfaktoren zu
finden, die über Branchen und Unternehmensgrößen hinweg stabil
sind.[7] Verantwortlich dafür sind vor allem methodische Probleme.

Analysiert man beispielsweise nur erfolgreiche Unternehmen,
können die Ergebnisse leicht falsch interpretiert werden. Jerker
Denrell[8] zitiert in seinem Aufsatz über Best-Practice-Studien in der
Harvard Business Review einen Vortrag über die Eigenschaften erfolgreicher Unternehmer. Auf Basis der Analyse von erfolgreichen
Fällen kam der Vortragende zu dem Schluss, dass Führungspersönlichkeiten vor allem zwei entscheidende Eigenschaften hätten:
Sie sind in der Lage, an einer Idee eisern festzuhalten, trotz anfäng-
licher Fehlschläge, und sie können andere Menschen von der Idee
überzeugen und mitreißen. Dies klingt einleuchtend und überzeugend. Nur: Genau die gleichen Eigenschaften findet man auch bei
Führungskräften, die spektakulär gescheitert sind und andere noch

überzeugt hatten, ihr Geld für eine sinnlose Idee aus dem Fenster zu werfen.

Ein zweites Problem liegt in der Stichprobe und ist unter dem Begriff „Survival Bias" bekannt. Da besonders erfolglose Unternehmen in der Regel bald vom Markt verschwinden, sind sie meist nicht Gegenstand von wissenschaftlichen Studien und die Gründe des Scheiterns können nur schwer untersucht werden.

Schließlich taucht vor allem bei jenen Arbeiten, die auf Interviews mit erfolgreichen und erfolglosen Unternehmern oder Führungskräften zurückgreifen, das in der Psychologie bekannte Problem der Kausalattribution auf. Man neigt dazu, Erfolg sich selbst zuzuschreiben und Misserfolg anderen Menschen und den Umständen.

Um solchen Problemen bestmöglich zu begegnen, wählten wir ein sehr aufwendiges Forschungsdesign, das aus vier großen Phasen bestand und insgesamt mehr als vier Jahre intensiver Forschungsarbeit beanspruchte:

1. Als Ausgangspunkt unserer Forschungsarbeit nahmen wir Richard D'Avenis[9] Idee des Hypercompetition, nach der Wettbewerbsvorteile durch die Konkurrenten immer schneller wettgemacht werden. Es entwickle sich – so D'Aveni – ein Preis-Qualitäts-Wettbewerb, der dazu führt, dass Unternehmen permanent innovieren und die Qualität steigern müssen – bei häufig gleichzeitigem Druck, die Preise zu senken. Unsere Erfahrungen in der Praxis zeigten, dass viele Unternehmen dieser Wettbewerbsdynamik tatsächlich ausgesetzt sind. Wir stellten aber auch immer wieder fest, dass es einigen gelingt, gegen den Strom zu schwimmen: Sie innovieren, ohne unter Preisdruck zu kommen. Um herauszufinden, wie dies gelingen kann, führten wir eine branchenübergreifende Befragung von 371 Managern der ersten und zweiten Führungsebene bei Unternehmen aus Österreich, Deutschland und der Schweiz durch. Tatsächlich konnten wir solche Unternehmen finden, insgesamt etwa 14 % der Stichprobe. Sie waren aber nicht nur innovativ und in der

Lage, sich gegen den Preisverfall zu wehren, sie waren auch finanziell wesentlich erfolgreicher als alle anderen Unternehmen. Als wir diese Top-Unternehmen mit den restlichen verglichen, fanden wir markante Unterschiede in der strategischen Ausrichtung, vor allem hinsichtlich der Nutzung der Humanressourcen, der Innovationsorientierung, der Kernkompetenzen, der Marktorientierung und der Kostensenkungen. Darüber werden wir im nächsten Kapitel detailliert berichten.

2. In der zweiten Phase unseres Forschungsprojekts verglichen wir unsere Ergebnisse mit jenen anderer Studien und führten fundierte Literaturrecherchen durch. Wir stellten uns auch intensiv der Diskussion mit der Praxis und diskutierten die Studienergebnisse mit Hunderten von Führungskräften bei Vorträgen auf unterschiedlichen Veranstaltungen oder in MBA-Programmen, an denen wir unterrichten. Als Ergebnis kristallisierte sich ein komplexeres Ursache-Wirkungs-Modell heraus, das wir in einer großen internationalen Studie empirisch testeten.

3. Wir entwickelten dafür ein fundiertes Erhebungsinstrument, das die Grundlage einer Studie bei über 700 Führungskräften aus einem repräsentativen Querschnitt von Branchen und Unternehmensgrößen in zehn europäischen Ländern war. Um den höchsten wissenschaftlichen Ansprüchen zu genügen, wurden die Zusammenhänge zwischen Innovationsorientierung des Top-Managements, Competence-based Management, Marktorientierung, Entrepreneurship-Kultur, Stärke der Unternehmenskultur, Innovationsfähigkeit, Marktposition und Unternehmenserfolg anhand von Strukturgleichungsmodellen mit PLS (Partial Least Squares) gerechnet, einem Statistik-Programm, das erlaubt, die Wirkungen zahlreicher Variablen in einem komplexen Modell gleichzeitig zu testen. Als Ergebnis stand ein Modell, das einen beträchtlichen Teil des gesamten Unternehmenserfolgs erklärt.

4. Albert Einstein sagte einmal: „Nicht alles, was zählt, ist messbar und nicht alles, was messbar ist, zählt." Dies gilt natürlich auch für die empirische Managementforschung. Daher ergänzten wir

unsere groß angelegten quantitativen Studien durch qualitative Interviews mit den erfolgreichsten Managern des deutschsprachigen Raums. Die zentralen Aussagen sind im letzten Teil dieses Buchs wiedergegeben.

Pro Jahr erscheinen Tausende von Artikeln über Management in Hunderten Fachzeitschriften, etwa 30.000 Managementbücher sind lieferbar, jährlich kommen Tausende zusätzlich auf den Markt.[10] Die meisten beschäftigen sich mit einzelnen Teilen eines Puzzles, isoliert und ohne Blick auf das Gesamtbild. In diesem Buch geht es auch um einzelne Methoden und Instrumente, das ist aber nicht unser Fokus. Im Vordergrund steht der Blick für das Ganze. Wir möchten jene wenigen zentralen Stellhebel identifizieren, die für den Erfolg des Unternehmens wesentlich sind, und den Blick der obersten Führungskräfte dafür schärfen, was strategisch bedeutsam ist und daher deren uneingeschränkter Aufmerksamkeit bedarf. Wir hoffen, dass uns das gelingt und dass wir mit diesem Buch einen Beitrag leisten können, die Wettbewerbsfähigkeit europäischer Unternehmen zu steigern.

2

Der Customer-Value-Wettbewerb bringt viele Unternehmen an den Rand ihrer Möglichkeiten

Ausgangspunkt für die erste Analyse von mehr als 370 Unternehmen aus Österreich, Deutschland und der Schweiz stellten die Arbeiten rund um den Themenkreis „Hypercompetition" von Richard D'Aveni[1] dar. Im Kern wollten wir herausfinden, ob und inwieweit der von Richard D'Aveni prognostizierte „Hypercompetition" bereits Realität geworden ist und wie die Unternehmen grundsätzlich darauf reagieren.

Im Wesentlichen geht D'Aveni davon aus, dass Globalisierung, Deregulierung und Privatisierung die Wettbewerbsdynamik dramatisch verändern werden. Je intensiver der Wettbewerb, je transparenter die Märkte und je niedriger die Wechselbarrieren der Kunden, umso wichtiger wird es, Kunden vom Wert der Leistung, sprich dem Customer Value, zu überzeugen. Der vom

Kunden („Customer") einem Produkt oder einer Dienstleistung zugeschriebene Wert („Value") resultiert aus zwei Faktoren: der wahrgenommenen Qualität und dem Preis.[2] Dies lässt sich gut in einer zweidimensionalen Matrix darstellen (siehe Abbildung 2.1). Es gibt hier Zonen von unterschiedlichem Customer-Value: Die Gerade stellt eine Gleichgewichtslinie dar, bei der das Preis-Leistungs-Verhältnis ausgewogen ist. Rechts der Geraden bietet ein Produkt oder eine Dienstleistung hohe Qualität zu einem relativ niedrigen Preis, links der Geraden ist der Preis in Bezug auf die Qualität zu hoch. Will ein Unternehmen Marktanteile (Unternehmen A in Abbildung 2.1 rechts) gewinnen, so kann es dies durch Qualitätssteigerungen oder Preissenkungen erreichen. Ein unmittelbar daneben positionierter Konkurrent (Unternehmen B) kommt unter Zugzwang und muss nachziehen. Damit wird eine Kettenreaktion im gesamten Markt ausgelöst. Die Gleichgewichtsgerade verlagert sich nach rechts: Die Qualität steigt bei gleichbleibendem oder sogar sinkendem Preisniveau.

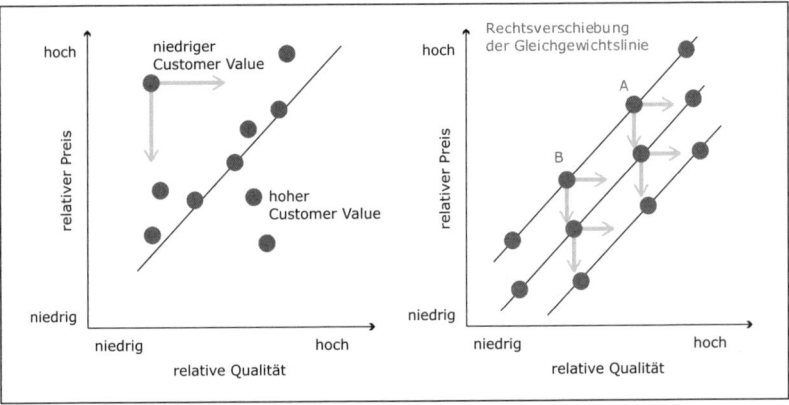

Abbildung 2.1: Customer-Value Competition[3]

Vor diesem Hintergrund konzentrierten wir uns bei der Untersuchung der Unternehmen auf folgende zentrale Fragestellungen:

- Wie schätzen Top-Führungskräfte die derzeitige und zukünftige Markt- und Wettbewerbssituation ein?
- Worin sehen sie die zentralen Herausforderungen, um der Marktdynamik in Zukunft erfolgreich begegnen zu können?
- Wie gut gelingt es ihnen, diesen Herausforderungen heute zu begegnen, und von welchem strategischen Denkmuster lassen sich die untersuchten Unternehmen dabei lenken?

Erhöhung der Marktdynamik – die Rentabilität vieler Unternehmen ist zunehmend gefährdet

Die Ergebnisse dieser ersten Analysephase bestätigen, dass neben der gesamtwirtschaftlich schwierigen Situation in den letzten Jahren eine massive Intensivierung des Wettbewerbs eingetreten ist.

Aufgebaute Qualitätsvorteile und Innovationsvorsprünge werden durch das aggressive Wettbewerbsverhalten der Konkurrenten in immer kürzeren Zeitabständen wettgemacht. Gleichzeitig hat sich der Preiswettbewerb dramatisch verschärft. Die meisten Unternehmen sehen sich mit einer ungemein schwierigen Situation konfrontiert, die einer Spirale nach unten gleicht. Ständig steigende Qualitätsansprüche der Kunden und enormer Preisdruck gefährden die Rentabilität vieler Unternehmen. Für über 80 % der befragten Führungskräfte hat die Verhandlungsmacht der Kunden in den letzten drei Jahren deutlich zugenommen.

Diese Entwicklungen werden primär durch Überkapazitäten, Austauschbarkeit der Produkte und eine stark steigende Markttransparenz hervorgerufen. Sie machen Kunden zu gut informierten, gnadenlosen Einkäufern. Aus Sicht der befragten Top-Manager gelingt es gegenwärtig nur mehr wenigen Unternehmen, sich nachhaltig von der Konkurrenz zu differenzieren.

Um herauszufinden, welche Auswirkungen diese Wettbewerbsdynamik auf Unternehmen hat, stellten wir den Führungskräften unserer Stichprobe eine einfache Frage: Wir baten sie, anzugeben, wie sich die Qualität ihrer Produkte und die Preise in den letzten drei Jahren verändert hatten. Die Ergebnisse waren ernüchternd, sie bestätigten in vollem Umfang unsere Hypothesen hinsichtlich der Verlagerung der Gleichgewichtsgeraden (siehe Abbildung 2.2):

- Für über 70 % der befragten Unternehmen hat sich das vom Markt geforderte Qualitätsniveau beträchtlich erhöht. Ein weiteres Ansteigen der Qualitätsansprüche wird in Zukunft erwartet.
- Fast 60 % der Unternehmen konnten trotz ständiger Produktverbesserungen und höherem Qualitätsniveau keine höheren Preise am Markt realisieren.
- Über 30 % der Unternehmen mussten trotz gestiegenen Qualitätsniveaus sogar mit sinkenden Preisen bei ihren Produkten/ Dienstleistungen leben.

Gestiegene Preise/ niedrigeres Qualitätsniveau **1,6 %**	Gestiegene Preise/ gleiches Qualitätsniveau **4,8 %**	Gestiegene Preise/ höheres Qualitätsniveau **14,3 %**
Gleiche Preise/ niedrigeres Qualitätsniveau **1,6 %**	Gleiche Preise/ gleiches Qualitätsniveau **8,3 %**	Gleiche Preise/ höheres Qualitätsniveau **27,0 %**
Niedrigere Preise/ niedriges Qualitätsniveau **1,9 %**	Niedrigere Preise/ gleiches Qualitätsniveau **8,3 %**	Niedrigere Preise/ höheres Qualitätsniveau **32,4 %**

Preisentwicklung

Entwicklung des Qualitätsniveaus

Abbildung 2.2: Preis- und Qualitätsentwicklung in den letzten drei Jahren

Als Konsequenz müssen Unternehmen in beinahe allen Branchen eine dramatische Rechtsverschiebung der Gleichgewichtslinie in der Preis-Qualitäts-Matrix in Kauf nehmen. Für den einzelnen Anbieter bedeutet dies, dass die kontinuierliche Verbesserung des Customer-Value zur Voraussetzung für ein erfolgreiches Bestehen im Wettbewerb wird.

Für uns war es in der Folge wichtig, herauszufinden, welche strategischen Herausforderungen aus Sicht der Entscheidungsträger gemeistert werden müssen, damit es ihnen gelingt, in dieser Wettbewerbsdynamik nachhaltig bestehen zu können.

Die zentralen strategischen Herausforderungen aus Sicht der Entscheidungsträger

Offensichtlich gelingt es nur knapp 14 % der Unternehmen, gegen den Strom zu schwimmen, das heißt, zu innovieren und höhere Marktpreise durchzusetzen (siehe Abbildung 2.2). Um zu überprüfen, ob diese Unternehmen auch finanziell erfolgreicher sind, verglichen wir deren Profitabilität mit den restlichen: Über 56 % dieser Unternehmen hatten eine höhere Rentabilität als der Branchendurchschnitt, knapp 40 % lagen im Durchschnitt und die restlichen rangierten darunter. Damit schnitten diese Unternehmen nicht nur hinsichtlich Qualitätsverbesserungen und Preissteigerungen besser ab, sondern waren auch wesentlich profitabler. Wir bezeichneten sie in der Folge als „Veränderer", die restlichen als „Optimierer".

Aus Sicht der befragten Führungskräfte hängt die Zukunftsfähigkeit der Unternehmen für den Großteil der Befragten wesentlich davon ab (siehe Abbildung 2.3):

- inwieweit es den Unternehmen gelingt, ihre Kostenstrukturen so zu verändern, dass sie den dramatischen Herausforderungen des Preiswettbewerbs gewachsen sind,

- inwieweit es den Unternehmen gelingt, das Engagement der Mitarbeiter zu steigern und damit deren tatsächlichen Potenziale zu nutzen, um die Organisation im internationalen Wettbewerb flexibel, innovativ und schlagkräftig zu machen,
- inwieweit es den Unternehmen gelingt, trotz des enormen Kostendrucks die Kundenorientierung weiter zu erhöhen,
- inwiefern es ihnen gelingt, Innovationen erfolgreich in den Märkten einzuführen.

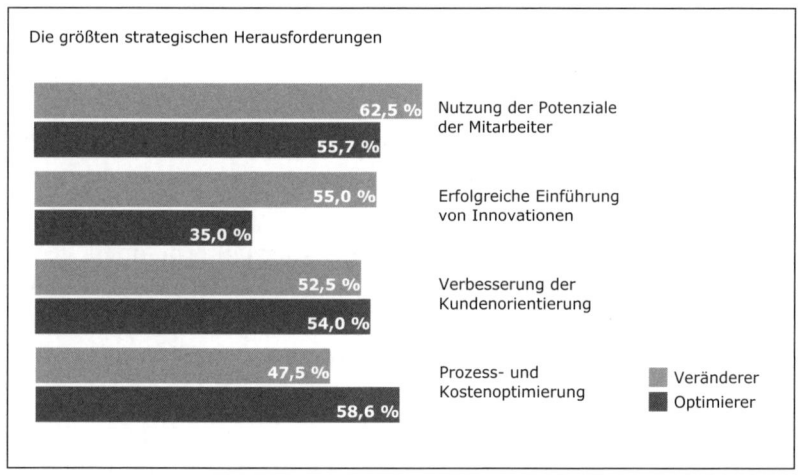

Abbildung 2.3: Strategische Herausforderungen aus Sicht der Führungskräfte

Beim Hinterfragen dieser Aussagen eröffnete sich uns ein erster, tiefer Einblick in die strategischen Denkmuster der Entscheidungsträger. Es zeigte sich nämlich, dass mehr als 80 % der Unternehmen – die Optimierer – ihr Heil in der Verbesserung des Bestehenden suchen. Dabei lassen sich die Führungskräfte massiv vom Paradigma der Kostensenkung leiten. Es geht darum, die Prozesse immer noch effizienter zu gestalten, die Potenziale der Mitarbeiter besser zu nutzen, um weitere Kosteneinsparungen realisieren zu können, Produkte mit möglichst geringen Investitionen weiterzuentwickeln und die Marktbearbeitung mittels neuer IT-Lösungen noch effizienter zu gestalten. Der strategischen Neuausrichtung des Unternehmens durch radikale Prozessveränderungen sowie der erfolgreichen Einführung von Innovationen wird von dieser Gruppe deutlich geringere Bedeutung beigemessen. Vielfach glauben Unternehmen aus dieser Gruppe nicht tatsächlich an die Möglichkeit, sich durch einzigartige Leistungen erfolgreich vom Wettbewerb zu differenzieren.

Lediglich 14 % der untersuchten Unternehmen – die Veränderer – setzen auf die Entwicklung teilweise „radikaler", marktverändernder Innovationen auf der Produkt- und Prozessebene. Diese Unternehmen sind wesentlich vom Paradigma der Differenzierung getrieben. Die Kostenoptimierung ist in diesen Unternehmen nicht ausgeblendet, sie stellt aber nicht die treibende Dimension unternehmerischen Handelns dar.

Folglich stellte sich die Frage, wie erfolgreich diese beiden Gruppen – die Optimierer und die Veränderer – mit ihren Aktivitäten in diesem hoch kompetitiven Marktumfeld nun tatsächlich sind.

Die Erfolge der Optimierer im Customer-Value-Wettbewerb

Wie erfolgreich sind die Optimierer heute bei ihrem Kostenmanagement?

Die Untersuchungsergebnisse verdeutlichen, dass es dem Großteil der Optimierer nicht gelungen ist, ihre Kostenstrukturen im internationalen Vergleich nachhaltig zu verbessern. Dies ist umso bemerkenswerter, als 75 % aller befragten Manager darauf hinweisen, in den letzten Jahren sehr wohl umfassende Kostensenkungsprogramme durchgeführt zu haben[4]. Diese konzentrierten sich primär auf altbekannte Vorgehensweisen, wie die Gemeinkosten-

wertanalyse und die Prozesskostenanalyse auf Basis des Werteket-
tenkonzepts.

Innerhalb der letzten drei Jahre hat sich die Kostensituation bei der
Gruppe der Optimierer wie folgt entwickelt:

- Lediglich 34 % der Unternehmen haben es geschafft, das relative Kostenniveau nachhaltig zu senken.
- 30 % der Unternehmen geben an, das Kostenniveau in etwa gehalten zu haben.
- Bei 26 % der Unternehmen sind die Kosten weiter gestiegen.

Die Situation in den Unternehmen zeigt, dass operative Exzellenz
und Kostenoptimierung nach wie vor zentrale Themen darstellen.
Gleichzeitig wird aber auch deutlich, dass Maßnahmen, die sich
lediglich auf die Prozess- und Kostenoptimierung beschränken,
insgesamt gesehen viel zu kurz greifen, um erfolgreich im Wettbewerb bestehen zu können. Dies bestätigen auch unsere Studienergebnisse. Die durchgeführten Kostensenkungsprogramme
haben bei fast 65 % der befragten Unternehmen keine oder nur
eine kurzfristige Verbesserung der Wettbewerbsposition mit sich
gebracht.

Inwieweit gelingt es den Optimierern, die Potenziale ihrer Mitarbeiter zu nutzen?

Die Nutzung der Potenziale der Mitarbeiter ist unbestritten ein
weiterer wichtiger Schlüssel zur Bewältigung der unternehmerischen Herausforderungen. Dies zeigt auch der hohe strategische
Stellenwert, den die befragten Führungskräfte dem Mitarbeiteren-
gagement einräumen. Aus ihrer Sicht beeinflusst das Mitarbei-
terengagement sowohl den Erfolg von Innovationen als auch den
von Kostensenkungsprogrammen maßgeblich.
Für eine nachhaltige Kostensenkung sehen 80 % der Entschei-

dungsträger im zielgerichteten Engagement den zentralen Erfolgs-faktor. Gleichzeitig aber gehen die Führungskräfte der Gruppe der Optimierer davon aus, dass sich im Schnitt etwa 60 % der Mitarbeiter für das Unternehmen voll engagieren, bei den Veränderern liegt dieser Wert bei über 70 %.

Die Studienergebnisse zeigen in diesem Kontext, dass trotz eines entsprechenden Bewusstseins bei den Entscheidungsträgern offensichtlich nach wie vor viele Unternehmen daran scheitern, nachhaltig wirkende Konzepte zur Steigerung des Mitarbeiterengagements zum Einsatz zu bringen. Für uns liegt ein wesentlicher Grund darin, dass sich die Mitarbeiter in vielen Fällen mit „ihrem" Unternehmen inhaltlich (Produkte/Dienstleistungen) und emotional (Beziehungen zu Mitarbeitern/Vorgesetzten) nicht identifizieren können. Häufig scheint den Mitarbeitern die „Sinnhaftigkeit" ihres Unternehmens bzw. ihres „Tuns" und damit die „innere Triebfeder" abhanden gekommen zu sein. Sie haben dabei das Gefühl, keinen entsprechenden Beitrag leisten zu können. Dementsprechend schwer tun sich diese Mitarbeiter auch in der persönlichen Weiterentwicklung im Kontext ihres Arbeitsumfelds, ihres Unternehmens. Eine Situation, die nicht dazu beiträgt, Motivation und Engagement zu steigern.

Wie entwickelt sich die Kundenorientierung bei der Gruppe der Optimierer?

Obwohl im Bereich der Kundenorientierung in den befragten Unternehmen in den letzten Jahren ein Umdenkprozess stattgefunden hat und teilweise große Investitionen getätigt wurden, stellten sich oft nur bescheidene Erfolge ein. Vielfach konnten weder die Loyalitätsraten noch die Anzahl der Neukunden erhöht werden. Nach wie vor scheitern sehr viele Unternehmen an einer systematischen Umsetzung von Kunden- und Marktorientierung in ihren Unternehmen. Es kommt nicht von ungefähr, dass fast 50 % der befragten Führungskräfte in einer Verbesserung der Kundenorientierung die zentrale strategische Herausforderung für ihr Unternehmen orten.

Manager mussten insbesondere in den letzten Jahren die bittere Erfahrung machen, dass die angepriesenen CRM-Systeme die Kundenbearbeitung weder effektiver noch effizienter gemacht haben. Die Erfahrung zeigt, dass ein Großteil dieser Unternehmen vergessen hat, innovative Kunden- und Marktbearbeitungsstrategien zu entwickeln, bevor sie die Implementierung entsprechender CRM-Systeme vorantreiben. Die Kenntnis der kaufentscheidenden Kriterien aus Kundensicht stellt dabei eine zentrale Grundvoraussetzung für die Entwicklung erfolgreicher Bearbeitungsstrategien dar. Unsere langjährigen Untersuchungen und Praxiserfahrungen in diesem Themengebiet bestätigen, dass die Unkenntnis vieler Unternehmen über die kaufentscheidenden Kriterien darauf zurückzuführen ist, dass keine adäquaten Methoden in der Kundenanalyse eingesetzt werden. Oft werden die tatsächlichen Kundenprobleme nicht entsprechend wahrgenommen und in nutzenstiftende Produkt-Leistungs-Bündel transferiert. Zudem zeigen sich unserer Erfahrung nach auch Defizite im Einsatz permanenter Systeme, die laufend adäquate Steuerungsgrößen liefern, auf deren Basis Unternehmen fundierte strategische Entscheidungen zur Kunden- und Marktbearbeitung treffen können.

Welche Rolle spielen die Innovationsanstrengungen im Wettbewerb bei den Optimierern?

Die Untersuchung zeigt, dass gegenwärtig offensichtlich nur wenige Manager der Gruppe der Optimierer bereit sind, überdurchschnittlich in die Innovationskraft ihrer Unternehmen zu investieren. Ihm Rahmen ihres Innovationsmanagements richten diese Führungskräfte ihren Fokus vor allem auf die Verbesserung bestehender Produkte und die Bearbeitung neuer Kunden und neuer Märkte. Gleichzeitig sind beinahe 70 % der befragten Entscheidungsträger der Meinung, dass es nur sehr wenigen Unternehmen gelingt, sich mittels Produktinnovationen vom Wettbewerb zu differenzieren.

Die Ausrichtung des Innovationsprozesses auf die Verbesserung von Bestehendem führt daher in vielen Branchen zu einer gegenseitigen Annäherung der Unternehmen. Der Handlungsspielraum wird immer kleiner. In der Folge setzen sich Führungskräfte und Mitarbeiter oftmals mehr mit der Konkurrenz- und der Wettbewerbssituation auseinander als mit der Frage, wie es gelingen kann, mittels innovativer Lösungen einen echten Mehrwert für Kunden und andere Austauschpartner zu schaffen. In der Folge bleiben häufig echte Innovationen aus bzw. gehen diese an den Bedürfnissen des Markts und der Kunden vorbei.

Die Erfolge der Veränderer im Customer-Value-Wettbewerb

Die Analyse der Gruppe der „Veränderer" brachte im Kern folgende zentrale Erkenntnisse. Im Unterschied zur Gruppe der „Optimierer" ist es dieser Gruppe wesentlich häufiger gelungen, durch Innovationen die Branche radikal zu verändern. Vielfach gelang es ihnen, durch neue Produkte tatsächlich höhere Preise am Markt zu realisieren oder sich durch radikal veränderte Geschäftsmodelle markante Vorteile in der Wertschöpfung und Wettbewerbsvorteile zu erarbeiten.

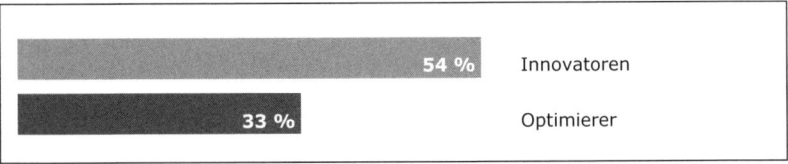

Abbildung 2.4: Differenzierung durch Innovationen

Die Ursachen liegen wesentlich darin begründet, dass diese Unternehmen aktiv den Markt verändern wollen. Sie legen besonderes Augenmerk darauf, dass sie den Markt und die Erwartungen ihrer Kunden verstehen, denn sie wollen für bestehende und potenzielle Kunden die Lösungen von morgen entwickeln. Dabei gelingt es ihnen wesentlich besser, die Potenziale der Mitarbeiter zu nutzen als den „Optimierern". So geben die Entscheidungsträger der Veränderer an, dass sich über 70 % ihrer Mitarbeiter voll für das Unternehmen engagieren.

Die vielleicht beeindruckendste Erkenntis ist aber darin zu sehen, dass diese Unternehmen häufig nicht nur Vorteile bei den Produkten aufweisen, sondern dass sie auch ihre Kostenstrukturen über die Jahre hinweg radikal verbessert haben. Dies begründet sich darin, dass sie zum einen bestehende Prozesse viel radikaler infrage stellen und neu aufsetzen und diese nicht nur optimieren,

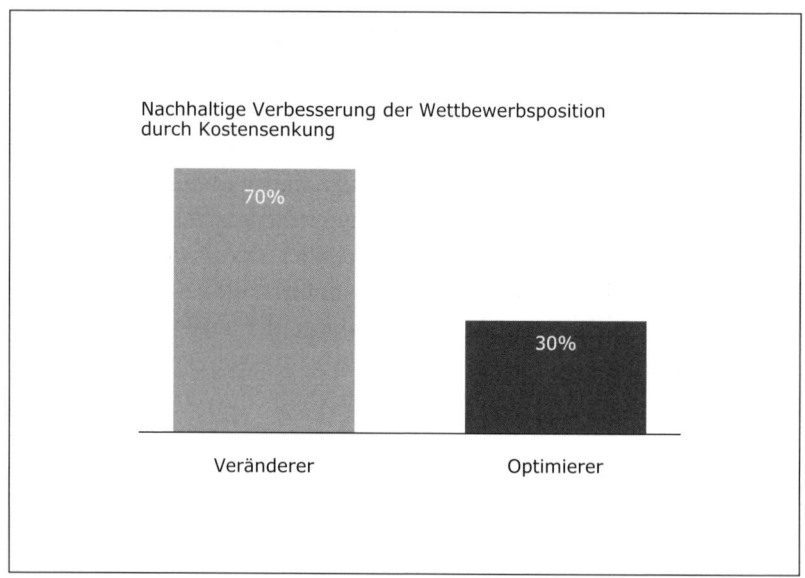

Abbildung 2.5: Wirkungen der Kostensenkungen bei Optimierern und Innovatoren

zum anderen denken sie bereits bei der Entwicklung neuer Produkte und Leistungen über die effiziente Gestaltung der dahinterliegenden Prozesse nach und sichern sich damit häufig auch eine günstige Kostenposition.

Zusammenfassende Erkenntnisse der Phase 1

Folgt man den Erkenntnissen Schumpeters[5], so setzt die Wertentstehung im Kern eine „kreative Zerstörung" voraus. Diese Einsicht ist nicht ganz neu, wohl aber das wachsende Bewusstsein, dass in vielen Branchen und Unternehmen Systemveränderungen wichtiger sind als bloße Systemverbesserungen. Die Ergebnisse unserer Studie zeigen eindeutig: Der Erhaltung von Bestehendem wird ein wesentlich höherer Stellenwert beigemessen als der kreativen Schaffung von Neuem.

Die meisten Unternehmen streben nach kontinuierlicher Verbesserung und Optimierung und konzentrieren sich nach wie vor sehr stark auf die Prozess- und Kostenoptimierung. Effizienzsteigerung wird zur obersten Maxime. Mit dieser Fokussierung müssen die Unternehmen im Regelfall aber Preissenkungen in Kauf nehmen, obwohl sie die Qualität ihrer Leistung kontinuierlich steigern. Zudem handelt es sich dabei meist um rein defensive Maßnahmen. Es zeigen auch zahlreiche empirische Studien, dass zwischen Downsizing, Outsourcing usw. und nachhaltigem Unternehmenserfolg kaum ein Zusammenhang besteht.[6] Die Geschichte kennt wenige Beispiele für Unternehmen, die durch Gesundschrumpfen groß geworden sind.

Um nachhaltige Wettbewerbsvorteile aufzubauen, sind wie zu allen Zeiten unternehmerischen Handelns visionäres Denken, Mut zu Radikalinnovationen sowie eine systematische kunden- und marktorientierte Ausrichtung des Unternehmens erforderlich. Dazu müssen die Potenziale der Mitarbeiter optimal genutzt werden und ein Klima geschaffen werden, in dem sich Mitarbeiter engagiert und begeistert im Sinne der Unternehmensziele und ihrer persönlichen Ziele weiterentwickeln können.

Für uns stellte sich konsequenterweise die Frage, warum der kreativen Zerstörung im Sinne Schumpeters in der Managementpraxis von heute so wenig Bedeutung beigemessen wird.

Grundsätzlich gehen wir davon aus, dass sehr unterschiedliche Ursachen dafür verantwortlich sind. Trotzdem wollen wir an dieser Stelle zwei unserer Meinung nach sehr bedeutende Einflussdimensionen, die sich in gewisser Weise gegenseitig bedingen, kritisch betrachten:

1. Das Selbstverständnis der Entscheidungsträger
2. Der wachsende Druck der Kapitalmärkte

Das Selbstverständnis der Entscheidungsträger

Jack Welch hat es vielleicht am treffendsten auf den Punkt gebracht, wenn man sich mit der Frage des Führungsverständnisses beschäftigt. Er wies immer wieder darauf hin, dass „the world of the 90s and beyond will not belong to managers or those who can make the numbers dance. The world will belong to passionate, driven leaders – people who not only have enormous amounts of energy but who can energize those whom they lead."[7] Nicolas G. Hayek, Swatch-Gründer und Uhrenlegende, schlägt in die gleiche Kerbe, wenn er über die Situation in vielen Unternehmen reflektiert: „Wir brauchen wieder Unternehmer mit Pioniergeist und nicht nur Manager, die das Bestehende zugrunde verwalten."

Diese Sichtweisen fügen sich nahtlos in die Arbeiten von Hans Hinterhuber. In seinem Buch Leadership merkt er treffend an: „Die Attraktivität, die Gewinn- und Wachstumsperspektiven, die ein Markt aufweist, ist wichtig, sie erklärt aber nur zu einem Teil den Erfolg eines Unternehmens. Die Attraktivität des Marktes ist mit dem Wind vergleichbar, der in die Segel bläst: Unter günstigen Verhältnissen kann jeder segeln. Unter widrigen Verhältnissen sind jedoch erfahrene Kapitäne, d. h. Leadership und Strategie, für das Erreichen des Zieles entscheidend. Leadership bedeutet, herauszufinden, wohin der Wind bläst, mit Windstillen zu rechnen und durch pro-aktives Verhalten in einer Flaute noch stärker zu werden. Nicht der Wind, sondern die Segel bestimmen den Kurs. Die Segel sind Leadership und Strategie."[8]

Hinterhuber arbeitet in diesem Kontext auch die Unterschiede zwischen Leadership und Management heraus. Im Kern weist er darauf hin, dass Leader immer versuchen, neue Paradigmen zu schaffen, und dabei die Fähigkeit besitzen, Mitarbeiter anzuregen, zu inspirieren und sie in die Lage zu versetzen, neue Möglichkeiten zu entdecken und umzusetzen sowie sich freiwillig und begeistert für die Verwirklichung gemeinsamer Ziele einzusetzen.[9] Manager tendieren im Vergleich dazu wesentlich stärker dazu, innerhalb bestehender Paradigmen zu arbeiten, und versuchen, alles zu tun, um die optimalen Lösungen innerhalb dieses Paradigmas zu realisieren.

Folgt man diesen Gedanken, so könnte man darauf schließen, dass der Großteil der Führungskräfte ohne den entsprechenden Weitblick, mit fehlender Veränderungs- und unzureichender Risikobereitschaft ihre verantwortungsvollen Aufgaben in den Unternehmen wahrnehmen. Wenn man sich die Frage stellt, wieso sich möglicherweise dieses „Führungsparadigma" in den letzten Jahren so stark ausgebreitet hat, dann liegt vermutlich eine Antwort im wachsenden Druck des Kapitalmarkts, der Führungskräfte mehr zu kurzfristiger Effizienz und Performance als zu langfristigem Erfolgspotenzial und Investitionen zwingt. Die Idee des Shareholder-Values hat sich auch in Europa weitgehend durchgesetzt.[10] Die internationalen Kapitalverkehrskontrollen wurden bereits seit den 1970er-Jahren abgebaut, das europäische Binnenmarktprogramm wurde Mitte der 1980er-Jahre gestartet, der Euro als Binnenwährung eingeführt, und die europäische Wettbewerbspolitik fordert umfangreiche Kapitalmarktreformen – alles wesentliche Rahmenbedingungen, die die internationale Transparenz der Kapitalmärkte förderten und Kapitalbewegungen erleichterten. Der

Druck, hohe Renditen für die Anleger zu erwirtschaften, stieg. Gleichzeitig zeichneten sich Änderungen in den Führungsetagen deutscher Unternehmen ab. Die Einführung von Stock-Options, eine Beschleunigung des Führungswechsels in Unternehmen und immer mehr Finanzökonomen und Absolventen von Elite-Business-Schools verstärkten die Ausrichtung am Shareholder-Value und beschleunigten die Einführung von wertorientierten Managementkonzepten[11]. Da wir den Shareholder-Value-Ansatz für einen der gefährlichsten Management-Irrtümer der letzten Jahrzehnte halten, möchten wir ihn an dieser Stelle ausführlicher diskutieren.

Der Einfluss des erhöhten Drucks von Seiten des Kapitalmarkts

Mit seinem Aufsatz „Selecting Strategies that Create Shareholder Value" in der Harvard Business Review und seinem fünf Jahr später erschienenen Buch hat Alfred Rappaport[12], der Vater des Shareholder-Value-Ansatzes, einen Stein ins Rollen gebracht, der die Managementpraxis nachhaltig veränderte und in Intensität und Dauer wohl deutlich über die meisten Modeströmungen im Management hinausging.[13] Es setzte sich die Überzeugung durch, dass Unternehmen im Sinne der Kapitalgeber zu führen seien. Ausgehend von den Entwicklungen in der amerikanischen Unternehmenspraxis drängten sich immer mehr der *Unternehmenswert* als primäre Zielgröße und seine Maximierung als Leitlinie unternehmerischen Handelns auf. Führungskräfte sehen sich gezwungen, alle Unternehmensbereiche, Strategien und Konzepte systematisch danach zu beurteilen, ob sie den Wert der Unternehmung erhöhen oder vielmehr Wert vernichten. Die Wertsteigerung wurde zum Maßstab der unternehmerischen Effizienz. Zweifelsohne ist der Shareholder-Value-Ansatz stark unter Kritik geraten[14] – zu den schärfsten Gegnern zählen wohl Fredmund Malik im deutschsprachigen Raum und Henry Mintzberg in der internationalen Managementliteratur – und seine Leistungsfähigkeit, teilweise gar seine Berechtigung wurden stark angezweifelt. Wie man zum Shareholder-Value-Ansatz auch steht, Tatsache ist, dass Unternehmen – vor allem wenn sie an der Börse notiert sind – zunehmend unter Druck geraten, ihren Wert zu steigern. Unternehmen werden dadurch oft kaum noch führbar, es besteht die große Gefahr, dass „Finanzfundamentalisten" – wie sie Nestlé-CEO Peter Brabeck-Letmathe bezeichnet – diktieren. Dafür verantwortlich sind die verstärkte Finanzierung über den Kapitalmarkt, die hohe Mobilität des Kapitals und die zunehmende „Mündigkeit" der Anleger. Auch Fredmund Malik, Chef des Malik Management Zentrums St. Gallen, sieht im Shareholder-Value einen der größten Irrtümer der Managementliteratur der letzten Jahre:

„Die Vorstellung, Wertsteigerung müsse Ziel eines Unternehmens sein, ist falsch … Zweck des Unternehmens muss es sein, auf seinem Gebiet wettbewerbsfähig zu sein. Das ist etwas ganz anderes als wertvoll. Konkurrenzfähig ist ein Unternehmen dann, wenn es das, wofür der Kunde bezahlt, besser kann als andere. Aus eben diesem Grund kann man logisch gleichbedeutend auch sagen, der Zweck des Unternehmens sei es, zufriedene Kunden zu schaffen … Die Schaffung von Arbeitsplätzen kann weder ein Zweck des Unternehmens, noch kann es der von Shareholder-Value sein. Der Zweck eines Unternehmens ist auf das Schaffen von Customer-Value auszurichten."[15]

Die Falle „Shareholder Value"

Ausgehend von der amerikanischen Unternehmenspraxis setzte sich mit dem Shareholder-Value-Ansatz in den letzten Jahren auch in Europa eine Managementpraxis durch, die die Interessen der Kapitalgeber in den Vordergrund stellt. Der deutschsprachige Raum ist davon nicht verschont geblieben. Natürlich waren es zunächst vor allem große, börsennotierte Aktiengesellschaften wie VEBA, Mannesmann oder Siemens, die bereits in den 1990er-Jahren wertorientierte Kennzahlen zur Konzernsteuerung einsetzten, mittlerweile interessieren sich aber auch nichtbörsenorientierte Unternehmen für wertorientierte Unternehmensführung.[16] Bereits im Jahre 1999 gaben zwei Drittel der DAS-100-Unternehmen in Deutschland an, ein wertorientiertes Kennzahlensystem für das Controlling einzusetzen.[17]

In der einseitigen Ausrichtung an Aktienkurssteigerungen oder der Maximierung von Eigentümerrenditen steckt aber eine große Gefahr für Unternehmen und die Gesellschaft insgesamt. Nach Henry Mintzberg[18], einem der führenden Managementdenker, treibt der Shareholder-Value-Ansatz einen Keil in unsere Gesellschaft. In diesem Zusammenhang ist auch die Bindung der Gehälter der Führungskräfte an die Aktienkurse stark unter Kritik gekommen. Von den S&P-500-Unternehmen in den USA gewähren mittlerweile etwa 95 % ihren Führungskräften Aktienoptionen, von den DAX-30-Unternehmen sind es weit mehr als 80 %[19]. Das Problem dabei ist, dass Entlohnungssysteme aus dem Gleichgewicht kommen. Michael Eisner erhielt zum Beispiel als CEO von Walt Disney im Jahre 1997 Aktienoptionen in Höhe von 565 Millionen Dollar, das ist mehr als die Gehälter aller Top-500-CEOs in Großbritannien in diesem Jahr. In den 1990er-Jahren stieg in den USA das durchschnittliche Gehalt eines CEOs um 570 %, die Unternehmensgewinne wuchsen hingegen nur um 114 %. Die durchschnittlichen Gehälter der Arbeiter blieben auf dem Stand der 1970er-Jahre stehen. Dies kann keine Gesellschaft langfristig aushalten. Die Gefahr ist groß, dass das einseitige Ausrichten an den Shareholder-Interessen das Fundament der Gesellschaft untergräbt. Häufig wird Milton Friedmans Aussage, „Die einzige soziale Verantwortung eines Unternehmens ist es, Gewinne zu machen", vorgebracht. Dass die „Wohlstandsflut" nicht alle Boote hebt, zeigen die Entwicklungen in den USA, wo es mehr denn je Millionäre gibt, aber auch mehr denn je Menschen, die unter der Armutsgrenze leben. In einem Interview in der Zeitschrift Academy of Management Executive meinte Mintzberg sogar: „We are certainly seeing some of the trend toward shareholder value in Europe. I don't know whether they'll wake up and realize what nonsense shareholder value really is, or whether they will keep pursuing it until people are out in the streets protesting. It is a philosophy of greed, not a philosophy of large institutions serving society as well as their own particular needs. It's antisocietal, and the only advantage to it sweeping through Europe and Japan is that it will decrease the damage of our own nonsens in North America. So if others are stupid enough to do it, that will only help North American business."[20]

Aus Managementsicht sind es vor allem zwei Dinge, die in der Shareholder-Value-Diskussion von Bedeutung sind: (1) die Gefahr des kurzfristigen Denkens und Entscheidens und (2) der Zwang zum Wachstum.

Auch wenn die Befürworter des Shareholder-Value-Ansatzes behaupten, dass eine strikt am Gegenwartswert orientierte Unternehmensführung im Grunde langfristig ausgerichtet ist, da alle in der nahen und ferneren Zukunft erwarteten Cashflows abzuzinsen seien und Entscheidungen so zu treffen sind, dass dieser Gegenwartswert unter Berücksichtigung des Risikos maximiert wird, zeigt die Praxis jedoch recht eindeutig, dass kurzfristigen Aktienkurssteigerungen oder positiven Quartalsberichten der Vorzug gegeben wird. Vor allem in den USA, wo institutionelle Investoren, allen voran Versicherungsunternehmen und Pensionsfonds, wesentlich größere Aktienpakete halten, besteht ein enormer Druck auf die kurzfristige Performance.[21] Vor allem die Pension Funds haben kaum ein langfristiges, strategisches Interesse an den Unternehmen, deren Aktien sie kaufen, sondern suchen nach Anlagen und Renditen, das heißt nach kurzfristigen Ergebnissteigerungen[22], die sie Millionen von Anlegern schulden. In Deutschland ist die Situation etwas anders. Auch dort halten große institutionelle Investoren – vor allem Banken – große Aktienpakete. Von jeher hatten diese aber ein strategisches Interesse und übten kaum Druck auf die kurzfristige Performance aus. Mittel- bis langfristig stellt sich aber die Frage, wie sich die Umstellung der staatlichen Altersvorsorge vom traditionellen Umlage- auf ein Kapitaldeckungssystem auswirken wird. Wenn – ähnlich wie in den USA – in Zukunft ein großer Anteil der Bevölkerung seine Pension über Aktien, Aktienfonds oder Pensionsfonds sichern will, dann liegen beträchtliche Unternehmensanteile bei Eigentümern, die mehr kurzfristige Spekulanten sind und ihr Geld nicht in Unternehmen, sondern in Aktien investieren, die sie genauso schnell verkaufen, wie sie sie erworben haben, wenn sie dadurch Gewinne erzielen[23]. Wie man zum Shareholder-Value-Ansatz auch stehen mag, Tatsache ist, dass Unternehmen zunehmend gezwungen sein werden, die Kapitalkosten zu decken und eine Wertsteigerung zu erzielen. Die wichtigste Voraussetzung dafür ist, die Marktstellung zu sichern durch eine klare Ausrichtung auf den Kundennutzen – den Customer-Value.

Das zweite Problem des Shareholder-Value-Ansatzes liegt in der Wachstumsfalle. Unternehmen, die dem Shareholder-Value verschrieben sind, müssen wachsen. Ob sie wollen oder nicht. Wirft man einen Blick auf die Statistiken, zeigt sich eines klar: Es gibt keine dauerhafte Wertsteigerung ohne Wachstum[24]. Abbildung 2.6 zeigt, dass im Betrachtungszeitraum von 1992 bis 2001 jene

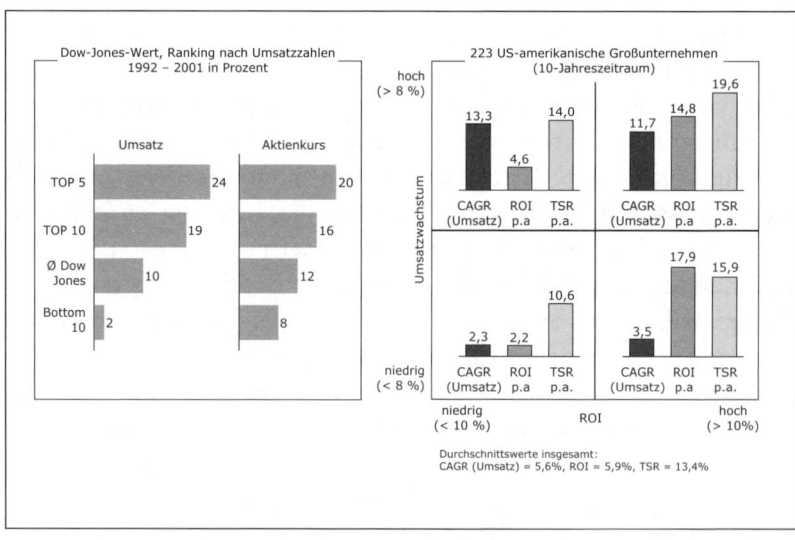

Abbildung 2.6: Wertsteigerung und Wachstum[25]

amerikanischen Unternehmen den Aktienkurs bzw. den Total-Shareholder-Return am stärksten gesteigert haben, die auch überdurchschnittlich gewachsen sind. Selbst ein hohes und profitables Wachstum reicht nicht aus, um weitere Wertsteigerungen zu erzielen, da in der Regel bei hoch bewerteten Wachstumsunternehmen das Wachstum bereits in den Aktienkursen eingepreist ist.

Das kann vor allem für große Unternehmen ein Dilemma bedeuten. Unternehmen müssen Wachstumsraten aufweisen, die über den erwarteten liegen, um zu verhindern, dass ihre Aktienkurse fallen – egal wie hoch die erwarteten Wachstumsraten tatsächlich waren.[26] Dies führt dazu, dass große Unternehmen oft zu langsam auf sich ändernde oder neue Märkte reagieren. Clayton Christensen, Professor an der Harvarduniversität, sieht das so: Unternehmen müssen wachsen. Je größer die Unternehmen sind, umso schwieriger wird es, in kleine, neu entstehende Märkte einzutreten, weil sie – zumindest in der ersten Phase – nicht genügend Wachstumspotenzial bieten.

Wir glauben, dass die Arbeiten von Alfred Rappaport nicht nur börsennotierte Unternehmen maßgeblich beeinflusst haben. Auch kleine und mittelständische Unternehmen fühlen sich immer stärker dem kurzfristigen Effizienzdenken verpflichtet. Neben den Marktbedingungen resultiert dies aus unserer Sicht auch daraus, dass die großen „Würfe" der Managementdenker massiv vermarktet werden. Viele Führungskräfte werden durch Bücher und Vorträge auf eine interessante, aber vielfach unreflektierte Weise mit diesem Wissen konfrontiert. Hinzu kommt, dass viele Beratungsunternehmen diese „neuen" Managementansätze mit den dafür eigens entwickelten Methoden als Heil bringenden Lösungsansatz hochstilisieren, den jedes Unternehmen unbedingt braucht.

Gleichzeitig darf nicht übersehen werden, dass der Druck des Kapitalmarkts auch auf kleinere Unternehmen stark zugenommen hat. Die Ratingverfahren rund um Basel II und die daraus resultierende Zinspolitik der Banken tragen ebenfalls dazu bei, dass das kurzfristige und an Sicherheit ausgerichtete Erfolgsdenken belohnt wird. Die Risikobereitschaft, die mit Investitionen in zukunftsweisende Innovationen unweigerlich verbunden ist, wird vielfach mit Zinsaufschlägen auf eine harte Probe gestellt.

Offene Fragestellungen

Citius, altius, fortius – schneller, höher, weiter. Was Pierre de Coubertin 1897 als olympischen Leitspruch formulierte, beschreibt die Wettbewerbssituation vieler Unternehmen heute wohl am besten: „Immer schneller, höher, weiter." Oder man könnte auch sagen: „Druck von allen Seiten." Wir meinen damit:

1. *Wachsender Druck von den Kunden,* das heißt, immer höhere Qualität zu immer niedrigeren Preisen anzubieten,
2. *wachsender Druck vom Kapitalmarkt,* das heißt, die Interessen der Shareholder zu wahren und eine ausreichende Verzinsung zu garantieren, und
3. *wachsender Druck, Werte für die Mitarbeiter zu schaffen,* das heißt, hoch qualifizierte, engagierte Mitarbeiter aufzubauen und zu halten, um deren Potenziale zu nutzen.

Der langfristige Unternehmenserfolg – so sind wir überzeugt – hängt mehr denn je von der Fähigkeit ab, Werte für diese drei zentralen Anspruchsgruppen zu schaffen: für die Kunden, für die Mitarbeiter und für die Anteilseigner. Dabei zeigt sich, dass es ganz entscheidend darauf ankommt, keine dieser Anspruchsgruppen aus den Augen zu verlieren. Eine ausgewogene „Wertesteigerung" halten wir für wesentlich.

Die Ergebnisse der ersten Analysephase veranschaulichen deutlich, dass es nur wenigen Unternehmen gelingt, sich unter diesen Rahmenbedingungen aktiv und selbstbestimmt weiterzuentwikkeln. Die Ursache scheint wesentlich im heute dominanten Führungsparadigma begründet. Damit es uns aber möglich wurde, fundierte Aussagen über die Einflussfaktoren auf einen nachhaltigen Unternehmenserfolg treffen zu können, setzten wir uns in der Phase zwei des Forschungsprojekts intensiv mit folgenden Fragestellungen auseinander:

- Wo liegen die maßgeblichen Unterschiede zwischen erfolgreichen und weniger erfolgreichen Unternehmen entlang der erurierten Erfolgstreiber?
- Wie kann es Führungskräften gelingen, die relevanten Erfolgsmechanismen in ihren Unternehmen zu verankern, um die Erfolgstreiber zu managen?

Auf diese Fragen versuchen wir in den folgenden Kapiteln Antworten zu geben.

3

Das IMP-Modell: Die Strategien der Gewinner

Das Kernziel des gesamten Forschungsprojekts war es, die treibenden Faktoren des Unternehmenserfolgs zu identifizieren. Dazu war es in einem ersten Schritt entscheidend, exakt zu definieren, was man unter nachhaltigem Unternehmenserfolg versteht. Den Erfolg nach rein finanzwirtschaftlichen Kennzahlen zu definieren, erschien uns unzulänglich. Finanzwirtschaftliche Kennzahlen sind vergangenheitsorientiert, sie erfassen Änderungen innerhalb und außerhalb des Unternehmens zu spät. Haben sich Entwicklungen negativ in finanzwirtschaftlichen Kennzahlen niedergeschlagen, ist es zum Reagieren meist schon zu spät. Führung nach rein finanzwirtschaftlichen Kennzahlen käme dem Versuch gleich, ein Auto bei 100 km/h zu steuern, indem man nur in den Rückspiegel sieht. Daher war es uns wichtig, neben finanzwirtschaftlichen Kennzahlen auch andere, zukunftsbezogene Kriterien heranzuziehen. Um kurz- und mittelfristig erfolgreich zu sein, ist es notwendig, eine ausreichende Verzinsung des investierten Kapitals zu erreichen. Um langfristig erfolgreich zu sein, müssen bereits heute die Weichen für die Zukunft gestellt werden. Daher definierten wir

Erfolg für die Zwecke unserer Studie nach folgenden vier Dimensionen:

1. Rentabilität
2. Wachstum
3. Vorteilhafte Marktposition hinsichtlich Qualität, Marke u. Ä.
4. Subjektive Einschätzung der obersten Führungskräfte, wie gut das Unternehmen für die Wettbewerbsbedingungen und Herausforderungen der Zukunft vorbereitet ist

Ausgehend von unseren Erkenntnissen der ersten Studie entwickelten wir ein mehrstufiges Forschungsdesign und durchliefen insgesamt fünf große Phasen:

1. Im ersten Schritt führten wir eine detaillierte Literaturrecherche durch und durchforsteten alle wichtigen wissenschaftlichen und praxisbezogenen Publikationen der letzten 25 Jahre aus dem Bereich des strategischen Managements und des Marketings. Auf dieser Grundlage entwickelten wir ein komplexes Hypothesenmodell (siehe Abbildung 3.1), das zum Ziel hatte, die von uns identifizierten Erfolgsfaktoren in ein Ursache-Wirkungs-Gefüge zu bringen.
2. Der nächste Schritt bestand darin, die einzelnen Faktoren zu operationalisieren und damit messbar zu machen, um eine Grundlage für den Fragebogen der quantitativen Studie zu erhalten. Dabei legten wir besonderen Wert darauf, wissenschaftlich getestete und anerkannte Fragebatterien zu den einzelnen Erfolgsfaktoren zu verwenden, um die höchstmögliche Zuverlässigkeit und Gültigkeit der Daten sicherzustellen.
3. Im dritten Schritt definierten wir die Stichprobe. Der Fragebogen wurde an 3.000 Führungskräfte der ersten und zweiten Führungsebene von Unternehmen aus einem möglichst breiten Branchenquerschnitt in mehr als zehn europäischen Ländern versandt. Über 700 Führungskräfte, die jeweils eine Strategic Business Unit vertraten, sendeten den Fragebogen zurück.
4. Um die Zusammenhänge der Erfolgsfaktoren zu überprü-

fen, bedienten wir uns komplexer statistischer Methoden, der Strukturgleichungsmodelle (Structural Equation Modelling), die in den letzten Jahren in der Management- und vor allem in der Marketingwissenschaft starke Verbreitung gefunden hatten. In unserer Arbeit fand der Partial-Least-Squares-Ansatz (PLS) Anwendung[1], wir verwendeten dabei die Software SmartPLS 2.0[2]. Er erlaubt es, die Beziehungen zwischen den einzelnen Faktoren – die jeweils über eine ganze Reihe von Statements im Fragebogen gemessen wurden – zu bestimmen.[3] Als Ergebnis bekommen wir Auskunft darüber, ob die im Fragebogen verwendeten Statements zuverlässig und valide messen (Indikatorreliabilität, interne Konsistenz, durchschnittlich erfasste Varianz und Diskriminanzvalidität), ob die vermuteten Zusammenhänge statistisch auch signifikant sind und wie stark die einzelnen Faktoren andere Faktoren beeinflussen (Signifikanz der Zusammenhänge und Anteil der erklärten Varianz, R^2). Die Ergebnisse unserer statistischen Auswertungen entsprechen hinsichtlich aller gängigen Kriterien den höchsten Anforderungen[4], das Modell erklärt auch tatsächlich einen beträchtlichen Teil des Unternehmenserfolgs (siehe Abbildung 3.1).

5. Im fünften Schritt wurden die über 700 strategischen Geschäftseinheiten aufgrund ihrer Performance in drei Gruppen geclustert: Top-Performer, durchschnittliche Performer und Under-Performer. Die Kriterien dafür waren Rentabilität, Wachstum und Marktposition im Vergleich zum Branchendurchschnitt sowie die Einschätzung der zukünftigen Erfolgspotenziale. Danach wurden pro Cluster die Unternehmen auf ihr Leistungsniveau in den einzelnen Erfolgsfaktoren hin untersucht, um die konkreten Unterschiede zwischen den Gruppen besser darstellen zu können.

Aufbauend auf diesen Erkenntnissen aus unserer Studie waren wir dann in der Lage, ein Evaluationsmodell zu entwickeln, das es den einzelnen Unternehmen ermöglicht, sich mit den Top-Performern in ihrer Branche und auch über Branchen hinweg zu vergleichen

(Benchmarking). Damit wird es für einzelne Unternehmen möglich, aus den Studienergebnissen individuelle, strategische Schlussfolgerungen abzuleiten.

Das IMP-Grundmodell

In diesem Abschnitt stellen wir in Kurzform das von uns mittels des PLS-Ansatzes (Partial Least Squares) entwickelte Modell unserer Forschungsarbeit dar. Es zeigt die Wirkungsweise der Erfolgsfaktoren und deren gegenseitige Beeinflussung. Wir leiten daraus unsere Kernthesen ab, die wir in den folgenden Kapiteln eingehend diskutieren werden.

Wir haben also untersucht, ob und in welchem Ausmaß die (potenziellen) Erfolgsfaktoren zum Unternehmenserfolg (gemessen anhand von Rentabilität, Wachstum, vorteilhafter Marktposition hinsichtlich Qualität, Marke u. Ä. und der Frage, wie gut das Unternehmen „für die Zukunft gerüstet" ist) beitragen und wie die Erfolgsfaktoren zusammenwirken.

Wir untersuchten dabei folgende Erfolgsfaktoren:

1. *Marktorientierung*: Unter Marktorientierung verstehen wir das Ausmaß, in dem Informationen über den Markt (Kunden, Wettbewerber, Änderungen in der Branche usw.) systematisch generiert werden, ob dieses Wissen zwischen den einzelnen Abteilungen im Unternehmen weitergegeben und geteilt wird und ob es tatsächlich auch die Grundlage für Entscheidungen (z. B. Produktentwicklung, Strategien) bildet.[5]
2. *Innovation der Marktleistung*: Damit messen wir, ob es den Unternehmen gelingt, neue Produkte und Dienstleistungen zu entwickeln, die einen Vorsprung gegenüber dem Wettbewerb darstellen, und ob es gelingt, diese Innovationen auch erfolgreich am Markt einzuführen.[6]
3. *Competence-based Management*: Darunter verstehen wir das

Bemühen eines Unternehmens, Kernkompetenzen aufzubauen, zu schützen und im Wettbewerb auszuspielen.[7]

4. *Kernkompetenzen*: Kernkompetenzen definieren wir als Fähigkeiten, Technologien, Ressourcen, Prozesse, Know-how usw., die (1) am Markt wertvoll sind, da sie dem Kunden einen besonderen Nutzen bieten, die (2) einzigartig sind, das heißt, dass kein Konkurrent darüber verfügt, die (3) nicht leicht imitiert werden können und (4) auch nicht durch andere Fähigkeiten, Technologien usw. ersetzt werden können.[8]

5. *Entrepreneurship-Kultur*: Dieser Kulturtyp misst, inwiefern innerhalb eines Unternehmens (1) die Mitarbeiter dynamisch und unternehmerisch sind und auch bereit sind, Risiken einzugehen, (2) Führungskräfte Unternehmer und risikofreudige Innovatoren sind, (3) Werte wie Bekenntnis zu Innovation und Flexibilität dominieren und (4) die strategischen Prioritäten auf Wachstum und Innovation gerichtet sind.[9]

6. *Kulturintensität*: Darunter verstehen wir das Ausmaß, (1) zu dem innerhalb einer Organisation eine ausgeprägte Unternehmenskultur zu finden ist, (2) die in eine eigene Sprache und gemeinsame Rituale mündet. Eine starke Unternehmenskultur findet man vor allem, wenn (3) Führungspositionen hauptsächlich intern besetzt werden und der Fokus auf interner Entwicklung liegt und (4) Fehler eher toleriert werden, solange sich die Mitarbeiter an die Grundwerte des Unternehmens halten.[10]

7. *Innovationsorientierung des Top-Managements*: Wir bezeichnen das Top-Management dann als innovationsorientiert, wenn es (1) kontinuierlich Mitarbeiter dazu anregt, sich über originelle und neue Ansätze Gedanken zu machen und diese auch umzusetzen, (2) ausreichend Ressourcen für Innovationen zur Verfügung stellt, (3) bereit ist, entsprechende Risiken einzugehen, um Innovations- und Wachstumschancen am Markt zu nutzen und (4) die obersten Führungskräfte permanent nach neuen und ungewöhnlichen Lösungen von Problemen suchen.[11]

8. *Marktposition*: Die Marktposition misst, welche Marktstellung das Unternehmen (Marktanteil) im Markt einnimmt.

Das Ergebnis: 50 % des Unternehmenserfolgs zu erklären ist viel und nicht viel

Abbildung 3.1 zeigt das Modell mit den Zusammenhängen der Erfolgsfaktoren. Die Zahl auf den Pfaden (Pfeilen) gibt an, wie stark der Einfluss eines Faktors auf den anderen ist und ob der Zusammenhang statistisch signifikant ist. Eine mit *** gekennzeichnete Verbindung bedeutet, dass der zwischen zwei Faktoren gefundene Zusammenhang mit sehr hoher Wahrscheinlichkeit (99 %) nicht zufällig ist, also beispielsweise eine hohe Marktorientierung tatsächlich dazu führt, dass die Produkte und Leistungen des Unternehmens innovativer sind. Das R^2 gibt an, wie viel Varianz der abhängigen Variablen erklärt wird. Die Faktoren im Modell erklären 57 % des Erfolgs der Innovation der Marktleistung und 48% des Unternehmenserfolgs.

Mit diesem Forschungsansatz ist es uns gelungen, ein wissenschaftlich fundiertes Erfolgsmodell zu entwickeln, mit dem wir knapp 50 % des direkt beeinflussbaren Unternehmenserfolgs erklären können. Uns ist aber auch bewusst, dass Erfolg und Misserfolg von einer Reihe nicht beeinflussbarer Faktoren wie beispielsweise Ölpreisentwicklungen, Kriege, Terroranschläge, Krankheiten etc. abhängen, die man in ihrer Bedeutung nicht fundiert bewerten konnte.

In Gesprächen mit Führungskräften, denen wir unser Modell präsentierten, wurde unser Modell immer wieder „bestätigt", gleichzeitig machten sie uns darauf aufmerksam, dass auch Zufall oder besser gesagt das Erkennen und Nutzen von Zufälligkeiten eine nicht zu vernachlässigende Größe für die Erklärung des Unternehmenserfolgs darstellt. Wir kontaktierten daraufhin eine Reihe von Persönlichkeiten, die über Jahre hinweg sehr erfolgreich waren und fragten sie: „Wenn Sie auf die unternehmerischen Erfolge zurückblicken, welche Rolle spielte dabei der Zufall bzw. das Erkennen und Nutzen von Zufälligkeiten." Die Antworten von diesen Personen, die uns aufgrund ihrer Erfolge nicht erklären mussten,

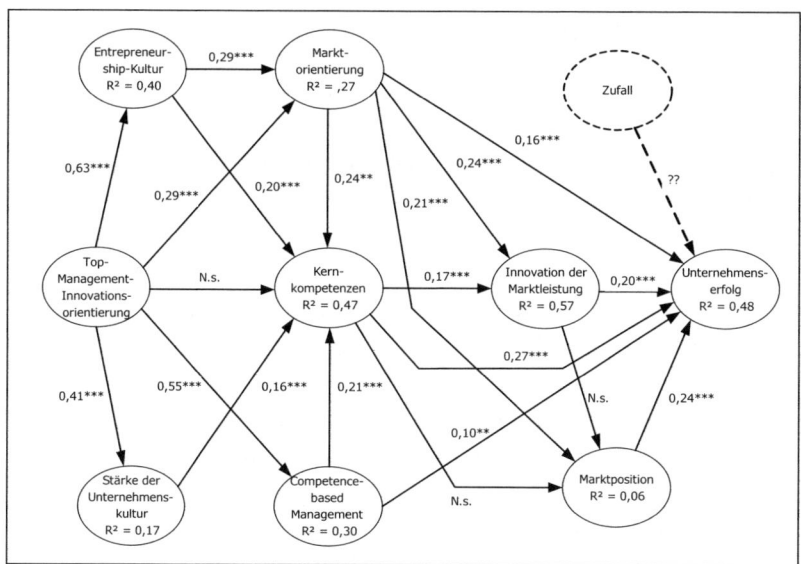

Abbildung 3.1: Das IMP-Modell

wie gut sie alles beherrscht hatten, waren für uns überraschend. Sie gingen davon aus, dass mindestens 20 bis 30 % des Erfolgs von Zufälligkeiten und Bauchentscheidungen bestimmt waren. In der Folge nutzten wir jede Gelegenheit – in Einzelgesprächen oder bei Vorträgen – diese Frage zu stellen. Die „Zufälligkeit" wurde dabei immer als Erfolgstreiber bestätigt.

Damit erschienen unsere Studienergebnisse plötzlich in einem ganz anderen Licht: Wir waren in der Lage, anhand der identifizierten Faktoren, die ganz im Einflussbereich des Managements liegen, 50 % des Erfolgs zu erklären. Gleichzeitig mussten wir nach den oben beschriebenen Erfahrungen davon ausgehen, dass ein weiterer nicht unwesentlicher Teil des Erfolgs durch Zufall und Intuition bestimmt war. Es war uns in dieser Phase jedoch nicht mehr möglich, die Dimension Zufall und das Nutzen von Zufall in das quantitative Studiendesign mit aufzunehmen. Wir beschäftigen uns mit diesem Thema in einem späteren Kapitel.

Kernergebnisse

Unsere theoretischen Überlegungen, die Erfahrungen in unserer Zusammenarbeit mit vielen Unternehmen, zahlreiche Gespräche mit Führungskräften und vor allem die empirischen Daten unserer Studie lassen uns zwei zentrale Schlüsse ziehen:

1. Der Erfolg eines Unternehmens entscheidet sich nicht so sehr am Markt, sondern im Inneren des Unternehmens. Dies mag etwas provokant klingen. Natürlich entscheidet letztendlich der Kunde über den Unternehmenserfolg und auch die Konkurrenten spielen eine wichtige Rolle. Wir meinen aber hier etwas anderes: Es sind weniger die Struktur der Märkte, die Attraktivität der Branche oder die Spielregeln innerhalb der Branche, die entscheidend sind. Vielmehr hängt ein überdurchschnittlicher Erfolg ganz zentral von unternehmensinternen Faktoren ab. Es finden sich nämlich auch in völlig unattraktiven Branchen und unter ganz widrigen Bedingungen Unternehmen, die einen überdurchschnittlichen Erfolg erzielen. Überdurchschnittlich erfolgreiche Unternehmen – ob in attraktiven oder weniger attraktiven Branchen – haben einige zentrale, gemeinsame Merkmale. Dazu zählen vor allem die Innovationsfähigkeit, Kernkompetenzen und die Marktorientierung. Diese liegen ganz im Einflussbereich des Managements, das durch seine Innovationsorientierung und durch die Prägung der Unternehmenskultur die Stellhebel in der Hand hat.

2. Es sind nicht einzelne Managementmethoden und Instrumente, sondern letztendlich sind es die Einstellungen, Werte, Denkmuster und Verhaltensweisen des Top-Management-Teams, die die Grundlagen für einen nachhaltigen Erfolg bilden. Natürlich sind Methoden und Instrumente notwendig, um ein Unternehmen erfolgreich zu führen. Methoden, Prozesse und Instrumente dienen allerdings nur dazu, die „Dinge richtig zu tun", das heißt, die Effizienz zu steigern. Für einen langfristigen und nachhaltigen Erfolg reicht es aber nicht, effizient zu sein, es müssen die „richtigen Dinge" getan werden.

Wenden wir uns nun den einzelnen Ergebnissen unserer empirischen Studie im Detail zu.

Wir gingen davon aus, dass der Erfolg des Unternehmens entscheidend von der Innovationsorientierung des Managements, der Art der Unternehmenskultur und deren Intensität, den Kernkompetenzen, dem Competence-based Management, von der Innovation der Marktleistung, von der Marktorientierung und nicht zuletzt von der Marktposition abhängt. Tatsächlich zeigen die Ergebnisse des mittels des Partial-Least-Squares-Ansatzes (PLS) gerechneten Strukturgleichungsmodells, dass diese sieben Faktoren etwa 50 % des Unternehmenserfolgs erklären.

Für eine genauere Erläuterung der Ergebnisse konzentrieren wir uns nun zunächst nur auf die rechte Seite unseres Pfadmodells (Abbildung 3.1). Die Faktoren dieser Modellseite zeichnen aus, dass sie einen direkten Einfluss auf den Unternehmenserfolg haben. Gleichzeitig wird aus dem Modell ersichtlich, dass sich diese Faktoren zum Teil gegenseitig bedingen bzw. voraussetzen, damit sie ihre „Wirkung" entfalten können. So nimmt die Innovationsleistung dann zu, wenn die Marktorientierung entsprechend ausgebildet ist, Kernkompetenzen vorhanden sind und genutzt werden und im Competence-based Management darauf geachtet wird, dass neue Kompetenzen entwickelt werden.

Die Kernkompetenzen (β = 0,27***) und das sie wesentlich bedingende Competence-based Management (β = 0,10**) haben hierbei den stärksten direkten Einfluss auf den Unternehmenserfolg. Prahalad und Hamel haben vor mehr als einem Jahrzehnt in einem Aufsatz in der Harvard Business Review geschrieben: „Nur Kernkompetenzen sichern das Überleben."[12] Diese Sichtweise setzte sich in der Theorie und Praxis des strategischen Managements durch. Auch die Ergebnisse unserer Studie liefern einen handfesten Beweis, dass der Aufbau, die Pflege und die Nutzung von Kernkompetenzen einen überdurchschnittlichen Erfolg versprechen. Kernkompetenzen zu haben und zu managen bedeutet, einzigartige Fähigkeiten, Ressourcen, Know-how und/oder Pro-

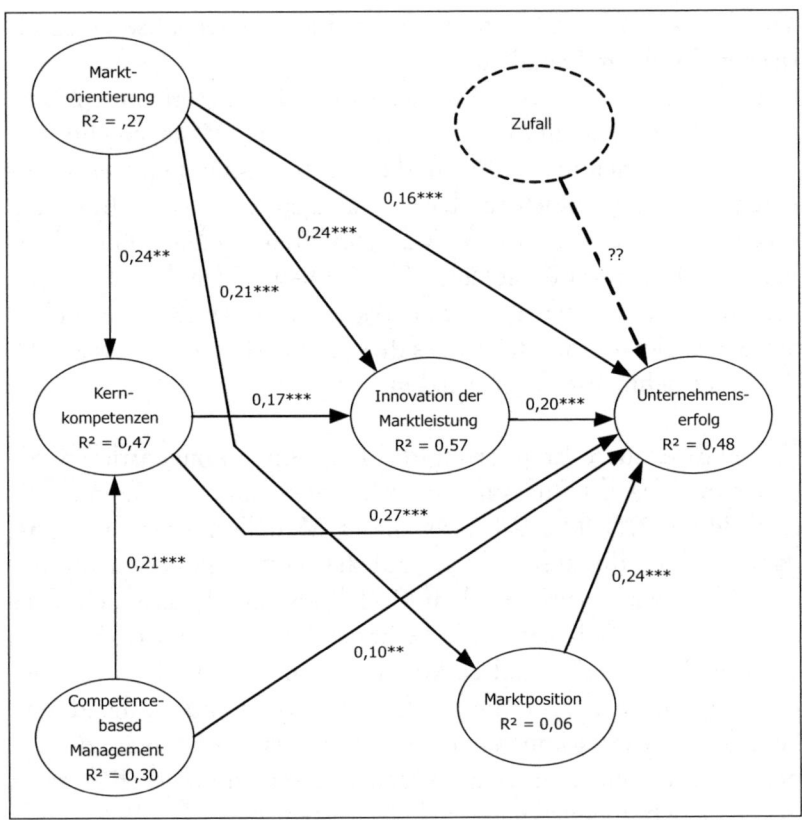

Abbildung 3.2: Erfolg als Ergebnis von Marktorientierung, Innovationsfähigkeit, Marktposition und Kernkompetenzen

zesse aufzubauen. Sind diese Fähigkeiten und Ressourcen für den Kunden wertvoll, sind sie selten und gleichzeitig nicht imitierbar oder substituierbar, dann bezeichnen wir sie als Kernkompetenzen. Von Competence-based Management sprechen wir, wenn Unternehmen versuchen, solche Kernkompetenzen aufzubauen und strategische Entscheidungen – wie Fokussierung, Innovationsentscheidungen, Markteintritt oder Outsourcing – an den Kernkompetenzen auszurichten. Unsere Studienergebnisse bestätigen diese Aussage: Kernkompetenzen haben einen starken Einfluss auf den Unternehmenserfolg. Wir untersuchten aber auch den Zusammenhang zwischen Kernkompetenzen und Innovationsfähigkeit und fanden einen weiteren, indirekten Zusammenhang zwischen Kernkompetenzen und Erfolg, der über die Innovation zustande kommt.

Auch die Marktposition spielt eine wichtige Rolle ($\beta = 0{,}24^{***}$). Durch marktbeherrschende Stellungen können nicht nur Economies of Scale und Erfahrungskurveneffekte erreicht werden, die sich in Kostenvorteilen und damit höheren Renditen auswirken, mitunter erlaubt es die Marktbeherrschung auch, Spielregeln am Markt zu beeinflussen, wenn nicht sogar entscheidend zu bestimmen. Vor allem die PIMS-Studien[13] haben gezeigt, wie wichtig die Marktposition – vor allem bei einem undifferenzierten Angebot – für den Erfolg ist. Gleichzeitig verdeutlichten die Ergebnisse aber auch, dass Einzigartigkeit in vielen Bereichen bedeutender ist als Größe. Wir haben auch untersucht, inwiefern Marktorientierung, Kernkompetenzen und die Innovation der Marktleistung den Marktanteil beeinflussen. Nur die Ausrichtung am Markt steigert Marktanteile. In unserer Studie haben weder Kernkompetenzen noch die Innovation der Marktleistung einen signifikanten Einfluss auf den Marktanteil. Dies ist auf den ersten Blick kontraintuitiv, lässt sich aber erklären. Dazu müssen wir zunächst daran erinnern, dass die Marktposition im Vergleich zu den Konkurrenten gemessen wurde. Das bedeutet, dass wir nicht den Zusammenhang zwischen diesen Faktoren und Wachstum, sondern den Zusammenhang zwischen diesen Faktoren und Marktführerschaft untersuchten.

Kernkompetenzen müssen nicht automatisch zur Marktführerschaft verhelfen. Kernkompetenzen haben mit einzigartigen Ressourcen und Fähigkeiten zu tun, die entweder zu einzigartigen Produkt- oder Serviceangeboten führen (dahinter steckt die Strategie der Differenzierung oder der Nische) oder zu wesentlichen Kostenvorteilen durch zum Beispiel Prozess- oder Technologiekompetenzen (dahinter steckt oft die Strategie der Kostenführerschaft). Im ersten Fall kann es sein, dass mit Kernkompetenzen niedrige Marktanteile einhergehen, im zweiten Fall kann es sein, dass Kernkompetenzen höhere Marktanteile generieren können. Folglich kann es einen Zusammenhang geben, dieser ist aber nicht zwingend und direkt.

Kontraintuitiv ist auch das Ergebnis, dass die Innovation der Marktleistung nicht automatisch zu höheren Marktanteilen führt. Auch hierfür gibt es Erklärungen. Innovativ zu sein bedeutet Erster am Markt zu sein. Ob Innovatoren, das heißt Pioniere, in der Regel auch höhere Marktanteile haben, wurde in zahlreichen Studien getestet. Die Ergebnisse waren zwar nicht immer eindeutig, allerdings deuten einige Studien darauf hin, dass der Zusammenhang nicht zwingend gegeben sein muss. Gerard Tellis und Peter Golder[14] fanden beispielsweise in einer groß angelegten Studie innerhalb von 50 Produktkategorien, dass Innovatoren und Marktpioniere lediglich in 11 % der Fälle eine marktführende Position einnahmen, im Schnitt war der Marktanteil bei 10 %. Wie ist das zu erklären? Vor allem praktische Beispiele scheinen dagegen zu sprechen. Procter & Gamble beispielsweise bezeichnet sich als Erfinder der Windel, die das Unternehmen 1961 am Markt einführte. Tatsächlich aber wurde die Windel bereits 1935 unter dem Namen Chux eingeführt. Procter & Gamble war daher nicht der Innovator, 1961 wurde sogar Chux von den *Consumer Reports* als die beste Windelmarke bezeichnet, ein paar Jahre später wurden die Marken noch gleich bewertet. Erst mit der Zeit, aufgrund der besseren Vermarktung durch Procter & Gamble, erreichte Pampers wesentlich höhere Marktanteile als Chux.[15] Auch Apple war in Wirklichkeit nicht der Pionier der Personal Computer. Bereits 1975 wurde der PC von MITS (Micro Instrumentation and Telemetry System) eingeführt und von Business Week im Jahre 1976 als „IBM of home computers" bezeichnet.[16]

Häufig haben Innovationen mehr mit der Strategie der Differenzierung oder Nische zu tun. Erst Folgeunternehmen verfolgen das Ziel des Massenmarkts. Daher verbindet man oft die marktführenden Folgeunternehmen mit der Innovation, die tatsächlichen Innovatoren bleiben unbekannt, sie konzentrierten sich oft nur auf kleine Nischen oder auf die kleine Gruppe der „Early Adopter", nicht auf den Massenmarkt.

Die Innovation der Marktleistung führt nur dann zu marktführenden Stellungen, wenn auch der Massenmarkt angepeilt wird, wenn das Management mit Nachdruck das Ziel der Marktführerschaft verfolgt, wenn ein entsprechendes finanzielles Commitment vorhanden ist, das Produkt auch kontinuierlich weiterentwickelt wird und entsprechende Ressourcen wie Markenbekanntheit, Distributionsstärke u. Ä. genutzt werden können.[17] Zwischen Innovation der Marktleistung und Marktposition und zwischen Kernkompetenzen und Marktposition muss also nicht zwingend ein direkter Zusammenhang bestehen. Ganz zentral ist zu erkennen, dass es unterschiedliche Marktphasen gibt. Nur dann, wenn es gelingt, entsprechend diesen Marktlebenszyklen Strategien zu entwickeln, ist es möglich, vom Pionier zum Marktführer zu werden.

Wir haben eingangs erwähnt, dass nur durch kontinuierliche Steigerung der Qualität durch Innovation – häufig bei geringem oder gar keinem Preisspielraum nach oben – die Wettbewerbsfähigkeit sichergestellt werden kann. Daher ist es auch nicht überraschend, dass die Fähigkeit, laufend Produkte und Dienstleistungen erfolgreich zu verbessern oder gar neu zu entwickeln und damit die Innovation der Marktleistung zu steigern, einen starken Einfluss auf den Unternehmenserfolg hat ($\beta = 0{,}20^{***}$). Die Fähigkeit, diese Innovationsleistungen erbringen zu können, wird wiederum von der Marktorientierung ($\beta = 0{,}24^{***}$) und den existenten Kernkompetenzen ($\beta = 0{,}17^{***}$) maßgeblich bestimmt.

Schließlich – so hat sich nicht nur in der Management- und Marketingtheorie die Überzeugung durchgesetzt – entscheiden der Markt und insbesondere der Kunde über den Erfolg des Unternehmens. Daher kommt es wesentlich darauf an, ob Unternehmen effizient und effektiv Signale vom Markt wahrnehmen, diese auch unternehmensintern entsprechend verbreiten und verarbeiten und mit Programmen und Strategien darauf reagieren. Unternehmen, die das beherrschen, bezeichnen wir als marktorientiert. Und die

Ergebnisse unserer Studie zeigen eindeutig, dass Kunden- und Marktorientierung den Erfolg mitbestimmen (β = 0,16***).

Die fünf zuvor erläuterten Faktoren – Kernkompetenzen, Competence-based Management, Innovation der Marktleistung, Marktorientierung und Marktposition – sind wesentliche Treiber des Erfolgs. Sind diese Faktoren in einem Unternehmen gut ausgeprägt (es verfügt über ein ausgeprägtes Kernkompetenzmanagement, es bringt innovative Produkte erfolgreich auf den Markt, es ist sehr marktorientiert und es hat aktuell eine starke Marktposition), ist das Unternehmen mit großer Wahrscheinlichkeit sehr erfolgreich.

Wir gingen in unserer Studie aber noch einen Schritt weiter und stellten uns die Frage: Wenn das fünf zentrale Treiber des Unternehmenserfolgs sind, von welchen Faktoren werden diese nun bestimmt (wie können die Treiber beeinflusst werden)? Betrachten wir nun die linke Hälfte unseres Pfadmodells (Abbildung 3.1).

Während Marktorientierung, Innovation der Marktleistung, Kernkompetenzen und Competence-based Management viel mit Methoden und Prozessen zu tun haben, wenden wir uns nun den weichen Faktoren zu, die viel mehr mit Einstellungen, Werten und Orientierungen in Verbindung stehen.

Geht man davon aus, dass die Innovationsleistung wesentlich die Zukunftsfähigkeit eines Unternehmens bestimmt, so wird aus den Daten ersichtlich, dass die Innovationsleistung wesentlich von Competence-based Management, existenten Kernkompetenzen und der Marktorientierung determiniert wird. Es stellt sich die Frage, wovon diese wiederum beeinflusst werden. Die Ergebnisse zeigen eindeutig, dass ein Unternehmen dann in der Lage ist, Kernkompetenzen aufzubauen und zu pflegen, wenn eine hohe Innovationsorientierung des Top-Managements zu Competence-based Management führt, eine unternehmerische Unternehmenskultur (β = 0,20***), eine starke Unternehmenskultur (β = 0,16***) und eine Marktorientierung (β =0,24***), die über das Heute hinaus geht, vorhanden sind.

Der Aufbau und die Entwicklung von Kernkompetenzen setzt eine Konzentration der Kräfte, eine langfristige Zielsetzung, ein umfassendes und weitreichendes Marktverständnis, Investitionsbereitschaft, den Mut zur Lücke – im Sinne von „Ballast" abwerfen – und auch Risikobereitschaft voraus.

Der Aufbau einer Entrepreneurship-Kultur, die im Unternehmen stark ausgeprägt ist, erfordert, dass visionäres Denken von den obersten Führungskräften immer wieder eingebracht und von den Mitarbeitern ständig eingefordert wird, dass die Mitarbeiter die strategischen Ziele kennen und sich damit identifizieren können, dass die Mitarbeiter erkennen, welchen Beitrag sie im Unternehmen leisten können und sollen, und dass vor allem Kernwerte im Unternehmen existieren und auch tatsächlich gelebt werden, die direkt oder indirekt die Innovations- und Veränderungsbereitschaft der gesamten Unternehmung vorantreiben.

Der Aufbau einer Marktorientierung, die über das Heute hinausgeht, erfordert

- die intensive Auseinandersetzung der obersten Führungskräfte mit den Märkten und den Entwicklungen außerhalb der unmittelbaren Marktbereiche des Unternehmens,
- den Aufbau von Marketingabteilungen, die die Herausforderung annehmen, wirklich neue Marktchancen identifizieren zu wollen, bevor diese offensichtlich werden,
- den Aufbau von Plattformen im Unternehmen, um über diese Chancen gesamthaft diskutieren zu können, und
- den Aufbau von Prozessen und Strukturen, die die Nutzung des gemeinsam erarbeiteten Marktwissens sicherstellen.

Wir konnten mit unserer Studie zeigen, dass die Erfolgswahrscheinlichkeit deutlich steigt, wenn die oben genannten Faktoren gegeben sind und entsprechend zusammenspielen. Letztlich erkennt man aus dem Modell, dass die Innovationsorientierung des Top-Managements diese Dimensionen und das Zusammenspiel entscheidend beeinflusst, und man kann daraus ableiten, dass Erfolg von Unternehmen letztlich entscheidend von der strategischen Ausrichtung und den dahinterliegenden Wertvorstellungen der obersten Führungskräfte determiniert wird.

Was Top-Performer auszeichnet

Damit es uns möglich war, fundierte Informationen über die maßgeblichen Unterschiede von erfolgreichen und weniger erfolgreichen Unternehmen zu generieren, wurden die Daten von mehr
als 700 Unternehmen entlang des von uns entwickelten Evaluati-
onsmodells verglichen. Es wurde dazu anhand einer Vielzahl von
Indikatoren gemessen, wie stark die identifizierten Faktoren in jedem Unternehmen ausgeprägt sind. Eine hohe Ausprägung beim
Faktor „Marktorientierung" bedeutet beispielsweise, dass das Unternehmen als sehr marktorientiert anzusehen ist,

- weil viele Aktivitäten zur Generierung von Informationen zu
  den Bedürfnissen der aktuellen und potenziellen Kunden, der
  Aktivitäten der Wettbewerber etc. gesetzt werden,
- weil diese Informationen im Unternehmen auf breiter Basis
  kommuniziert und diskutiert werden und
- weil dieses Wissen eine wichtige Grundlage für unternehmerische Entscheidungen ist (z. B. für die Entwicklung völlig neuer Produkte).

Die Ergebnisse verdeutlichten die signifikanten Unterschiede zwischen erfolgreichen und weniger erfolgreichen Unternehmen entlang der identifizierten Erfolgsfaktoren.

Nachfolgend wollen wir diese besonderen Merkmale näher er-
läutern und durch die Darstellung von ausgewählten Beispielen aus
der Gruppe der Top-Performer (die besten 15 %) greifbar machen.
Dabei lassen sich vorab folgende Besonderheiten festhalten:

- Top-Performer geben sich niemals mit dem Erfolg von heute
  zufrieden, weil sie explizit davon ausgehen oder es „erahnen",
  dass prinzipiell jeder Markt einem Lebenszyklus unterliegt. Sie
  verstehen sich dabei selbst als Innovationstreiber des Unterneh-
  menssystems, die immer wieder radikale strategische Veränderungen initiieren und vorantreiben müssen.

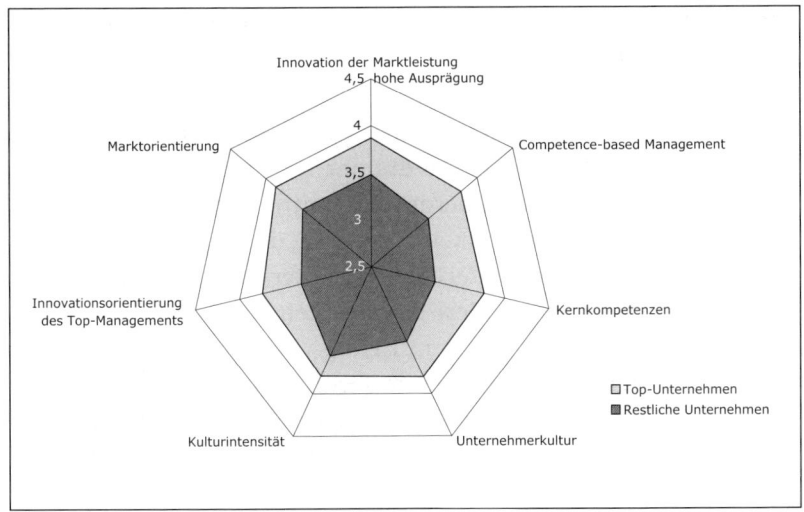

Abbildung 3.3: Der Unterschied zwischen Top-Unternehmen und dem Rest

- Die obersten Führungskräfte setzen sich selbst intensiv mit dem Markt von heute und den sich abzeichnenden Chancen im ge samten Marktsystem auseinander. Auf Basis dieses Wissens erkennen sie, welche Kompetenzen im Unternehmen zusätzlich aufgebaut werden müssen, und sind bereit, in diese zu investieren.
- Top-Performer überzeugen durch ein umfassendes Innovationsverständnis und sie sind sich darüber bewusst, dass sie auch der Einführung ihrer Innovationen besonderes strategisches Augenmerk schenken müssen.
- Top-Performer setzen in der Bearbeitung der Märkte mehr auf Einzigartigkeit als auf den „bloßen" Gewinn von Marktanteilen.
- Top-Performer verfügen über eine besondere Art der Unternehmenskultur, die aktiv von den obersten Führungskräften geprägt, gefordert und gefördert wird.

Top-Performer geben sich niemals mit dem Erfolg von heute zufrieden

Der Erfolg von Unternehmen hängt entscheidend von den obersten Führungskräften ab. Diese dominante Aussage resultiert aus der Erkenntnis, dass die überdurchschnittlich erfolgreichen Unternehmen eine Gemeinsamkeit aufweisen, die sie eklatant von den weniger erfolgreichen Unternehmen unterscheidet. Top-Unternehmen und hier insbesondere die obersten Führungskräfte geben sich in keiner Situation mit dem Erfolg von heute zufrieden. Der permanente Veränderungswille im Großen und im Kleinen kristallisierte sich bei der Analyse zu der vielleicht bedeutendsten Kardinaleigenschaft überdurchschnittlich erfolgreicher Unternehmen heraus.

Peter Brabeck-Letmathe, CEO von Nestlé, hat beispielsweise auf die Frage, worin er die Hauptgründe für den Erfolg von Nestlé sieht, geantwortet: „Es geht nicht darum, nachzudenken, was uns bisher erfolgreich gemacht hat, sondern es geht primär um die Frage, was wir tun müssen, damit wir in Zukunft erfolgreich sind. Über die Ursachen des erreichten Erfolgs denke ich nach, wenn ich im Ruhestand bin. Das klingt zunächst sehr einfach, aber es ist die vielleicht schwierigste Aufgabe in Unternehmen, insbesondere dann, wenn sie bereits sehr erfolgreich sind. Wenn sie nämlich bereits Erfolg haben, versucht die Organisation die Erfolgsmuster der Vergangenheit immer wieder abzurufen. Dies scheint auf den ersten Moment logisch und es vermittelt vor allem den Beteiligten ein Gefühl von Effizienz und Sicherheit. Genau dagegen müssen sie mit allen Mitteln ankämpfen."

Michael Mirow, über 15 Jahre lang Leiter der strategischen Planung bei Siemens, schlägt in die gleiche Kerbe: „Aus meiner Erfahrung stellt der Erfolg von heute eine der größten Gefahren für Unternehmen dar. Es darf den Unternehmen nämlich nicht passieren, dass sie im Erfolg von heute erstarren und sich nicht mehr den Kopf darüber zerbrechen, was sie für den Erfolg von morgen brauchen. Ich bin davon überzeugt, und das zeigt mir meine Erfahrung, dass das Morgen immer anders funktioniert als das Heute. Damit es gelingt, das Morgen erfolgreich zu meistern, müssen Unternehmen aber im Heute bereits alles dafür tun, dass sie vorbereitet sind. Ich meine damit, dass sich das gesamte Führungsteam auch im Jetzt mit radikalen Überlegungen befassen muss. Wer kann denn garantieren, dass der Erfolg mit heutigen Produkten und Technologien noch die nächsten 10 bis 20 Jahre tatsächlich anhält. Des Öfteren war es leider so, dass gerade sehr erfolgreiche Business Units radikale Technologiesprünge versäumt haben. Sie waren dermaßen vom Jetzt begeistert, dass sie immer wieder Gründe aufzeigen konnten, die gegen eine Veränderung sprachen. Irgendwann hatten sich aber der Markt und die Anforderungen doch verändert und es war de facto keine Zeit mehr vorhanden, um sinnvoll agieren zu können."

Diese beiden Aussagen stehen stellvertretend für eine Vielzahl von Statements sehr erfolgreicher Führungskräfte, mit denen wir die Möglichkeit hatten, im Rahmen dieses Strategieforschungsprojekts ausführlich über Erfolg und Misserfolg zu sprechen.

Zu wissen, dass die erfolgreichen Unternehmen der permanenten Veränderung bzw. der strategischen Weiterentwicklung den höchsten strategischen Stellenwert beimessen, ist ohne Zweifel wichtig. Zu verstehen, warum sie das so konsequent tun, ermöglicht es uns aber erst, die Notwendigkeit dieser Denkweise zu begreifen.

Grundsätzlich verbirgt sich dahinter die Fähigkeit, so wie es Hans Hinterhuber[18] in seinen Arbeiten immer wieder fordert, sich vom aktuellen Tagesgeschäft zu lösen und das Marktgeschehen aus der „Helikopterperspektive" zu betrachten. Begibt man sich nämlich auf diese Metaebene, dann wird es augenblicklich verständlich, dass jeder Markt die unterschiedlichen Phasen eines Lebenszyklus durchläuft. Ein Markt entsteht, wächst, sättigt sich und muss durch radikale Umbrüche neu belebt werden, wenn er nicht in der Bedeutungslosigkeit verschwinden soll. Unbestritten ist, dass niemand einschätzen kann, wie lange die einzelnen Phasen dauern, und es kann auch vorkommen, dass eine Phase übersprungen wird.

Entscheidend ist es aber, dass man sich darüber im Klaren ist, dass es diese Marktlogik immer gegeben hat und auch in Zukunft immer geben wird. Es geht zur kontinuierlichen Weiterentwicklung darum, rechtzeitig immer wieder neue Pionierphasen im Unternehmen einzuleiten.

Betrachtet man die weniger erfolgreichen Unternehmen, so fällt auf, dass sie sich vielfach mit ihren Produkten und Leistungen in einer fortgeschrittenen Phase der Marktreife befinden. Sie kämpfen an allen Fronten mit der Intensivierung des Wettbewerbs. Dies erscheint ihnen zunächst nicht weiter dramatisch, weil sie es über die Verbesserung des Bestehenden und die damit verbundenen Kostensenkungen schaffen, kurz- bis mittelfristig zu überleben. Mittel- bis langfristig stehen viele dieser Unternehmen aber vor einem schier unlösbaren Problem. Sie sind zum einen nicht in der Lage, durch Innovationen einen „neuen" Markt zu öffnen oder einen Marktumbruch einzuleiten. Zum anderen fehlt es ihnen an Know-how und den notwendigen Strukturen, um andere Marktphasen als reife Märkte zu bearbeiten. Sie verfügen vielfach nicht über das Wissen, die Ressourcen und die Strukturen, mit denen es gelingen kann, einen neuen Markt zu besetzen und zu bearbeiten bzw. einen Umbruch in einer Reifephase erfolgreich voranzutreiben.

Die erfolgreichen Unternehmen versuchen, die Märkte von morgen zu „antizipieren". Manchmal erscheinen dabei ihre Entscheidungen für das Umfeld als hoch riskant und werden auch von den Shareholder-Value getriebenen Analysten hart abgestraft. Diese können mit diesem Denken, das eine Investitionsbereitschaft impliziert, dessen Rentabilität sich heute oft nicht bewerten lässt, nicht umgehen. Das ist auch nicht ihr Interesse. Sie interessieren sich nicht für das Faktum, dass Zukunftsfähigkeit nur dann entstehen kann, wenn bereits sehr früh in noch nicht 100%ig greifbare Chancen investiert wird.

Das Gespräch mit Stefan Pierer, CEO und Mehrheitseigentümer von KTM, verdeutlicht diese strategische Denkweise augenscheinlich. Stefan Pierer kaufte 1992 Teile des Unternehmens aus der Konkursmasse. Innerhalb von wenigen Jahren gelang es ihm und seinem Team, KTM nicht nur zu einem sehr profitablen Unternehmen, sondern zu einem der größten Motorradbauer Europas mit den stärksten Wachstumsraten zu entwickeln. Auf die Frage, wo er die Zukunft von KTM sieht, antwortete er: „Wir kauften die Motorradsparte von KTM. Dahinter verbarg sich das Know-how, ausgezeichnete Geländemotorräder zu bauen. Wir fokussierten uns zunächst darauf, dieses Geschäft neu aufzusetzen, und sahen bald, dass wir damit gut unterwegs sind. In dieser Phase traf ich die Entscheidung, in das Geschäft mit Straßenmotorrädern einzusteigen. Ein völlig anderes Geschäft, von dem wir damals nicht wirklich eine Vorstellung hatten, wie es tatsächlich funktionierte. Nahezu alle Menschen – innerhalb und außerhalb des Unternehmens – erklärten mich mehr oder weniger für verrückt. Es fehlte uns an Know-how, wir hatten keine Marktzugänge etc., mir war aber klar, dass das für KTM notwendige Wachstumspotenzial nur im Straßenbereich liegen konnte. Wir gingen den Weg anders als die etablierten Wettbewerber. Wir entschieden uns, eine neue Kategorie von Straßenmotorrädern mit außergewöhnlicher Technik und außergewöhnlichem Design zu bauen, und es funktionierte. Heute stehen wir vor einer neuen Herausforderung. Der Markt für Motorräder wird in Zukunft vermutlich nicht mehr über diese Wachstumsraten verfügen, wie wir uns das wünschen. Wenn man alleine beobachtet, dass heute viele 18-Jährige keinen Motorradführerschein mehr machen, weil von allen Seiten – leider zu Recht – darauf hingewiesen wird, wie gefährlich Motorradfahren ist, dann müssen wir bei KTM uns fragen, wie wir damit umgehen. Wir werden ein Auto bauen. Es wird wieder ein völlig neues Konzept sein und wieder sagen alle, ich bin verrückt. Auch ich bin mir darüber im Klaren, dass dies riskant ist. Wir müssen deshalb mit allen Maßnahmen versuchen, das Risiko zu minimieren, ohne dabei langsam zu werden. Wenn ich irgendwann aber sehe, dass wir es nicht schaffen, werde ich den Prozess stoppen, bevor er uns vernichtet. Es aber aus heutiger Sicht nicht zu probieren, wäre langfristig mindestens ebenso riskant."

Die aufgezeigten Beispiele verdeutlichen, was die ausgewerteten empirischen Daten von mehr als 700 Unternehmen ans Tageslicht beförderten. Bei den überdurchschnittlich erfolgreichen Unternehmen sind die obersten Führungskräfte selbst die wichtigsten Innovationstreiber in den Unternehmen. Interessant erscheint es uns, sich jetzt mit den grundsätzlichen Gemeinsamkeiten dieser Gruppe von Führungskräften zu befassen. Es war uns dabei selbstverständlich bewusst, dass die erfolgreichen Führungskräfte in Charakter, Auftreten, Führungsstil etc. sehr verschieden sind, aber es deutete einiges darauf hin, dass es im Kern doch etwas gibt, was diese Gruppe auszeichnet.

Die obersten Führungskräfte sind selbst die Innovationstreiber im Unternehmen

Wenn wir hier von Innovationstreibern sprechen, dann meinen wir nicht, dass die Führungskräfte die eigentlichen Produktinnovationen hervorbringen – obwohl auch das vorkommt. Vielmehr verstehen wir darunter, dass sie das System Unternehmen in der Form vorantreiben, dass die Organisation „gezwungen" wird, immer wieder radikale (Innovations-)Überlegungen auf der Produkt-, Prozess-, aber auch der Geschäftsmodellebene anzustellen.

Was sind nun diese Gemeinsamkeiten, die wir bei der Analyse dieser Gruppe von Top-Führungskräften identifizieren konnten? Wir konzentrierten uns dafür zum einen auf die Leadership-Literatur[19] und Gespräche mit Führungspersönlichkeiten, die über einen langen Zeitraum nachweislich überdurchschnittliche Erfolge mit Unternehmen hatten. Zum anderen nutzten wir die Möglichkeit, mit Hans-Joachim Reck, Partner bei Heidricks & Struggles, einem der weltweit führenden Headhunting-Unternehmen, sowie mit Peter Lorange, Präsident von IMD, einer der weltweit führenden Business Schools, über die Gemeinsamkeiten der absoluten Spitzenleute aus ihrer Sicht im Detail zu diskutieren.

- Eine besondere Gemeinsamkeit, die diesen Führungspersönlichkeiten anhaftet, ist die, dass es echte Visionäre sind. Sie wollen mit ihren Unternehmen etwas bewegen, was weit über den finanziellen Erfolg hinausgeht. Wenn man mit ihnen spricht, dann fällt auf, dass sie nur sehr wenig über die Probleme der Gegenwart sprechen, dass sie viel mehr und viel lieber über die Chancen der Zukunft reflektieren. Besonders auffällig ist, dass sie einem dabei nicht das Gefühl geben, Illusionen nachzujagen, sondern sehr genau erklären, warum und wieso sie von diesem oder jenem Weg überzeugt sind. Beeindruckend ist dabei, auf welches Erfahrungswissen, Fachwissen, Marktwissen, aber auch auf Wissen aus völlig anderen Feldern und Bereichen sie dabei zurückgreifen und es vernetzen. Darüber hinaus vermitteln sie etwas, was sehr schwer zu beschreiben ist. Es ist dieses Gefühl, diese Emotion, dass es sich bei diesem oder jenem Weg um etwas Besonderes, etwas Weitreichendes handelt. Viktor Frankl würde dazu vielleicht sagen, „dass du für dich selbst darin einen Sinn erspürst."
- Dieses Visionäre versperrt ihnen jedoch nicht den Blick darauf, dass sie die besten Führungskräfte und Mitarbeiter brauchen, um die notwendigen Weiterentwicklungen vorantreiben zu können.

Professor Popp, CEO von Bionorica – einem der führenden europäischen Phytopharmakaunternehmen – brachte es auf den Punkt, als er sagte: „Ich hatte immer schon eine gewisse Vorstellung, wohin wir das Unternehmen entwickeln müssen. Wir sind aber lange Zeit nur sehr mühevoll unsren Zielen nähergekommen. Das Managementteam stimmte dem Weg zwar immer kopfnickend zu, arbeitete aber in Wirklichkeit nie mit Herz, Verstand und Einsatz daran, diesen Weg tatsächlich umzusetzen. Erst als mir das in vollem Umfang bewusst wurde und wir wichtige Teile der Führungscrew auswechselten, kam der Erfolg. Die neue Führungscrew war auf der einen Seite wesentlich kritischer in den Diskussionen als die Manager, die ich ausgewechselt hatte. Sie stellte vieles infrage, und es waren lange Diskussionen notwendig, damit sich zunehmend ein gemeinsames Verständnis über die Chancen, auf die wir uns konzentrieren sollten, entwickelte. Ich muss zugeben, dass es dabei auch Zeitpunkte gab, in denen das Team meine Überzeugungen nicht teilte und ich trotzdem daran festhielt. Das Bemerkenswerte war, dass mich das Team nach solchen „radikalen" Entscheidungen nicht hängen ließ. Vielmehr machten sie sich mit allen ihren Möglichkeiten und mit 100%igem Einsatz daran, auch diese Dinge tatsächlich in Bewegung zu bringen. Die Erfolge, die sich danach einstellten, waren nur durch die Qualität und den Einsatz dieser Mitarbeiter möglich. Heute sind wir mit unseren Ansätzen noch viel radikaler als damals, und es funktioniert unglaublich gut."

Obwohl diese Führungskräfte wissen, dass für die Umsetzung die Qualität ihrer Führungsmannschaft entscheidend ist, versuchen sie den Kontakt zu möglichst vielen Mitarbeitern aus den verschiedensten Hierarchieebenen des Unternehmens zu pflegen. Sie engagieren sich selbst in unterschiedlichen Trainingsprogrammen, Frageerunden oder suchen bei ihren Rundreisen das direkte Gespräch mit Mitarbeitern.

So erzählte uns ein ehemaliger Mitarbeiter von GE über seine Erfahrungen mit Jack Welch: „Ich bin 1990 ins Europa-Headquarter von GE Plastics nach Holland gewechselt und war dort zuständig für die Logistik. Nach kurzer Zeit wurde ich in eine Gruppe mit 13 anderen Mitarbeitern aufgenommen, die im Jahr zweimal die Gelegenheit bekam, mit Jack Welch Face to Face zu diskutieren, seinen Ansichten zu lauschen, aber auch von ihm um die persönliche Meinung gefragt zu werden. In der Gruppe waren Personen aus unterschiedlichen Hierarchieebenen und Verantwortungsbereichen. Diese Runden waren inhaltlich, aber insbesondere emotional das Größte, was ich in meiner bisherigen Karriere erleben durfte. Man kann es nicht in Worte fassen, was diese Gespräche bei uns allen auslösten. Mit uns diskutierte die große Lichtgestalt genauso über die großen strategischen Kernthemen, auf die man sich aus seiner

Sicht bei GE konzentrieren sollte, wie auch über Dinge, die wir nur teilweise verstanden, nicht einordnen konnten oder mit denen wir nur peripher im Tagesgeschäft konfrontiert wurden. Er erzählte, fragte und hörte uns wirklich zu. Besonders in Erinnerung ist mir geblieben, dass er am Beginn dieser Sessions immer wieder über die strategischen Kernthemen referierte. Diese „Predigten" waren immer ungemein elektrisierend, weil man dabei einfach die Authentizität und den Willen dieser Persönlichkeit erfahren durfte." Dieser Mitarbeiter hat vor zehn Jahren GE verlassen. Wenn man aber heute mit ihm darüber spricht, dann stellt man fest, dass er im Herzen immer noch ein GE'ler ist. Jack Welch praktizierte diesen Austausch im gesamten Konzern mit vielen Gruppen von Mitarbeitern.

- Es sind aber nicht nur ihre visionären Zugänge und ihr Wille, die besten Mitarbeiter für ihr Unternehmen zu begeistern, sie beeindrucken auch dadurch, dass alle diese Persönlichkeiten auf ihre spezielle Art und Weise sehr stolz auf die Produkte und Leistungen des Unternehmens sind. Hat man die Zeit, mit ihnen darüber zu sprechen, spürt man, dass sie genau wissen, was ihre Produkte können und wo der Nutzen für die Kunden liegt. Beispielhaft hierfür steht die beeindruckende Erfahrung, die wir mit Herrn Brabeck-Letmathe, CEO von Nestlé, machen durften. Beim Besuch in der Konzernzentrale in Vevey erhielten wir nicht nur ungemein wertvolle Hinweise und Erläuterungen zu unserem Modell. Wir bekamen vom CEO eines Unternehmens, das eine Milliarde Produkte pro Tag weltweit verkauft, eine persönliche Produktvorstellung. Während unseres Gesprächs wies Peter Brabeck-Letmathe darauf hin, dass es für ihn ungemein wichtig ist, dass die Menschen in der Zentrale nie vergessen, dass der Erfolg von Nestlé primär auf den Produkten beruht. Die Systeme sind lediglich Instrumente, um die notwendigen Prozesse abzusichern. Er hat deshalb entschieden, dass der fünfte und damit oberste Stock der exklusiven Zentrale nicht das Top-Management beheimaten soll. Vielmehr sollen dort die

Nestlé-Produkte ausgestellt sein, Verkostungsmöglichkeiten vorhanden sein und angenehme Aufenthaltsbereiche für alle Mitarbeiter gestaltet werden, damit die Mitarbeiter jeden Tag mit den Produkten in Kontakt kommen. Beim Verabschieden sagte Herr Brabeck-Letmathe: „Haben Sie noch kurz Zeit, ich möchte Ihnen noch unseren fünften Stock zeigen." Wir gingen über eine großzügige Treppe direkt von der obersten Schaltstelle der Nestlé AG in die „Nestlé-Ausstellung". Es war faszinierend, auf welche Art und Weise er uns durch die verschiedenen Produktbereiche begleitete.

- Top-Führungskräfte kennen und wertschätzen aber nicht nur die Produkte und Leistungen, die diese Produkte ermöglichen. Sie kennen und verstehen insbesondere auch ihre Märkte und ihre Kunden. Die Zeit und das Engagement, das sie dafür investieren, sind beeindruckend. Im Durchschnitt bewegen sie sich mehr als 50 % ihrer gesamten Zeit in den Märkten, sowohl direkt bei Kunden oder aber bei ihren jeweiligen Niederlassungen. Sie interessieren sich dabei viel weniger für Berichte und Zahlen, sondern sie wollen in direkten Gesprächen das Gespür, wie sie es häufig bezeichnen, für den Kunden und die Marktlogiken nicht verlieren. Dabei sind sie wieder auf die Frage fokussiert, was müssen wir tun, damit wir morgen erfolgreich sind.
- Sie verfügen über einen außerordentlichen Geschäftssinn, den sie selbst vielfach mit Intuition oder Bauchgefühl und auch dem Ausnutzen von Zufälligkeiten beschreiben. Reflektieren sie über ihre Erfolge, so weisen sie darauf hin, dass mindestens 30 % der wirklich großen strategischen Entscheidungen im Kern „Bauchentscheidungen" waren und dass dabei häufig die Nutzung des Zufalls bzw. des Nicht-Geplanten eine wesentliche Rolle gespielt hat. Für Peter Lorange von IMD zeichnet die wirklich erfolgreichen Führungskräfte u. a. dieses gewisse Fingerspitzengefühl aus, das unheimlich schwierig zu fassen und zu erklären ist. Sie erkennen und nutzen seiner Meinung nach Chancen, die andere erst viel später zu sehen beginnen.

Die bisher dargestellten Ergebnisse unseres Forschungsprojekts verdeutlichen, dass die Top-Performer von einem massiven Veränderungswillen getrieben werden. Dieser Veränderungswille wird dabei ganz fundamental von den obersten Führungskräften geprägt. Die herausgearbeiteten Gemeinsamkeiten dieser Persönlichkeiten verdeutlichen aber auch, dass diese visionären Persönlichkeiten nicht in der Isolation agieren. Sie wissen, dass sie die besten Führungskräfte und Mitarbeiter brauchen, und agieren dementsprechend, sie identifizieren sich mit den Produkten und Leistungen des Unternehmens, sie kennen und verstehen die Märkte und ihre Kunden, weil sie sich die Zeit nehmen, um die eigenen Erfahrungen machen zu können. Und sie verfügen über einen außerordentlichen Geschäftssinn, der es ihnen ermöglicht, sich bietende Chancen frühzeitig zu nutzen.

Top-Performern gelingt es, zukunftsrelevantes Marktwissen mit einem nachhaltigen Kompetenzmanagement zu verknüpfen

In der Analyse stellte sich die Frage, ob und in welcher Ausprägung die Orientierung am Markt und der Aufbau einzigartiger Kompetenzen bei den erfolgreichen und weniger erfolgreichen Unternehmen eine Rolle spielen.

Dabei zeigte sich, dass sich die Top-Performer in der Strategieentwicklung wesentlich an den Grundgedanken des Resource-based View orientieren. Sie kennen ihre Kernkompetenzen sehr genau und versuchen mit diesen Kompetenzen neue Marktchancen zu erschließen. Gleichzeitig spielen in der Strategiearbeit aber auch die Entwicklung und der Aufbau neuer Kernkompetenzen eine entscheidende Rolle. Diese Unternehmen sind sich nämlich darüber im Klaren, dass sie für die langfristige Absicherung ihrer Erfolge neue Kernkompetenzen aufbauen müssen, um den sich ständig verändernden Herausforderungen der Märkte neue Lösungen entgegensetzen zu können.

Für den Aufbau der neuen Kompetenzen beschäftigen sich die Top-Performer laufend mit der Frage, wohin sich die Märkte von morgen entwickeln. Marktorientierung heißt für sie dabei wesentlich mehr als Kundenorientierung. Es genügt ihnen nicht, die bestehenden Erwartungen der Kunden zu identifizieren und zu erfüllen. Aus ihrer Sicht hängt der strategische Erfolg vielmehr davon ab, inwieweit es ihnen gelingt, neue Kundenerwartungen und neue Märkte zu schaffen. Eine zentrale Voraussetzung dafür ist das kontinuierliche Sourcing von Marktwissen (Kunden, Konkurrenten, Märkte, Technologien). Dabei geht es um wesentlich mehr als um bestehende Kundenwünsche. Es geht um die Antizipation der Kundenprobleme von morgen. Gleichzeitig wissen sie, dass sie die Marktsysteme, Spielregeln und die Technologien der Zukunft in ihrer Gesamtheit antizipieren müssen. Es nützt nämlich wenig, Produkte für die Kundenprobleme von morgen zu entwickeln, wenn man nicht weiß, wie man diese in den „neuen" Markt mit welcher Technologie hineinbringt. Dabei koppeln sie das generierte Marktwissen an die Frage, welche Kompetenzen sie im Unternehmen und im gesamten Marktsystem aufbauen müssen, dass es ihnen tatsächlich gelingt, längerfristig wirkende Wettbewerbsvorteile aufzubauen.

Swarovski hat beispielsweise durch die Schleiftechnologie, die von Daniel Swarovski bereits Ende des 19. Jahrhunderts entwickelt und dann ständig verbessert wurde, ein Fähigkeitsbündel im Unternehmen geschafften, das es dem Unternehmen auf eine einzigartige Weise erlaubt, Kristalle herzustellen und zu schleifen. Kein Konkurrent war bis heute in der Lage, dieses Fähigkeitsbündel, das vom Materialsourcing über die Produktion bis hin zum Schleifen reicht, zu imitieren. Der Kernoutput sind Kristalle, die durch ihre Vielfalt, ihre Formen, ihre Farben und das Spiel mit dem Licht den Kunden begeistern.

Das Tiroler Familienunternehmen, das heute mit rund 16.000 Mitarbeitern mehr als 2 Milliarden Euro umsetzt, war bis Mitte der 1970er-Jahre im Wesentlichen ein anonymer Zulieferer für einige Modemacher und Lichtdesigner. Seither ist Swarovski nicht nur das Kunststück gelungen, das „Billigprodukt" Modeschmuck zu einem Luxusgut zu adeln, sondern sich selbst in eine globale Luxusmarke zu verwandeln.

In der vielleicht schwierigsten Phase der Unternehmensgeschichte – Mitte der 1970er-Jahre, als der Ölpreisschock den Markt für Kristallleuchter und Haute Couture in die Tiefe riss –, entschied man sich bei Swarovski, Lusterbehangteile nicht mehr nur an die Industrie zu liefern, sondern Figuren – zunächst waren es primär Tierfiguren – aus Kristallteilen zusammenzukleben und unter eigenem Namen anzubieten. Diese Figuren wurden weltweit zu echten Sammlerstücken. Swarovski erkannte die Bedürfnisse der Kunden und gründete dafür einen eigenen Club. Heute werden rund 450.000 Clubmitglieder jährlich mit den neuesten Figuren beliefert.

Mitten in diesem Erfolg begann man sich bei Swarovski den Kopf darüber zu zerbrechen, für welche anderen Märkte die Kristallkompetenz aus Wattens noch interessant sein könnte. Man erkannte das ungeheure Potenzial des „neuen" Modemarkts. Zu dieser Zeit waren Kristallapplikationen nicht en vogue. Man stellte sich die Frage, welche Kompetenzen das Unternehmen zusätzlich brauchen würde, um dieses Potenzial für sich nutzen zu können. Man begann verstärkt mit Modedesignern in Kontakt zu treten und setzte die Produktentwickler verstärkt darauf an, sich mit modischen Kristallanwendungen zu beschäftigen. Bald erkannte man, dass eine eigene Trendkompetenz notwendig sei, um diesen Markt wirklich erfolgreich bearbeiten zu können. Man begann eine eigene Trendabteilung aufzubauen, die sich seither mit nichts anderem beschäftigt, als die übernächsten Modetrends zu orten und rechtzeitig die entsprechenden Steine und Kristallanwendungen zu entwickeln. Gemeinsam mit den international anerkanntesten Trendforschern, Designern und Künstlern bringt diese Gruppe heute laufend Designmagazine heraus, in denen alle denkbaren Kreationen vorgestellt werden. Der daraus entstandene Erfolg ist beeindruckend. Heute greifen bereits so viele der bekanntesten Modemacher auf die Produkte und das Know-how von Swarovski zurück, dass die Frankfurter Allgemeine Zeitung bereits von einer „Swarovskisierung" der Mode schreibt.[20]

Die Gruppe der weniger erfolgreichen Unternehmen setzt tendenziell auf einen deutlich anderen Zugang zur Strategieentwicklung. Bei näherer Betrachtung stellt sich schnell heraus, dass sich im Grunde nur wenige Manager wirklich mit den Problemen ihrer Abnehmer beschäftigen oder gar an deren Lösung arbeiten. Viel intensiver setzen sich viele Führungskräfte mit ihren Konkurrenten auseinander, versuchen, sie in der einen oder anderen Form zu überrunden, weil sie hoffen, auf diese Weise ihr Unternehmen langfristig auf Erfolgskurs halten zu können. Häufig erliegen die Verantwortlichen in den Vorstandsetagen einem fatalen Irrtum: Die Tatsache, dass ihr Unternehmen „besser", „schneller" oder „billiger" als die Wettbewerber arbeitet, halten sie für einen Beweis dafür, dass ihre Produkte den Wünschen und Bedürfnissen der Kunden auch besser entsprechen. Die Orientierung an den Konkurrenten rückt in den Vordergrund. Man beschäftigt sich primär mit Konkurrenzanalysen und -beobachtungen. Der Input für Innovationen bleibt bei dieser Vorgehensweise marginal, weil auch die verwendeten Instrumente es nicht erlauben, die Kundenprobleme von morgen zu identifizieren. Vielfach führt das dazu, dass man hinter dem Markt herläuft und ihn niemals mitgestaltet.

Top-Performer überzeugen durch ein umfassendes Innovationsverständnis

In seinen Lebenserinnerungen schrieb Werner von Siemens: „Eine wesentliche Ursache für das schnelle Aufblühen unserer Fabriken sehe ich darin, dass die Gegenstände unserer Fabrikation zum großen Teil auf eigenen Erfindungen beruhten. Waren diese auch in den meisten Fällen nicht durch Patente geschützt, so gaben sie uns doch immer einen Vorsprung vor unseren Konkurrenten, der dann gewöhnlich so lange anhielt, bis wir durch neue Verbesserungen abermals einen Vorsprung gewannen."[21] Das, was Werner von Siemens vor 50 Jahren sagte, hat grundsätzlich nichts an Bedeutung verloren.

Vieles deutet darauf hin, dass der immer härter werdende internationale Preis- und Qualitätswettbewerb mit sich bringt, dass insbesondere Unternehmen aus Hochlohnländern ihre Innovationsleistung wesentlich steigern müssen, um ihre Standortnachteile kompensieren zu können. Im Unterschied zu früher ist jedoch ein umfassenderes Innovationsverständnis notwendig, das neben Produkt- auch Prozessinnovationen berücksichtigen muss. Gleichzeitig muss bei allen Innovationsdimensionen dem Faktor Schnelligkeit besonderes Augenmerk geschenkt werden. Für Werner Steinecker, Vorstandsdirektor der oberösterreichischen Energie AG, lautet die Erfolgsformel „Fantasie x Geschwindigkeit". Es gilt heute nämlich weniger der Grundsatz „Die Großen fressen die Kleinen" als der Grundsatz „Die Schnellen fressen die Langsamen". Gewinne aus Investitionen müssen möglichst rasch in neue Entwicklungen investiert werden, um Wettbewerbsvorsprünge halten zu können.

• *Produktinnovationen*
Bei heute erfolgreichen Produkten müssen Unternehmen verstärkt darauf abzielen, in deutlich kürzeren Zeitintervallen als bisher neue Produktgenerationen mit eindeutigen Vorteilen in die Märkte einzuführen. Nur dadurch eröffnet sich die Chance, die für europäische Standorte notwendigen höheren Marktpreise zu erzielen. Gleichzeitig müssen europäische Unternehmen wesentlich stärker als in der Vergangenheit bereit sein, in radikale statt in inkrementelle Innovationen zu investieren. Dies zeigen auch andere Studien. Es gibt einen engen Zusammenhang zwischen dem Anteil radikaler Innovationen und der Innovationsrendite.[22]

Radikale Innovationen können aber nur dann entstehen, wenn man sich zum Ziel setzt, neue Lösungen für die Märkte von morgen zu entwickeln.

Gerade im Erkennen dieser nicht offensichtlichen Chancen liegt auch aus Sicht von Peter Lorange der Ausgangspunkt für radikale

Innovationen: „Wenn es darum geht, echte Produktinnovationen zu entwickeln, dann müssen Unternehmen zwei Dinge erkennen.

1. Die Marketingabteilungen müssen die Herausforderung annehmen, wirklich neue Marktchancen identifizieren zu wollen, bevor diese offensichtlich werden. Nur so ist es möglich, den Markt aktiv zu gestalten und nicht immer dem Markt hinterherlaufen zu müssen. Dies erfordert aber, dass auch und insbesondere das Marketing von visionärem Denken geprägt ist und sich nicht von einer Copycat Mentality leiten lässt. Heute ist es aber vielfach so, dass in den Marketingabteilungen von jungen zum Teil sehr unerfahrenen Marketingleuten Unmengen von quantitativen Marktforschungsdaten ausgewertet und aufbereitet werden. Dies hilft den Unternehmen ohne Zweifel maßgeblich, risikominimierende Innovationsstrategien zu entwickeln. Häufig verbirgt sich dahinter aber die Gefahr, dass endlose statistische Analysen den Blick auf das Wesentliche, nämlich die Zukunft, verschließen. Das Marketing kann dann niemals die ihm eigentlich zukommende Rolle des Innovationstreibers übernehmen.

2. Die obersten Entscheidungsträger müssen bereit sein, diese Art von Marketingabteilungen in ihren Unternehmen zu etablieren. Dazu ist es insbesondere notwendig, dass sie von ihrer Marketingabteilung einen wesentlich breiteren und offeneren Zugang im Rahmen der Marktforschungsaktivitäten einfordern. Dazu gehören beispielsweise verstärkte Aktivitäten bezüglich qualitativer Marktforschungen, aktive Marktbeobachtungen vor Ort, Einholen von Meinungen von internen Entscheidungsträgern, die tatsächlich im Markt operieren, oder die Suche nach Informationsquellen, die völlig außerhalb des eigenen Markts liegen. Gleichzeitig müssen die obersten Entscheidungsträger sicherstellen, dass die gewonnenen Informationen nicht isoliert in den Marketingabteilungen ausgewertet werden, sondern dass sie gemeinsam mit unterschiedlichsten Entscheidungsträgern im Unternehmen diskutiert und gemeinsam verarbeitet werden. In

diesen Diskussionsrunden müssen die obersten Führungskräfte selbst eine zentrale Rolle einnehmen, denn nur dann ist es möglich, dass Forschungs- und Entwicklungsabteilungen einen klaren Entwicklungsauftrag im Sinne dieser Chancen erhalten. Diese zu erarbeiten und freizugeben ist Aufgabe des Top-Managements. Dies bedingt sich daraus, dass die gesamte strategische Ausrichtung und die Umsetzung in den Markt nur im Rahmen konzertierter Aktionen des gesamten Unternehmens wirklich funktionieren kann."

- *Prozessinnovationen*
Auf der Ebene der Unternehmensprozesse sind die Unternehmen ebenfalls gefordert, ihre Innovationsleistungen dramatisch zu steigern. Durch zum Teil radikale Denkansätze gilt es, neue Möglichkeiten zu nutzen, um die Kostenstrukturen im internationalen Vergleich deutlich zu verbessern. Teilweise wird es notwendig sein, die Wertschöpfungsketten völlig anders auszurichten, als wir dies heute kennen.

Ein beeindruckendes Beispiel für ein nachhaltig wirksames Kostensenkungsprogramm gelang T-Mobile International. René Obermann, Vorsitzender des Vorstands von T Mobile International, war es bei Amtsübernahme bewusst, dass der strategische Fokus für die nächsten Jahre sowohl bei Markt- als auch bei Kosteninnovationen liegen muss. Er entschied sich mit seinem Team, das Programm „Save4Growth" zu starten.

„Gerade in der Phase, als wir in Deutschland unsere Marktführerschaft bedeutend ausbauten, mussten wir uns die Frage stellen, wie es uns gelingen kann, diese Erfolge nachhaltig abzusichern. In den Diskussionen rund um die Marktentwicklungen wurde uns damals klar, dass wir bei steigender Innovationsleistung unsere Kostenstrukturen optimieren müssen. Wir konnten bereits damals erkennen, dass sich der Wettbewerb dramatisch verschärfen wird und die gestiegenen Qualitätsleistungen keine Preissteigerungen zulassen werden. Wir entschieden uns u. a. dazu, ein Programm zu entwickeln, mit dem es möglich ist, sämtliche Kostenoptimierungspotenziale im Unternehmen zu nutzen, ohne dabei unsere Innovationsleistung zu reduzieren. Mir war dabei insbesondere wichtig, dass wir diese Potenziale aus unseren eigenen Reihen heraus identifizieren und nutzen. Unter dem Titel ‚Save4Growth' wurde ein Projekt initiiert, bei dem die 40 wichtigsten Führungskräfte von T-Mobile mitarbeiten sollten. Wir entschieden uns dazu, diese 40 Top-Manager für sechs Wochen jeden Tag von 8:00 Uhr in der Früh bis 16:00 Uhr am Nachmittag zusammenzuspannen, um diesbezüglich gemeinsam Erfahrungen auszutauschen, zu analysieren, zu diskutieren und natürlich Ideen und Vorschläge für sinnvolle Kosteneinsparungen auszuarbeiten. Von 16:00 bis 19.00 Uhr – vielfach wurde es natürlich auch deutlich später – erledigte jedes Teammitglied seine „eigentlichen" Managementaufgaben. Es war ein radikales Projekt, das uns insbesondere auf zwei Ebenen gewaltig voranbrachte. Nach sechs Wochen hatten wir mehr als 120 Einzelbausteine ausgearbeitet. Davon hatten manche gewaltige Einsparungspotenziale, andere hatten kleinere. Insgesamt war es aber beeindruckend, welche Möglichkeiten das Team gefunden hatte, um T-Mobile auch bei den Kosten mit innovativem Denken nach vorne zu bringen. Gleichzeitig war in diesem Team etwas entstanden, was für die Umsetzung dieser mehr als 120 Projekte von ungemeiner Wichtigkeit war. Wir alle waren stolz auf die Ergebnisse und begriffen, dass wir gemeinsam diese Thematik voller Emotionen in das Unternehmen tragen mussten. Es war uns nämlich klar, dass uns die Belegschaft nicht mit offenen Armen empfangen würde und dass wir gerade deshalb alles tun mussten, um sie vom Weg ‚Save4Growth' überzeugen zu können.

Als wir durch die Lande tourten und den Mitarbeitern und den übrigen Stakeholdern unser Programm mit den zum Teil radikalen Veränderungen präsentierten, kam es, wie es kommen musste. Bei und nach den Präsentationen kam es teilweise zu Widerständen. Das Team arbeitete aber konsequent und mit vollster Überzeugungskraft weiter und bald merkten wir, dass sich die Mitarbeiter damit abzufinden begannen. Das war uns aber nicht genug und wir erhöhten unser persönliches Engagement. Nach ca. einem Jahr setzte der angestrebte Erfolg langsam ein. Immer mehr Mitarbeiter erkannten die Chancen hinter dem Programm und man spürte das wachsende emotionale Commitment. Dann ging es schnell, und heute wage ich zu behaupten, dass wir im Unternehmen größtenteils stolz darauf sind, mit unserer ‚Sparsamkeit' neue Chancen effektiver nutzen zu können. Das ‚Ersparte' wurde und wird in neue Entwicklungen und zukunftsträchtige Märkte investiert. Die Kostenstrukturen, würde ich heute zu behaupten wagen, sind best in class, ohne dass wir unsere Innovations- und Qualitätsführerschaft gefährdet haben."

Betrachtet man die Top-Performer insgesamt entlang der oben aufgezeigten Innovationslogik, so fällt auf, dass sie systematisch bestrebt sind, auf beiden Ebenen Innovationen zu realisieren. Besonders auffällig ist, dass diese Unternehmen dabei häufig versuchen, die Innovationsleistung vernetzt voranzutreiben. Das heißt, sie setzen sich vielfach das Ziel, bei der Entwicklung völlig neuer Produkte/Leistungen auch radikal veränderte Beschaffungs- und Produktionsprozesse aufzusetzen und zu nutzen. Sie streben damit einerseits die Innovationsführerschaft an, gleichzeitig zielen sie mit ihren teilweise radikalen Denkansätzen darauf ab, ihre Kostenstrukturen zu optimieren. So erklären sich auch die Ergebnisse unserer Untersuchungen, die verdeutlichen, dass Top-Performer nicht nur Wettbewerbsvorteile aufgrund ihrer Innovationsleistungen auf der Produktseite aufweisen, sondern dass sie vielfach über wesentlich bessere Kostenstrukturen im internationalen Vergleich verfügen als die übrigen Unternehmen. Mehr als zwei Drittel der Top-Unternehmen haben in den letzten drei Jahren durch die eingeleiteten Kostensenkungsprogramme ihre Wettbewerbsposition nachhaltig verbessern können. Im Vergleich dazu gelang dies nur knapp 36 % der übrigen Unternehmen unserer Studie, obwohl diese ihren zentralen Fokus auf Kostensenkung gelegt hatten.[23]

Die unterschiedliche Bedeutung, die man in den Unternehmen den Innovationsleistungen insgesamt schenkt, wird auch aus dem Blickwinkel der organisatorischen Verankerung offensichtlich.

Jedes zweite Top-Unternehmen hat systematische Innovationsprozesse installiert, während dies bei weniger als einem Drittel der
übrigen Unternehmen der Fall ist.

Top-Performer setzen mehr auf Einzigartigkeit als auf Marktanteile

Im April 1981 übernahm Jack Welch die Führung des stark di-
versifizierten Konzerns General Electric. Als er im Jahre 2001 in
den Ruhestand ging, wurde er von der Zeitschrift *Fortune* als Anerkennung für seine außergewöhnlichen Leistungen für GE im
Laufe seiner 20-jährigen Amtszeit zum „Manager of the Century"
ernannt. Die Gewinne des Konzerns hatten sich verachtfacht, die
Aktienkurse waren um etwa 5.000 % gestiegen.[24] Eines der zentralen Prinzipien von Jack Welch sofort nach seiner Amtsübernahme
war die Regel: „#1 or #2: Fix, Sell, or Close".[25] Jede Geschäfts-
einheit musste die Marktposition eins oder zwei erreichen. Wenn
dies nicht gelang, wurde sie verkauft. Konnte sie nicht verkauft
werden, wurde sie geschlossen. Dahinter stand eine einfache, aber
wirksame Gesetzmäßigkeit: Der Return on Investment hängt zentral von der Marktposition ab. Dies hatten vor allem die PIMS-Studien[26] gezeigt. Der relative Marktanteil ist ohne Zweifel ein wichtiger Treiber des Erfolgs. Economies of Scale (Größenersparnisse)
und Erfahrungskurveneffekte (Lerneffekte) führen zu sinkenden
Stückkosten bei steigendem Volumen. Dadurch haben Marktführer in der Regel eindeutige Kostenvorteile. Jack Welchs Prinzip „#1
or #2: Fix, Sell, or Close" wurde vielfach kopiert, der Marktanteil
zu einer zentralen strategischen Zielgröße erhoben.

Es gibt natürlich zahlreiche Branchen, in denen die Marktposition ausschlaggebend ist. In der Produktion von Computerlauf-
werken spricht man von einem Erfahrungskurveneffekt von etwa
50 %[27], das heißt, bei jeder Verdoppelung der kumulierten Produkti-
onsmenge sinken die Stückkosten auf 50 %. Bei einem Bekleidungs-
hersteller konnten wir einen Erfahrungskurveneffekt von 65 %

errechnen. In der Automobilproduktion geht man davon aus, dass man erst mit einer Jahresproduktion von 100.000 Stück die Economies of Scale erreicht, die für die globale Wettbewerbsfähigkeit notwendig sind.[28]

In allen Fällen, wo sich das Volumen stark auf die Kosten auswirkt und in denen Anbieter vor allem über eine Kostenführerschaftsstrategie auf dem Gesamtmarkt tätig sind, ist die Marktposition ausschlaggebend.

Insgesamt darf jedoch nie vergessen werden, dass die strategische Bedeutung von Erfahrungskurveneffekten immer aus zwei Blickwinkeln betrachtet werden muss. Zum einen muss das Erfahrungskurvenkonzept immer im Kontext der Branche gesehen werden, in der man tätig ist. Darüber hinaus ist es aber auch notwendig, sich mit der Frage auseinanderzusetzen, in welchen Marktsegmenten man in der jeweiligen Branche denn tatsächlich agiert bzw. agieren will. Für einen der derzeit erfolgreichsten Autobauer, den Nischenanbieter Porsche, spielen logischerweise andere Größen in den anzustrebenden Erfahrungskurveneffekten eine Rolle, als dies für den Volkswagenkonzern zutrifft. Diese differenzierte Betrachtung der Erfahrungskurveneffekte betrifft insbesondere auch die Mehrheit der Klein- und Mittelunternehmen. Sie sind oft in klar definierten Nischen tätig, und die Grundstrategie ist meist die Differenzierung.

Unsere Studienergebnisse zeigen eindeutig, dass zwar die Marktposition unbestritten einen wichtigen Einfluss auf den Erfolg hat ($\beta = 0{,}24^{***}$), noch wesentlicher ist aber die Einzigartigkeit in Form von Kernkompetenzen, sie hat einen direkten Effekt ($\beta = 0{,}27^{***}$) und einen indirekten Effekt – über den Innovationserfolg ($\beta = 0{,}17^{***}$) – auf den Unternehmenserfolg (siehe Abbildung 3.1).

Einzigartigkeit ist also vielfach wichtiger als Größe. Fredmund Malik meint sogar: „Größe ist zunehmend unwichtig … Die Umständlichkeiten der großen Unternehmen, ihre Bürokratie, die Orientierungslosigkeit der mittleren Managementebenen, ihre Langsamkeit usw. paralysieren die Größenvorteile."[29]

Clayton Christensen, Professor an der Harvarduniversität, weist ebenso auf die Fallen „ungezügelten" Wachstums hin: Unternehmen müssen, auch bedingt durch das Shareholder-Value-Denken, wachsen. Je größer die Unternehmen sind, umso schwieriger wird es, in kleine, neu entstehende Märkte einzutreten, weil sie – zumindest in der ersten Phase – nicht genügend Wachstumspotenzial bieten. Braucht ein 50-Millionen-Euro-Unternehmen einen zusätzlichen Umsatz von 20 Millionen, um eine 10%ige Wachstumsrate zu erreichen, reicht einem 5-Millionen-Euro-Unternehmen bereits ein 2-Millionen-Markt für die gleiche Wachstumsrate. Daher versetzen sich große Unternehmen oft in eine Position des Wartens, bis der neue Markt groß genug ist, um interessant zu sein. Dann ist es aber oft zu spät. Kleine Unternehmen haben den Markt bereits mit einer Innovation besetzt. Das war zu beobachten bei der digitalen Fotographie, bei den Handhelds, den Musikdownloads ebenso wie bei der Minimill-Stahl-Technologie oder den hydraulischen Baggern. In all diesen Fällen haben die etablierten Unternehmen mit der bewährten Technologie zu lange gezögert, da die neu entstehenden Märkte zu klein waren und zu wenig Wachstumspotenzial boten – bis zumeist kleine Innovatoren mit einer völlig neuen Technologie den Markt für sich besetzten.[30]

Dass blindes Wachstumsstreben nicht automatisch zu Erfolg führt, zeigt auch eine Studie von Thomas Hutzschenreuter[31], der über einen Zeitraum von mindestens 13 Jahren über 637 Unternehmen unterschiedlicher Größe dahingehend untersucht hat. Die Ergebnisse dieser Studie sind ernüchternd. Fast 90 % dieser Unternehmen waren ausgesprochen wachstumsorientiert. Von diesen haben es aber nur etwa 20 % Prozent geschafft, auch den Wert zu steigern, die restlichen 80 % haben bei Wachstum Wert vernichtet. Die Gründe dafür sind natürlich vielfältig. Tatsache ist jedoch, dass es außerordentlich schwierig ist, bei hohem Wachstum profitabel zu bleiben und den Unternehmenswert zu steigern. Wachstum scheint also kein Allheilmittel zu sein.

Der Druck, zu wachsen, kann die die längerfristige Wettbewerbsfähigkeit nämlich stark gefährden, da dieses Denken oft keinen Platz für Innovationen offen lässt.

An dieser Stelle muss man sich noch einmal die gesamte Dynamik vor Augen führen, die letztlich die erfolgreichen Unternehmen zu dem macht, was sie sind. Daraus wird offensichtlich, dass diese Dynamik nur dann entstehen kann, wenn der Großteil der Mitarbeiter bereit ist, Teil dieser Dynamik zu sein. Folgt man diesem Gedanken, dann wird die zentrale Bedeutung der Unternehmenskultur augenscheinlich.

Doch was steckt hinter dem Begriff „Unternehmenskultur", und warum ist die Art der Kultur nun wirklich so entscheidend für den Erfolg?

Mary Douglas[32], eine Anthropologin, liefert dazu sehr aufschlussreiche Antworten. Für sie ist Kultur im Kern das, was einer Gruppe wichtig ist. Dabei geht es um wesentlich mehr als um „Werte". Frenzel, Müller und Sottong[33] leiten darauf aufbauend ab: „Was uns wichtig ist, darauf hin lenken wir unsere Energien, darauf konzentrieren wir unsere Ressourcen. Was uns wichtig ist, das beherrscht unser Denken. Dafür sind wir bereit, andere Dinge zu übersehen, links liegen zu lassen – ja sogar Verbote und Normen zu missachten. Aus der im Unternehmen dominierenden Art von „Wichtigkeit" tut die Gruppe immer wieder bestimmte Dinge, sie wendet bestimmte Praktiken und Rituale an, um zu verhindern, dass bestimmte Dinge passieren, und um wahrscheinlich zu machen, dass bestimmte andere Dinge geschehen."

Dabei „entscheiden" letztlich die Top-Führungskräfte maßgeblich mit ihren Entscheidungen, ihrem Verhalten, ihrer Kommunikation und ihren Regeln, welche Dinge im und für das Unternehmen wichtig sind. Die so entstehende Art der Kultur bestimmt in der Konsequenz darüber, welche Chancen, Möglichkeiten und Optionen ein Unternehmen überhaupt erkennt und konsequent verfolgt oder ob es blind ist für die Möglichkeiten, die auf seinem Weg auftauchen.

Top-Performer setzen verstärkt auf Kulturarbeit

Die Analyseergebnisse verdeutlichen augenscheinlich, dass bei den Top-Performern ein ganz spezieller Kulturtyp wesentlich stärker ausgeprägt ist als bei den übrigen Unternehmen. Top-Performer verfügen großteils über einen Kulturtyp, den wir als Entrepreneurship-Kultur bezeichnen.

Unternehmenskulturen lassen sich anhand zweier Dimensionen unterscheiden.[34] Sie können sich entweder mehr am Markt, Wettbewerb und am Kunden orientieren oder den Schwerpunkt auf interne Prozesse, Integration und Harmonisierung der Abläufe legen. Die zweite Dimension stellt ein Kontinuum mit den Extremen organische zu mechanischen Prozessen dar. Entweder werden Flexibilität, Kontinuität und Individualität oder Kontrolle, Stabilität und Ordnung betont. Als Entrepreneurship-Kultur bezeichnen wir Kulturen, die nach außen gerichtet sind und Flexibilität und Spontaneität fördern. Sie erfüllen die folgenden Merkmale:

- Die dominanten Eigenschaften sind Unternehmertum, Dynamik und Risikobereitschaft statt Standardisierung oder Formalisierung.
- Führungskräfte nehmen die Rolle von Unternehmern und risikofreudigen Innovatoren ein, statt Koordinatoren oder Verwalter zu sein.
- Die Kräfte, die das Unternehmen zusammenhalten, sind Bekenntnis zu Innovation, Flexibilität und Unternehmertum anstelle von Regeln, Verfahren und Vorgaben.
- Die strategischen Prioritäten sind Innovation und Wachstum und weniger Konstanz, Stabilität und reibungslose Abläufe.

Zudem fällt auf, dass die Top-Performer ein wesentlich stärkeres Augenmerk auf eine aktive Kulturarbeit legen als die übrigen Unternehmen. Sie sind davon überzeugt, dass der proaktive Umgang mit der zunehmenden Marktdynamik von den Unternehmen eine neue Dimension hinsichtlich des Veränderungswillens und der Veränderungsbereitschaft fordert. Flexibilität und Schnelligkeit werden aus ihrer Sicht in immer mehr Unternehmensbereichen zu tragenden Säulen für die nachhaltige Existenzsicherung. Bei den Top-Performern ist man deshalb überzeugt, dass alles getan werden muss, der latenten Gefahr von immer wieder aufkommender Verharrungsmentalität in den Unternehmen entgegenzuwirken. Dazu bedarf es insbesondere der Einsicht, dass die Kulturarbeit ein weiterer fundamentaler Erfolgsfaktor für die Zukunftssicherung darstellt und zu den vielleicht wichtigsten Aufgaben des Top-Managements gehört.

Die Erkenntnisse aus unserer Analyse verdeutlichen, dass bei den Top-Perfomern folgende Dimensionen der Kulturarbeit in den Fokus der Betrachtungen rücken:

- Sie versuchen, die Mitarbeiter wesentlich intensiver als die übrigen Unternehmen mit der Strategiearbeit des eigenen Unternehmens zu konfrontieren. Nur wenn aus ihrer Sicht möglichst viele Mitarbeiter die tatsächlichen Herausforderungen des Marktumfelds und die strategischen Optionen des eigenen Unternehmens kennen und verstehen, können sie ihr Handeln und ihr Verantwortungsbewusstsein danach ausrichten. Eine offene und intensive Informations- und Diskussionskultur erlangt in diesem Kontext für sie einen zentralen Stellenwert.
- Sie versuchen innovative Organisations- und Personalentwicklungskonzepte voranzutreiben, die darauf abzielen, mentale Barrieren aufzubrechen, und die Offenheit für Neues entstehen lassen. Damit zielen sie insbesondere darauf ab, dass die Führungskräfte und Mitarbeiter sich selbstständig und in Teams wieder kreativer und vor allem zukunftsorientiert mit den Herausforderungen im Kleinen und im Großen zu beschäftigen beginnen.
- Sie streben es an, ein positiv besetztes „Wir-Gefühl" in den Unternehmen entstehen zu lassen, das auf gelebten „Wichtigkeiten" basiert und die Mitarbeiter emotional anspricht. Dabei gilt es, für die Mitarbeiter eine neue Form der Stabilität – losgelöst von

Prozessen und Geschäftsmodellen – zu entwickeln. Der notwendige Veränderungswille und die notwendige Veränderungsbereitschaft kann nämlich nur dann erreicht werden, wenn trotz der permanenten „Unruhe" eine emotionale Sicherheit für die Mitarbeiter existiert. Ohne diesen emotionalisierenden „Klebstoff" der geteilten „Wichtigkeit" wird es in Zukunft nicht gelingen, eine „Gemeinschaft" von Mitarbeitern zu entwickeln, die mit dem notwendigen Engagement für ihr Unternehmen kämpfen.

- Sie setzen alles daran, dass die Führungskräfte durchwegs über ein entsprechend hohes Maß an Führungsqualität verfügen und in der Lage sind, diese gemeinsame „Wichtigkeit" entstehen zu lassen. Nur dann ist es möglich, das angestrebte zielorientierte Engagement bei möglichst vielen Mitarbeitern zu entfachen. Gelingt dies den Unternehmen, können sich Mitarbeiter auch stärker mit „ihrem" Unternehmen, den Produkten oder Dienstleistungen sowie „ihrem" Job identifizieren. Unsere Erfahrungen zeigen darüber hinaus, dass Mitarbeiter in Top-Unternehmen auf der Beziehungsebene zu anderen Kollegen/Vorgesetzten das Gefühl haben, integriert zu sein. Dadurch werden die Identität und die Verbundenheit mit dem Unternehmen erhöht, was wesentlich zur Steigerung des Engagements beiträgt.

Durch diese Art der Kulturarbeit schaffen sie es besser als andere, die Bereitschaft (das Wollen) der Mitarbeiter zu wecken, selbst verändernd aktiv zu werden, die entsprechenden Fähigkeiten der Mitarbeiter zu entdecken und zu fördern sowie die Möglichkeiten zu schaffen, damit sich der einzelne Mitarbeiter im Sinne der Unternehmensziele engagieren kann. Mitarbeiter aus Top-Unternehmen weisen auch ein höheres Maß an Engagement auf als die Mitarbeiter aus den übrigen Unternehmen unserer Studie.

Ein beeindruckendes Beispiel für das authentische und engagierte Entfachen von gemeinsamer „Wichtigkeit" veranschaulichte uns Markus Langes-Swarovski. Er streicht die fundamentale strate-

gische Bedeutung aktiver Kulturarbeit für den Unternehmenserfolg von Swarovski heraus:

„Für uns ist die Kultur des Unternehmens seit jeher ein zentraler
Schlüssel für unseren Unternehmenserfolg. Vor etwa drei Jahren,
als wir im Rahmen des Generationswechsels in der Unternehmensführung einen ganzheitlichen Strategieprozess angeregt haben, war
es deshalb für mich nur logisch, dass die Kulturarbeit darin einen
zentralen Eckpunkt ausmachen muss. Es war mir nämlich bewusst,
dass wir nur dann erfolgreich bleiben können, wenn wir uns ständig
verändern und weiterentwickeln. Dazu ist es aber notwendig, einen
besonderen Veränderungswillen im Unternehmen zu erhalten und
zu fördern. Dies ist insbesondere in den Erfolgsphasen ungemein
schwierig, weil jede Veränderung auf den ersten Blick zu einem
Mehraufwand und zu Unsicherheiten führt, die die unmittelbare
Performance belasten können. Ich stellte mir deshalb die Frage, wie
es mir gelingen könnte, diese Veränderungsbereitschaft systematisch bei Swarovski zu verankern. Mir war dabei klar, dass ich bei
diesem Vorhaben den Führungskräften und Mitarbeitern wirklich
fundamentale Ankerpunkte geben musste, die ihnen augenscheinlich und zu jeder Zeit verdeutlichen, dass sie es immer wieder wagen
sollten, etwas Neues anzudenken und zu versuchen. Die Geschichte von Swarovski kam mir dabei maßgeblich zu Hilfe.

‚Zukunft braucht auch immer Herkunft'

In der intensiven Auseinandersetzung mit der Swarovski-His-
torie kristallisierte sich im wahrsten Sinne des Wortes heraus, was
man mir schon immer erzählte. Daniel Swarovski, der Gründer des
Unternehmens, war ein fortschrittlicher Avantgardist und ein mutiger Unternehmer, der es immer wieder verstand, mit radikalen
Schritten eine neue Erfolgsphase einzuleiten. Dieser Geist war auch
in den folgenden Generationen stark ausgeprägt, und es verdeutlichte sich, dass Veränderungsbereitschaft und Avantgardismus seit
jeher den eigentlichen unternehmerischen Kern des Unternehmens
ausmachten.

‚Die permanente Störung des Kerns ist eine Aufgabe der Unternehmensführung'

Ich setzte mir zum Ziel, diesen Kern weiterzuentwickeln, und mir wurde dabei klar, dass es meine zentrale Aufgabe sein musste, das Unternehmen permanent mit Gefühl zu stören und es zu fordern. Dabei war es zunächst aber wichtig, wirklich herausfordernde Ziele und Inhalte für die Zukunft des Unternehmens zu entwickeln, mit denen man sich insbesondere auch emotional identifizieren konnte.

‚111 Jahre Blickwinkel jenseits der Parameter des Moments'

Wir haben begonnen – zuerst in einem kleinen Kreis –, herausfordernde Inhalte für das Unternehmen zu beschreiben. Von Anfang an wurde dabei über den Prozess der Implementierung nachgedacht. Dabei zeigte sich, dass erst der Dialog und insbesondere der Diskurs über diese Inhalte das auslösende Momentum für die Veränderung sein können. Wir schufen deshalb in der Folge in der Unternehmensführung Plattformen, bei denen es möglich wurde, über die Zukunft zum Teil vollkommen losgelöst vom Heute zu diskutieren. Dieser heute institutionalisierte Diskurs bewirkt immer wieder das Aufbrechen von eingefahrenen Denkweisen.

‚Kulturarbeit als Kernelement zur Markenbildung von innen'

Gleichzeitig war es wichtig, auch alle Mitarbeiter so weit anzustoßen, dass sie sich immer wieder mit der Zukunft des Unternehmens auseinandersetzen. Erst dadurch kann aus meiner Sicht eine emotionale Bindung zum Unternehmen ausgelöst werden, die die Weiterentwicklung der Unternehmenskultur möglich macht. Wir entschieden uns dazu, diesen Prozess rund um die Markenbildung von Swarovski aufzusetzen. Wir waren nämlich davon überzeugt, dass unsere Marke der ‚Aufhänger' für unsere Identität und Kultur ist.

Um diesen Prozess der internen Markenbildung anzuregen, haben wir eine Reihe von Instrumenten entwickelt, welche u. a. im Rahmen von inszenierten Events, mit „euphorischen Fernbildern" die zukünftigen Möglichkeiten des Unternehmens aufzeigen. Der Erfolg zeigt sich für mich auch darin, dass diese Bilder unsere Mitarbeiter bis hin zur Gerührtheit emotional bewegt haben. Diese Vorgehensweise führte sogar so weit, dass sich in unserem Unternehmen ein ganz spezielles Vokabular entwickelt hat.

‚Mittels Poesie und Kunst unsere Markenwerte transportieren‘
Im Mittelpunkt davon stand immer die von uns in Zusammenarbeit mit Künstlern entwickelte „Brand Romance", die mittels Poesie und Kunst unsere Markenwerte transportieren soll (Explosion of Expression). Eine professionelle Gestaltung dieser Kommunikationsinstrumente ist eine wichtige Voraussetzung für den Erfolg. Im Rahmen der Brand-Romance-Veranstaltungen bei Swarovski haben wir verschiedene Fernbilder des Unternehmens Swarovski von Regisseuren aus Los Angeles professionell verfilmen lassen. Das heißt, eine gute Umsetzung war für uns immer von großer Bedeutung.
Es reicht aber nicht, professionelle Drehbuchschreiber zu engagieren, wenn man diese Werte und die mögliche Zukunft des Unternehmens nicht ehrlich und emotional teilt. Mann darf nicht vergessen, dass wir diese sehr aufwendigen Instrumente nur für die interne Kommunikation mit den Mitarbeitern entwickelt haben. Aber wenn Inhalt und Form zusammenpassen und 16.000 Mitarbeiter die Marke Swarovski fühlen, kann man sich sehr viel an klassischer Werbung sparen. Das Kristall stellt hierfür allerdings auch ein perfektes Medium dar, um Geschichten zu erzählen. Der Mitarbeiter bekommt aber keine fertige Antwort, sondern eine gute Basis, um über die Zukunft des Unternehmens nachzudenken. Natürlich müssen solche Aktivitäten parallel zum „klassischen" Strategieprozess laufen. Zudem ist eine offene Plattform zur Diskussion und zum Diskurs wichtig, ohne die Marke in ihren gesamten Grundzügen zu ändern. Denn die Marke soll für uns die Richtung für Wachstum vorgeben und somit Gültigkeit behalten, denn kollektiver Besitz kann durch Wiederholung entstehen."
Als wir mit Markus Langes-Swarovski dieses Gespräch führten,

waren wir danach selbst „elektrisiert" von der Art und Intensität, mit der er uns den angestrebten Geist vermittelte. Er selbst verwendete die letzten Jahre ca. 50 % seiner Zeit für die Entwicklung und Implementierung dieses „Kulturprogramms". Er selbst war dabei auf allen Hierarchieebenen maßgeblich in die Präsentationen und Diskussionen zu Historie, strategischen Zielen, Brand Romance usw. bis hin zu den Mitarbeitern aus der Produktion eingebunden.

In diesem Kapitel haben wir auf Basis des von uns entwickelten Erfolgsmodells die relevanten Erfolgsfaktoren und deren Zusammenwirken beschrieben. Es war uns dabei ein besonderes Anliegen, die Unterschiede zwischen den Top-Performern und den übrigen Unternehmen entlang des Modells aufzuzeigen und durch ausgewählte Beispiele zu veranschaulichen. Für uns ist es aber wichtig, Ihnen neue Denkansätze mit auf den Weg zu geben, mit denen es möglich sein kann, die Erfolgsbausteine des Modells in Ihrem Unternehmen mit Substanz zu füllen. Daher beschäftigen wir uns in den folgenden Kapiteln mit den einzelnen Erfolgsbausteinen näher und versuchen, durch wissenschaftliche Erkenntnisse und praktische Erfahrungen die neuen Herausforderungen zu charakterisieren und neue Denkanstöße zu geben.

4

Marktorientierung: Märkte verstehen, Zukunft gestalten

Wie unser Modell zeigt, ist Marktorientierung einer der zentralen Treiber des Erfolgs. Wir bezeichnen jene Unternehmen als marktorientiert, die (1) kontinuierlich Wissen über Märkte und Systempartner generieren, (2) dieses Wissen systematisch innerhalb des Unternehmens verteilen und den wichtigen Entscheidungsträgern zugänglich machen und (3) ihre Innovationen und Strategien auf dieses Marktwissen aufbauen. Die konsequente Ausrichtung am Markt ist Top-Management-Aufgabe, und sie wird zunehmend wichtiger. Dafür sind vor allem drei Trends verantwortlich: (1) die neuen Quellen für Innovationen, (2) komplexer werdende Marktsysteme und (3) das Versagen klassischer, quantitativer Marktforschung bei Innovationen.

Sourcing von Marktwissen: Die neuen Quellen für Innovationen

Erfolgreiche Innovatoren zeichnen sich dadurch aus, dass sie sämtliche Quellen von Wissen außerhalb des Unternehmens systematisch nutzen. Sie haben einen offenen Innovationsprozess und integrieren externe F&E-Ergebnisse und Innovationen, sie integrieren führende Kunden in die Entwicklungsprozesse, und sie nutzen das Potenzial der User-Innovationen.

F&E – auch Grundlagenforschung – ist für viele große Unternehmen ein Strategic Asset. Industriegiganten wie IBM, DuPont oder Siemens erfahren aber zunehmenden Wettbewerb von kleinen Start-ups, die keine oder nur eine geringe Grundlagenforschung selbst durchführen[1] und mit einem Bruchteil der Ressourcen ihrer Wettbewerber Innovationen erfolgreich auf den Markt bringen. Diese Unternehmen haben ein anderes Verständnis von Innovation und gestalten ihre Innovationsprozesse vollkommen offen, indem sie systematisch Wissen der Lieferanten, Kunden, von Forschungsinstitutionen oder Partnerunternehmen nutzen.

Hinter diesen Entwicklungen liegt nach Henry Chesbrough von der Harvarduniversität ein Paradigmenwechsel: vom geschlossenen zum offenen Innovationsmodell. Während früher Innovationen im Wesentlichen in den F&E-Abteilungen der Unternehmen generiert wurden, findet Innovation in Zukunft zunehmend in Innovationsnetzwerken statt. Es geht darum, sämtliche Quellen von Innovationen innerhalb und außerhalb des Unternehmens zu nutzen. Wettbewerbsfähigkeit wird zunehmend eine Frage der Nutzung von Netzwerkressourcen. Unternehmen, die nach dem offenen Innovationsmodell (open innovation) arbeiten, haben ein paar charakteristische Prinzipien (siehe Tabelle 4.1): (1) Sie arbeiten mit den besten Leuten innerhalb *und* außerhalb des Unternehmens zusammen, (2) sie nutzen F&E außerhalb des Unternehmens, die eigene F&E dient hauptsächlich dazu, externe Erkenntnisse nutzbar zu machen, (3) sie sind davon überzeugt, dass F&E nicht im eigenen Haus durchgeführt werden muss, um davon zu profitieren, (4) sie glauben, dass ein überlegenes Geschäftsmodell wichtiger ist, als Erster am Markt zu sein, (5) sie sind davon überzeugt, dass Unternehmen, die internes *und* externes Wissens am besten nutzen, am Markt gewinnen und (6) sie profitieren vom Wissen und Know-how, das sie anderen zur Verfügung stellen, und vom Wissen und Know-how anderer, mit denen sie zusammenarbeiten.

Prinzipien der geschlossenen Innovation	Prinzipien der offenen Innovation
„Die besten Leute arbeiten in unserem Unternehmen"	„Es gibt viele gute Leute außerhalb des Unternehmens, deren Potenzial wir nutzen können"
„Wir brauchen eine eigene F&E"	„Externe F&E kann uns wertvolle Hilfe bieten, interne F&E soll uns helfen, externe F&E besser zu nutzen"
„Wir brauchen eine eigene F&E, um First Mover zu sein"	„Wir müssen nicht alles selbst erfinden, um Innovationsführer zu sein"
„Gewinner sind die Unternehmen, die ihre eigene F&E schneller in Innovationen am Markt transformieren können"	„Ein gutes Geschäftsmodell ist wichtiger, als Erster am Markt zu sein"
„Wir gewinnen, wenn wir die besten Ideen und Innovationen selbst entwickeln"	„Wir gewinnen, wenn wir interne und externe Ideen am besten nutzen"
„Wir müssen unser geistiges Eigentum schützen, damit wir nicht kopiert werden können"	„Wir müssen vom geistigen Eigentum anderer profitieren und es nutzen, wenn wir dadurch Vorteile haben"

Tabelle 4.1: Das offene versus das geschlossene Innovationsmodell[2]

Offene Innovationsprozesse

Die Rahmenbedingungen für Innovationen haben sich in den letzten Jahren radikal verändert[3]. Wichtige Innovationen kommen zunehmend von Klein- und Mittelbetrieben sowie von Start-ups,

„Knowledge Workers" sind zunehmend mobil und wollen ihr geistiges Eigentum verkaufen oder Lizenzen dafür erhalten, Forschungseinrichtungen und Universitäten sehen neue Einnahmequellen in der Vermarktung ihres Wissens und gehen vermehrt Partnerschaften mit der Industrie ein, und das Internet bietet vollkommen neue Möglichkeiten, nach den besten Experten für bestimmte Probleme und deren Lösungen auf der ganzen Welt zu suchen.

Erfolgreiche Unternehmen haben bereits auf diese veränderten Rahmenbedingungen reagiert, sie nutzen sämtliche internen und externen Innovationsquellen systematisch und sehen in der Öffnung des Innovationsprozesses nach außen hin neue Möglichkeiten, schneller und günstiger an Ideen und marktfähige Lösungen zu kommen. Der Grundsatz „Innovationen entstehen im eigenen Unternehmen" hat sich längst gewandelt zum Grundsatz „Innovationen entstehen in Netzwerken". In vielen Branchen kommen mehr Innovationen von außen als von innen. Bereits in den 1980er-Jahren kamen knapp 80 % der Innovationen bei wissenschaftlichen Instrumenten vom Kunden, bei der Herstellung von Halbleitern und Leiterplatten kommen die wichtigsten Innovationen nicht von den Entwicklern der entsprechenden Prozesstechniken, sondern von den Halbleiterproduzenten selbst. Bei thermoplastischen Anwendungen kamen etwa ein Drittel der Innovationen von Lieferanten.[4] Eine McKinsey-Studie in der Automobilindustrie zeigt, dass bereits heute an die 65 % eines Autos von den Zulieferern gebaut werden, bis in das Jahr 2015 soll der Anteil auf 75 % steigen[5]. Damit verlagert sich der Wettbewerb zwischen Unternehmen zu einem Wettbewerb zwischen Netzwerken. Nur wer die besten und innovativsten Netzwerkpartner hat, kann die höchste Innovationsfähigkeit erreichen. Externes Wissen der Partner systematisch und effektiv zu nutzen, wird daher zunehmend eine Frage des Überlebens.

Externes Wissen nutzen

Die Bell-Laboratorien gehören wohl zu den bekanntesten Forschungszentren der Welt. Die besten Forscher arbeiten dort, bisher trugen elf Nobelpreisträger zum Erfolg der Bell Labs bei. Lucent erbte die Bell Labs von AT&T und hatte die besten Voraussetzungen, um am Markt für Telekommunikationsausrüstungen erfolgreich zu sein. Dennoch gelang es Cisco Systems ohne auch nur über annähernd so viele F&E-Ressourcen wie Lucent zu verfügen, mit Lucent mitzuhalten und teilweise sogar am Markt zu schlagen[6]. Lucent und Cisco sind direkte Konkurrenten auf einem technologisch sehr komplexen Markt, beide Wettbewerber bringen regelmäßig Innovationen auf den Markt – mit einem großen Unterschied: den Ressourcen, die dafür eingesetzt werden, und der Art und Weise, wie Innovationen entstehen. Lucent investiert große Summen in die Erforschung neuer Materialien und die Entwicklung von Komponenten und Systemen, die die Basis für grundlegende Innovationen zahlreicher Produkte und Dienstleistungen waren. Cisco hingegen nutzt permanent das Wissen, das außerhalb des Unternehmens bereits vorhanden ist. Das Unternehmen hält kontinuierlich und systematisch Ausschau nach Start-ups, die neue Produkte und Dienste auf den Markt bringen. Cisco investiert in diese Start-ups – die teilweise von Ex-Lucent-Mitarbeitern gegründet wurden –, geht Partnerschaften mit ihnen ein oder akquiriert sie. Auf diese Art und Weise gelingt es Cisco, durch Integration externen Wissens und der Ergebnisse von F&E-Anstrengungen außerhalb des Unternehmens mit der wahrscheinlich besten Forschungsinstitution der Welt bei geringsten eigenen F&E-Investitionen mitzuhalten. Dies ist kein Einzelbeispiel. Immer mehr Unternehmen suchen systematisch nach Innovationen außerhalb der eigenen Unternehmensgrenzen, die sie dann integrieren.

Der Konsumgüterhersteller Procter & Gamble mit seiner langen und erfolgreichen Inhouse-Forschungstradition setzte sich im Jahre 2002 das Ziel, innerhalb von fünf Jahren 50 % der Innovationen außerhalb des Unternehmens zu generieren: Um dies zu erreichen, wurde die Position des „Directors of external innovation" geschaffen[7]. Seine Aufgabe ist es, das Unternehmen mit allen möglichen externen F&E-Partnern zu vernetzen, die Innovationskultur zu verändern, vor allem das „Not-Invented-Here-Syndrom" zu bekämpfen und die F&E neu zu definieren. Es geht hier nicht um ein Outsourcing der F&E. Es geht darum, extern nach guten Ideen zu suchen, sie hinsichtlich ihrer Marktfähigkeit zu bewerten und zu integrieren, damit die Forscher und Entwickler von Procter & Gamble effizienter und effektiver neue Produkte entwickeln und auf den Markt bringen können. Die Überlegung ist einfach: Innerhalb von Procter & Gamble gibt es etwa 8.600 Wissenschaftler, außerhalb etwa 1,5 Millionen. Die 15 wichtigsten Lieferanten von Procter & Gamble beschäftigen über 50.000 F&E-Mitarbeiter, ein enormes Potenzial, das genutzt werden kann. Procter & Gamble unterhält heute fruchtbare Netzwerke mit zahlreichen F&E-Partnern und Lieferanten. Im Rahmen dieser Vernetzungsstrategie wurde beispielsweise YourEncore gegründet, ein Unternehmen, das etwa 800 pensionierte Spitzenwissenschaftler und -ingenieure aus 150 Unternehmen mit Auftraggebern zusammenbringt. Dadurch wird es möglich, einen enormen Erfahrungsschatz und Fachwissen aus anderen Unternehmen und Branchen in das eigene Unternehmen zu holen. Zurzeit kommen bei Procter & Gamble mehr als 35 % der Innovationen von außen, im Jahre 2000 waren es noch 15 %, die Erfolgsquote bei Innovationen hat sich mehr als verdoppelt.

Auch Nestlé, die weltweit größte Food Company mit über 240.000 Mitarbeitern, nutzt bei seinem Transformationsprozess hin zu der weltweit führenden Food-Nutrition-Health & Wellness Company externe Innovationsleistungen. Auf oberster Ebene wurde für diesen Transformationsprozess eine eigene Corporate Wellness Unit eingerichtet und mit entsprechenden Ressourcen ausgestattet. Diese Unit muss im Kern die Veränderung des internen und externen Mindset vorantreiben. Dazu ist es insbesondere notwendig, wissenschaftlich fundierte Wettbewerbsvorteile im Produktportfolio bezüglich Wellness und Gesundheit aufzubauen. Neben der internen Forschungs- und Entwicklungsarbeit hat man dazu bei Nestlé zwei Fonds gegründet. Einen Venture-Fond, bei dem eine Gruppe von Spezialisten das Ziel verfolgt, weltweit interessante Entwicklungen in den Bereichen Health & Wellness aufzuspüren und sich daran zu beteiligen. Die Spezialisten setzen sich dabei insbesondere mit den Entwicklungsarbeiten kleiner Forschungsgruppen oder kleiner Unternehmen auseinander. Erscheint dabei etwas als zukunftsfähig, versucht man sich daran zu beteiligen und die Forschungs- und Entwicklungsarbeiten mit Ressourcen zu unterstützen. Jene Entwicklungen, die tatsächlich interessante Produkte hervorbringen, werden in der Folge in den zweiten Fond transformiert. Dieser hat die Aufgabe, die Produktidee zu einem erfolgreichen Geschäft zu entwickeln. Bei all jenen Produkten, mit denen es gelingt, ein bestimmtes Geschäftsvolumen zu realisieren, wird das Unternehmen dann in die eigentliche Marktorganisation von Nestlé übernommen. Für Nestlé ist es dadurch möglich, zunächst sehr schnell und flexibel Ideen aufzuspüren und im Markt zu testen und in der Folge nur die chancenträchtigsten Produkte in einem möglichst globalen Roll-out zu vermarkten.

Das Internet bietet vollkommen neue Möglichkeiten, zu externem Wissen und Innovationen zu kommen. Das stellt viele Unternehmen vor große Herausforderungen. Sie haben teilweise weder die Ressourcen noch die Kompetenzen, ihren Innovationsprozess so zu öffnen, wie es beispielsweise Procter & Gamble getan hat. Daher sind in den letzten Jahren Unternehmen entstanden, die sich darauf spezialisiert haben, den „Marktplatz" Internet für Innovationen besser nutzbar zu machen und zwischen „Innovationssuchern" und Lösungsanbietern zu vermitteln, sie treten gewissermaßen als „Innomediatoren"[8] auf.

Die Entwicklung eines neuen Medikaments kostet im Schnitt 500 Millionen Dollar und dauert bis hin zur Patentierung an die 15 Jahre. Daher suchen Pharmakonzerne kontinuierlich nach neuen Möglichkeiten, den F&E-Prozess besser und günstiger zu gestalten. Im Jahre 2001 gründete Eli Lilly eine internetbasierte Plattform mit dem Ziel, Experten aus aller Welt zusammenzubringen, um so komplexe Probleme zu lösen. Die Seite ist offen für jedermann. Das zu lösende Problem wird zur Diskussion gestellt, bis jemand eine Antwort findet und dafür ein Honorar von bis zu 100.000 Dollar erhält. Über diese Internetplattform arbeiten Tausende von Forschern an Problemen für Eli Lilly, ohne dort angestellt zu sein. Die Plattform ist so erfolgreich, dass die Vermittlungsdienste mittlerweile offen am Markt angeboten werden, für Unternehmen aus der pharmazeutischen, chemischen, biotechnologischen Industrie bis hin zu Konsumgütern[9].

Unternehmen, die nach dem Modell der offenen Innovation arbeiten, nutzen also systematisch das Wissen und Anregungen von Institutionen außerhalb des Unternehmens, aber auch von Lieferanten, Kunden, Wettbewerbern und Partnern in Netzwerken. Diese Offenheit geht vom Top-Management aus, das enge Beziehungen zu allen „Innovationspartnern" unterhält und permanent den Markt nach neuen Entwicklungen scannt. Ein weiteres Merkmal dieser Unternehmen ist es, dass das so generierte Wissen nicht nur der F&E-Abteilung vorbehalten bleibt und dort genutzt wird, sondern dass Forscher, Entwickler, Produktionsverantwortliche bis hin zu den Vertriebsverantwortlichen im Innovationsprozess eng zusammenarbeiten. Die Herausforderung besteht darin, das „Not-Invented-Here"-Syndrom zu überwinden und externe Ideen grundsätzlich positiv zu sehen. Das ist Aufgabe des Top-Managements. In den meisten Unternehmen beschäftigen sich Forscher und Entwickler mit Themen, die sie selbst interessant finden, und weniger mit Themen, die für Kunden interessant sind und für die es einen Markt gibt[10]. Die Öffnung des Innovationsprozesses ermöglicht es nicht nur, externes Wissen für Innovationen besser nutzbar zu machen, sondern ändert auch die Kultur des Unternehmens von einem Unternehmen, das sich mit sich selbst beschäftigt, zu einem Unternehmen, das systematisch externes Wissen generiert und sich stärker nach außen orientiert.

Die Erfahrungen von Procter & Gamble zeigen, dass das Modell der offenen Innovation am besten funktioniert, wenn

1. die Vernetzung mit Forschungspartnern, Institutionen, Lieferanten oder auch Einzelpersonen vom Top-Management vorangetrieben wird, das persönlich die Beziehungen aufbaut und pflegt,
2. das Modell der offenen Innovation organisatorisch im Top-Management verankert ist (bei P&G ist damit ein Mitglied der Konzernleitung beauftragt),
3. die Kultur der Innovation verändert und vor allem das „Not-Invented-Here"-Syndrom überwunden wird – dies erfordert ein neues Verständnis der F&E-Aufgaben, weg vom Denken „wir machen Innovation" hin zum Denken „wir holen die besten Ideen von innen und von außen, die F&E hat die Aufgabe, diese Ideen zu nutzen" (bei P&G erhalten die Mitarbeiter eine Erfolgsprämie bei Innovationen, ganz unabhängig davon, ob die Idee von innen oder von außen kam),
4. die systematische Suche nach neuen Ideen ergänzt wird mit einer systematischen Bewertung der Marktchancen dieser Ideen.

Führende Kunden integrieren: Lead-User und Online-Communities

In den 1980er-Jahren begann Hilti sich mit flexiblen und einfach handhabbaren Befestigungssystem auseinanderzusetzen. Es gab bis dahin keine funktionstüchtigen Systeme, es war aber zu beobachten, dass einige Kunden selbst Lösungen entwickelt hatten. Daher versuchte man diese Kunden in ein Entwicklungsprojekt zu integrieren. Aus einer Gruppe von 150 Anwendern wurden 14 Lead-User – das sind besonders anspruchsvolle Kunden, die in ihren Bedürfnissen dem Massenmarkt um Monate oder gar um Jahre voraus sind, über eigene Innovationsideen verfügen und in besonderem Maße von Innovationen selbst profitieren können – ausgewählt. Diese Lead-User entwickelten dann in einem Workshop ein innovatives Befestigungssystem, das die Grundlage für den Geschäftsbereich Montagetechnik bei Hilti bildete[11].

Johnson & Johnson Medical brachte drei Weltneuheiten auf den
Markt, die nicht vom Unternehmen selbst, sondern von den Kunden entwickelt wurden. Dabei screente man den Markt nach Lead-
Usern, wählte sie nach festgelegten Kriterien aus und brachte sie in
einem Lead-User-Workshop zusammen, in dem von den Kunden
selbst eine neue Folie zur Abdeckung von Operationsrobotern,
eine Komplettlösung zur Vermeidung des Aufwirbelns von Aero-
solen im OP und ein integriertes System zur sterilen Beinlagerung
des Patienten während der Hüftoperation entwickelt wurden (siehe Abbildung 4.1).

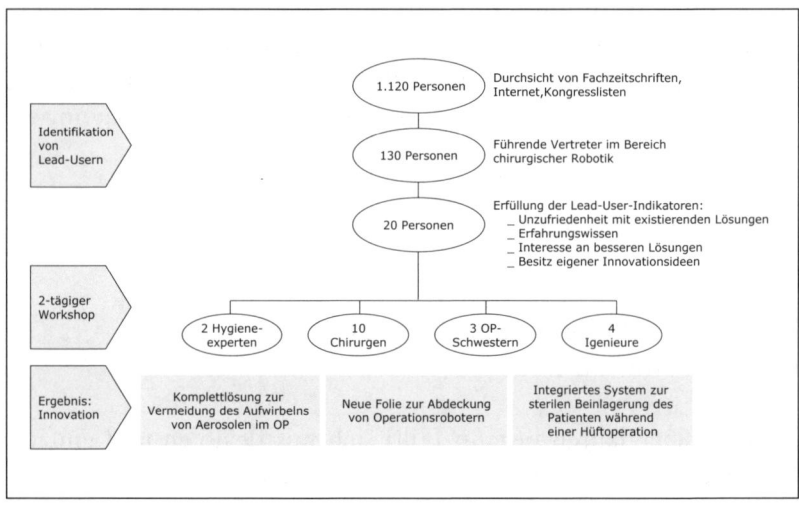

Abbildung 4.1: Das Lead-User-Modell bei Johnson & Johnson
Medical[12]

Nicht nur im Business-to-Business-Bereich, für fast alle Produktbereiche gibt es innovative Kunden, die eigene Problemlösungen
haben oder selbst entwickeln. Etwa 20 % der Mountainbiker arbeiten am eigenen Mountainbike und haben Ideen für Lösungen,
die sie selbst realisieren, bei Extremsportarten sind es fast 40 %,
bei Outdoor-Konsumgütern sind es knapp 10 %[13]. Indem dieses
brachliegende Wissen führender Kunden genutzt wird, erschließt

man nicht nur neue Quellen für Innovationen. Lead-User haben eine Reihe von Merkmalen, die ein Unternehmen für sich nutzen kann (siehe Abbildung 4.2):

1. Sie sind in ihren Bedürfnissen dem Massenmarkt um Monate oder Jahre voraus: Daher können sie gut eingesetzt werden, um neue Bedürfnisse zu antizipieren.
2. Sie sind sehr anspruchsvoll und haben eigene Lösungsideen. Lösungen, die von Lead-Usern entwickelt werden, sind in der Regel sehr anwendungs- und kundenorientiert und treffen die wahren Probleme und Bedürfnisse.
3. Sie sind oft Meinungsführer, verwenden sie überzeugt das von ihnen selbst entwickelte Produkt, dann tragen sie wesentlich zur schnellen Verbreitung der Innovation am Markt bei.

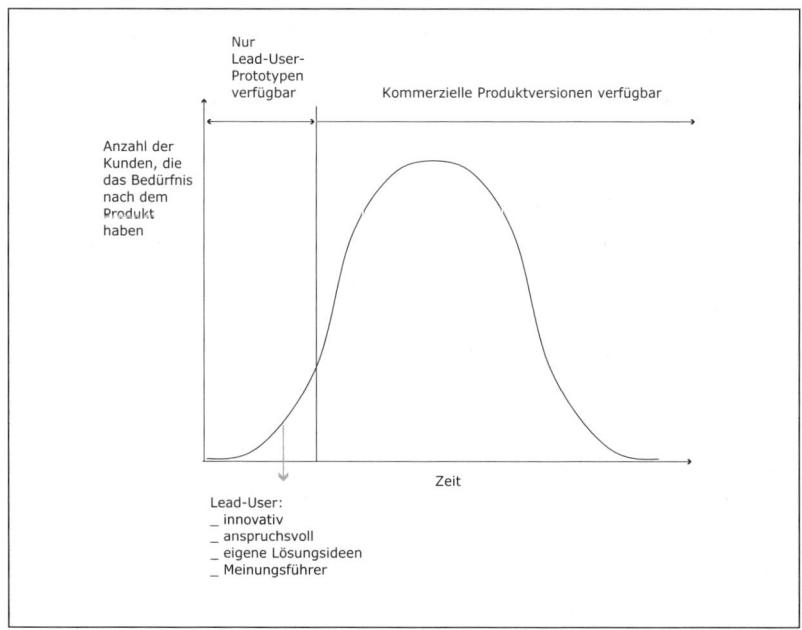

Abbildung 4.2: Lead-User-Innovationen sind kommerziellen Lösungen voraus[14]

Nicht alle Kunden sind gleich innovativ. Bei nahezu allen am Markt eingeführten Innovationen lässt sich feststellen, dass zunächst eine kleine Gruppe von Kunden sofort auf die Innovation reagiert. Die Annahme der Innovation durch die Kunden gleicht meist einer Glockenkurve (siehe Abbildung 4.2). Zurückzuführen ist das vor allem darauf, dass es Kunden gibt, die ein Bedürfnis wesentlich früher verspüren als andere. Daher sind quantitative Marktforschungen und Produkttests im Massenmarkt nicht immer sinnvoll. Kunden, die das Bedürfnis noch nicht verspüren, lehnen eine Innovation in solchen Studien oft ab, sie sind daher keine zuverlässigen Untersuchungsobjekte. Gelingt es hingegen, Lead-User zufriedenzustellen, kann man davon ausgehen, dass das Produkt im Massenmarkt Monate oder Jahre später hohe Erfolgschancen hat.

Erfolgreiche Innovatoren nutzen also das Wissen der Lead-User und integrieren sie in den Innovationsprozess. Während Adidas in der Ideenphase einem ausgewählten Sample von Läufern die Idee eines modularen Sportschuhs vorstellte, bezog Audi seine Kunden in der Konzeptionsphase bei der Entwicklung eines neuen Infotainments ein. Über mehrere Internetseiten, die regelmäßig von Autofans besucht werden, erreichte man über 1.600 Autofans, die an der virtuellen Entwicklung des Infotainmentsystems mitarbeiteten. Das Ergebnis waren 219 Serviceideen, 261 Kommentare zur Konsole, 728 Visionen künftiger Autos und die Auswahl der optimalen Produktkonfiguration[15]. Swarowski erhielt innerhalb von nur vier Wochen Designwettbewerbsphase 263 verwertbare Motive für Crystal Tatoos, die von Internetnutzern mittels eines Designwerkzeugs erstellt wurden[16].

Erfolgreiche Innovatoren nutzen aber auch systematisch ein Phänomen, das in den letzten Jahren entstanden ist: Online Consumer Communities[17], die es nahezu zu allen Themen gibt. Niketalk – das keine offizielle Verbindung mit Nike Inc. aufweist – beispielsweise ist eine Community von mehr als 45.000 Basketballfans. In dieser virtuellen Gemeinschaft finden pro Monat Tausende von Diskussionen zwischen Basketballfans statt. Darunter sind Basketballfana-

tiker ebenso zu finden wie Sportartikelhändler, Studenten des Industrial Designs, und Nikefans allgemein. Themen, mit denen sich
diese Community Members beschäftigen, sind „How to customize
your Basketball-shoe", „How to distinguish a branded shoe from a
fake", „Design the basketball shoe for the year 2050" oder einfach
Diskussionen der neuesten Modelle von Nike. Hier wird nicht
nur enormes Wissen ausgetauscht, in diesen Online Communities
entstehen Innovationen, die von den Mitgliedern selbst entwickelt
werden. Ähnlich wie bei der Open-Source-Bewegung[18] werden
Probleme zur Diskussion gestellt und innerhalb der Community
gelöst. Dabei werden innerhalb der Community nicht nur Ideen
zur Verbesserung der Basketballschuhe entwickelt, sondern auch
gänzlich neue Technologien und Modelle entworfen, wie zum Beispiel Dämpfung und Schnürsystem. Unter den Mitgliedern finden
sich wahre Experten, die aus Enthusiasmus Produkte entwickeln.
Unter dem Codenamen „Alphaproject" beispielsweise entfaltete
Jason Petrie sein kreatives und innovatives Potenzial in der Community und entwarf Basketballschuhe von erstaunlicher Qualität.
Er wurde von Fila entdeckt und ist jetzt Designer für Nike. Im
virtuellen Café „alt.coffee" diskutieren Kaffeegenießer darüber,
wie Kaffeemaschinen und Röstgeräte verbessert werden können,
in der Online Community „outdoorseiten.net" entwickeln Wan-
derer und Bergbegeisterte ihr eigenes Equipment – zum Beispiel
funktionale Jacken und besonders leichte Zelte – und bei „Chef-
koch.de" überlegen sich Kochenthusiasten, wie Küchengeräte und
Kochutensilien verbessert werden können[19].

Unternehmen wie die Hyve AG in München haben sich darauf
spezialisiert, als „Innomediator" zwischen Innovationssuchern und
Innovationsanbietern zu vermitteln. Sie entwickeln Tools, um die
Innovationskraft solcher Communities nutzbar zu machen, indem
sie durch den Ansatz der „Netnography"[20] Communities identifizieren, nach Innovationen screenen und einen virtuellen Dialog
mit ihnen herstellen, um dadurch diese Quellen der Innovationen
systematisch zu erschließen. Die Besonderheit dieses Unternehmens besteht darin, dass durch Methoden der virtuellen Kunden-

integration der gesamte Innovationsprozess geöffnet und dadurch gleichzeitig effektiver und effizienter gestaltet werden kann.

Von einfachen zu komplexen Märkten: Die Spielregeln des Markts verstehen

Je vernetzter Märkte sind, umso schwieriger wird es, Innovationen am Markt einzuführen und erfolgreich durchzusetzen[21]. Als Kodak im Jahre 1888 mit dem Werbeslogan „Sie drücken den Knopf, wir erledigen den Rest" die Fotografie einführte, war das Marktsystem sehr einfach. Es bestand aus zwei Systempartnern: dem Kunden und der Eastman Dry Plate & Film Company, an die der Kunde die Kamera einsenden musste. 1891 kam der Einzelhandel dazu, als Kodak Kameras auf den Markt brachte, die es dem Kunden erlaubten, den Film selbst zu wechseln. Bei der Einführung der Digitalkamera etwa 100 Jahre später sah das Marktssystem vollkommen anders aus, es war stark vernetzt. Drucker- und PC-Hersteller, Softwareanbieter, Breitbandkommunikationsfirmen, Mobiltelefonhersteller, Fachhändler usw. waren in einem Netzwerk miteinander verbunden. Die Einführung der Digitalkamera setzte voraus, dass all diese Partner von der neuen Technologie überzeugt waren, in diese investierten und gleichzeitig umstiegen. Normalerweise halten sich Marktsystempartner vor Investitionen zurück, wenn sie nicht sicher sind, dass alle anderen Partner, die ihren Beitrag im System leisten müssen, mitziehen. Daher ist es absolut notwendig, dass ein Hersteller das gesamte Marktsystem versteht. Er muss in der Lage sein, die Interessen der einzelnen Systempartner zu berücksichtigen, sie zu organisieren und zu koordinieren und gleichzeitig zum Umstieg auf die neue Technologie zu bewegen. Ein Unterfangen, das enormes Netzwerkverständnis verlangt.

Netzwerkstrukturen des Markts verstehen

Um dies erfolgreich zu bewerkstelligen, sind drei zentrale Merkmale von Netzwerken zu berücksichtigen[22]:

1. *Netzwerkexternalitäten*: Gibt es Netzwerkexternalitäten (z. B. Größenvorteile durch Economies of Scale oder steigender Kundennutzen bei steigender Anwenderzahl) wird es besonders wichtig, genügend Marktteilnehmer zu gewinnen, die das neue Produkt unterstützen. Beispielsweise hatte Adobe es den Benutzern erlaubt, den Acrobat Reader kostenlos aus dem Internet herunterzuladen. Dadurch erhielt das Programm eine enorme Verbreitung und Akzeptanz.

2. *Marktgleichgewicht*: Als Marktgleichgewicht versteht man jenen Zustand, in dem alle Marktteilnehmer ihr Verhalten aufeinander abgestimmt haben. Jeder Marktteilnehmer handelt im eigenen Interesse und kann sich auf das Verhalten der anderen Marktteilnehmer verlassen, er kann es berechnen. In einem stark vernetzten Markt wird niemand von selbst zu einem neuen Produkt wechseln. Hier ist es entscheidend, dieses Gleichgewicht zu zerstören und eine große Gruppe von Netzwerkpartnern davon zu überzeugen, dass die Innovation die beste Wahl für den Kunden ist. Markteilnehmer werden wechseln, wenn sie glauben, dass auch andere Netzwerkpartner wechseln werden. Es ist entscheidend, Allianzen zu bilden, Vereinbarungen zu treffen oder auch Netzwerkpartnern Zugeständnisse zu machen.

3. *Machtstrukturen in den Netzwerkknoten*: Um möglichst rasch eine möglichst große Zahl an Netzwerkpartnern zu gewinnen, ist es notwendig, zu erkennen, wo sich im Netzwerk die Macht konzentriert, und diese Netzwerkknoten für die Einführung der Innovation zu nutzen.

Damit sind folgende Orientierungen notwendig, um in Netzwerkmärkten nachhaltig Innovationserfolg zu haben:

* *Systemorientierung*: Verständnis des Markts als System, das heißt Analyse der einzelnen Systempartner, deren Bedeutung, Aufgaben, Ziele, Einfluss, etc.
* *Problemorientierung*: Verständnis der zentralen Probleme der Netzwerkpartner, die es zu lösen gilt.
* *Nutzenorientierung*: den zentralen Netzwerkpartnern dauerhaft Nutzen stiften, um deren Unterstützung und Zusammenarbeit zu gewinnen.

Spielregeln erkennen

Im Jahre 1976 veranstaltete ein britischer Weinhändler eine Blindverkostung kalifornischer und französischer Weine in Paris. 15 Weinexperten nahmen daran teil. Als die kalifornischen Weine siegten, wurde das Ergebnis von niemandem wirklich ernst genommen, man sprach sogar von Manipulation. Als zwei Jahre später wieder kalifornische Weine in der Blindverkostung als die besten abschnitten, wurde einigen traditionellen europäischen Weinherstellern klar, dass eine neue Ära der Weinproduktion begonnen hatte[23]: der Aufstieg der „Neuen Welt", allen voran der Siegeszug der australischen Weine. Am britischen Markt hielten australische Weine im Jahre 1988 einen Marktanteil von 2 %, im Jahre 2002 einen Marktanteil von 22 %[24]. Betrachtet man die lange europäische Tradition der Weinherstellung und die Dominanz der französischen, italienischen und spanischen Weine über Jahrhunderte, kann man wohl von einem radikalen Umbruch im Weinmarkt sprechen. Wie gelang es den australischen Herstellern, innerhalb so kurzer Zeit den Markt zu erobern?

Im Grunde gibt es zwei Strategien, in einen neuen Markt einzutreten: (1) das Geschäftsmodell der bestehenden Anbieter zu kopieren und es zu optimieren oder (2) die Spielregeln am Markt durch ein neues Geschäftsmodell zu verändern und die etablierten Unternehmen frontal anzugreifen[25]. In beiden Fällen ist es notwendig, sich intensiv mit dem Markt, mit den Spielregeln und den Geschäftsmodellen der etablierten Unternehmen auseinanderzusetzen. Die erste Strategie ist in der Regel die einfachere, die Erfolgsaussichten sind aber zumeist geringer, da man mit Konkurrenten in den Wettbewerb tritt, die seit Jahren ein Geschäftsmodell aufgebaut und optimiert haben. Die zweite Strategie ist die riskantere. Sie kann aber größere Erfolge bringen, wenn die etablierten Unternehmen entweder nicht die Möglichkeit haben, ihre Geschäftsmodelle entsprechend zu verändern oder nicht rechtzeitig reagieren können oder wollen. Diese zweite Strategie verfolgte IKEA ebenso wie die Low-Cost-Airlines oder die australischen Weinhersteller, die innerhalb von wenigen Jahren den Weinmarkt auf den Kopf stellten.

Der Weinmarkt ist ein Markt mit jahrhundertealter Tradition und klaren, etablierten Spielregeln. Indem die australischen Weinhersteller ein paar einfache Prinzipien beim internationalen Markteintritt beachteten, gelang es ihnen, ein neues Geschäftsmodell zu entwickeln, das dem Kunden – vor allem dem stark wachsenden Segment der Weine in der Preisklasse zwischen 5 und 14 Dollar – einen überragenden Nutzen bietet. Sie suchten Antworten auf folgende Fragen:

- Was sind die Spielregeln am Markt?
- Welche Nachteile haben diese Spielregeln für den Kunden?
- Wie können diese Spielregeln verändert werden, um dadurch überragenden Kundennutzen zu bieten?

Die lange Tradition des Weinbaus in Europa hat zahlreiche Weingesetze, Ursprungsbezeichnungen und Klassifikationssysteme hervorgebracht. Tatsächlich sind die Bestimmungen ein Labyrinth, nicht nur für den Verbraucher, ihre Logik erschließt sich oft nur den Verwaltungsbeamten und Statistikern[26].

Typisch für Europa sind kleine, eng definierte Weinbaugebiete mit strikten Ursprungsbezeichnungen (z. B. DOCG in Italien). Die Trauben müssen aus diesem Anbaugebiet kommen, damit die Ursprungsbezeichnung (z. B. Chianti, Rioja usw.) verwendet werden darf. Auch wenn sie dem Kunden Sicherheit über die Herkunft des Weins und Sicherheit über eine Mindestqualität garantieren, hat diese Spielregel ein paar zentrale Nachteile: (1) Der Wein ist Ausdruck eines bestimmten Bodens, daher gibt es wenig Möglichkeiten der Geschmacksvariation, (2) die Qualität hängt stark vom Wetter und vom Klima ab, es gibt teilweise große Jahrgangsunterschiede, der Weinbauer ist den Wetterbedingungen im Anbaugebiet ausgeliefert, (3) es gibt kaum Möglichkeiten, mit neuen Trendsorten zu experimentieren, die auf dem entsprechenden Boden oder beim jeweiligen Klima des Anbaugebiets nicht gedeihen. Die großen australischen Weinhersteller erkannten diese Nachteile und definierten die Spielregeln neu. Anstatt kleine Anbaugebiete zu definieren und mit Ursprungsbezeichnungen zu versehen, kaufen die großen australischen Weinhersteller die Trauben aus unterschiedlichen Anbaugebieten ein, die auch bis zu 3.000 Meilen auseinander liegen können. Die Trauben werden in Tankwagen herbeitransportiert, um nach ganz bestimmten Formeln mit anderen Weinen verschnitten zu werden. Als Herkunftsland wird dann einfach Südaustralien oder gar nur Australien angegeben. Dadurch sind die australischen Weinhersteller unabhängig von Wetter, Klima und Boden. Sie können je nach den Bedingungen Trauben dort einkaufen, wo sie im entsprechenden Jahr gut und billig sind. Der Wein ist dann weniger Ausdruck eines bestimmten Bodens, sondern vielmehr Ausdruck einer bestimmten Rebsorte – wo immer sie wächst[27]. Hardy hat Anbaugebiete auch außerhalb Australiens, in Sizilien und Südafrika, und ist deshalb hervorragend in der Lage, auf Trendsorten zu reagieren, da Hardy vom Anbaugebiet unabhängig ist.

Die zweite wichtige Spielregel in der alten Welt sind die strengen Weinklassifikationen. Mit der Unterscheidung in Qualitäts- und Tafelwein gelten Vorschriften in Bezug auf Alkoholgehalt, Aufbesserung, Entsäuerung, Weinzusatzstoffe usw. Einzelne Qualitätsanbaugebiete geben Vorschriften hinsichtlich der zugelassenen Trauben, der maximalen Traubenmenge pro Hektar, des Mindestalkohol- und -säuregehalts, der Produktionsvorschriften, der Mindestausbauzeit usw. In Frankreich ist das Weinrecht hierarchisch geordnet, je nach Anbaugebiet. Bezeichnungen wie Vin de Table, Vin de Pays, Vin Délimité de Qualité Supérieure, Appellation d'Origine Controllé, die Unterscheidung zwischen Beaune Premier Cru „Les Amoureuses" oder Echézeaux Grand Cru in Burgund, Premier Cru und Premier Grand Cru Classé sagen vielleicht dem Sommelier etwas, den Großteil der Weintrinker aber verwirren sie. Des Weiteren bedingen sie strenge Vorschriften in der Weinherstellung. Die australischen Weinhersteller definierten auch diese Spielregel neu. Sie verzichteten auf ein strenges Klassifikationssystem. Dadurch waren sie flexibel in der gesamten Weinherstellung. Während beispielsweise die Lagerung in den teuren französischen Eichenfässern für bestimmte Weine Vorschrift war, erzielten die Australier den gleichen Effekt durch eine wesentlich kostengünstigere Methode. Ein Effekt der Holzfasslagerung sind die typischen Geruchsnoten von süßer Vanille, gerösteten Haselnüssen, Gewürznelken und Karamel. Durch die wesentlich günstigere Stahlfasslagerung bei Zugabe von Holzschnitzeln erreichten die australischen Weinhersteller das gleiche Ergebnis. Europäische Weinhersteller haben diese Methode mit Entsetzen zur Kenntnis genommen. Außerdem verwenden die Australier die Umkehrosmose, ein Verfahren, bei dem Most mit seinen natürlichen Inhaltsstoffen aufkonzentriert wird, der Most wird reicher an geschmacksbildenden Stoffen. Schließlich verzichteten die Australier auch auf die komplizierten Weinbezeichnungen und benannten den Wein einfach nach der Traube. Jeder Kunde konnte dies leicht verstehen und den Wein einfach einordnen.

Die dritte Spielregel betraf die kleinen Betriebsgrößen, durch die die kritische Masse in der Produktion und Vermarktung nicht erreicht werden konnte. Economies of Scale konnten dadurch nicht erreicht werden, Automatisierung wie mechanische Lese waren nicht rentabel. In Australien haben die fünf größten Weinhersteller, die zu einem großen Teil über Akquisitionen und Mergers gewachsen sind, einen Marktanteil von etwa 85 %, in Frankreich 8 % und in Italien 4 %[28]. Dadurch erreichten sie eine kritische Masse zur Realisierung von Economies of Scale und begannen die gesamte Wertschöpfungskette inklusive Marketing und Vertrieb zu kontrollieren. Dadurch – was mindestens ebenso wichtig war wie die Economies of Scale – konnten sie eine hohe Verhandlungsmacht gegenüber den professionellen Einkäufern der großen Lebensmittel-Einzelhandelsketten aufbauen. Deren wesentliches Interesse war es, mit wenigen zuverlässigen Lieferanten zu tun zu haben, die große Mengen zu einem gleichbleibenden guten Preis-Leistungs-Verhältnis liefern konnten. Durch professionelles Marketing und Key Account Management sind schließlich australische Weinhersteller wesentlich besser in der Lage, globale Marken aufzubauen.

Spielregel am Markt	Nachteil dieser Spielregel	Neue Spielregel	Nutzen für den Kunden
1. Ursprungsbezeichnungen	- Abhängigkeit von Wetter in der Anbauregion (Preis- und Qualitätsschwankungen) - Abhängigkeit von einzelnen Traubensorten, die in der Region wachsen (keine Reaktionsmöglichkeit auf Trends bei den Traubensorten)	- Verzicht auf Ursprungsbezeichnungen kleiner Gebiete - Einkauf der Trauben aus mehreren verschiedenen Anbaugebieten ("multi-district-blend")	- relativ hohe, gleichbleibende Qualität - relativ niedrige Preise (Trauben kosten etwa $1/3$ bis $1/2$ im Vergleich zu Europa) - Trendweine
2. Qualitätsklassifikationen	- verwirrende Weinklassifikation - keine Innovation aufgrund von strikten Produktionsnormen	- Verzicht auf komplizierte Klassifikationssysteme und Ursprungsbezeichnungen, stattdessen Benennung nach Traubensorte - Freiheit in der Weinproduktion und Innovationen (z. B. Umkehrosmose, Lagerung in Stahltanks mit Zugabe von Eichenholzschnitzeln)	- globale Marken, auf die sich der Kunde verlassen kann - sofort trinkbare Weine von sehr gutem Preis-Leistungs-Verhältnis

3. Kleine Betriebsgrößen	- geringe Economies of Scale - kaum Automatisierungsmöglichkeiten - keine Kontrolle über die gesamte Wertschöpfungskette	- große, weitflächige Anbaugebiete, dadurch mechanisches Weinlesen, größtenteils werden Reben auch mechanisch beschnitten - große Weinhersteller (z. B. Hardy) kontrollieren gesamte Wertschöpfungskette, Aufbau von eigenem Vertrieb und Marketing	- gutes Preis-Leistungs-Verhältnis
4. Kein professionelles Marketing und Vertrieb	- geringe Chance auf Listung bei großen Einzelhandelsketten	- professionelles Key Account Management - Vertrieb über große Lebensmittel-Einzelhandelsketten	- gute Erhältlichkeit der Weine (Vorteil für Endkunden) - starke Marken, große Mengen, gleichbleibende Qualität zu sehr gutem PLV (Vorteil für Handel)

Tabelle 4.2: Spielregeln im Weinmarkt – Der Erfolg der Australier

Ein anderes Beispiel verdeutlicht, dass ein fehlendes Marktsystemverständnis echte Innovationsleistungen scheitern lassen kann. Die Skiindustrie befand sich in den 1990er-Jahren in einer klassischen Reifephase. Weltweit stagnierten die Verkaufszahlen. Dem Markt fehlten echte Innovationen. Die meisten Anbieter entwickelten zwar ständig ihre Produkte weiter, es gelang damit aber nicht, die Nachfrage anzukurbeln. In der Konsequenz führte der immer stärker werdende Kostendruck zu massiven Optimierungen in den Einkaufs-, Produktions- und Vertriebsprozessen.

Genau in dieser Marktphase stellte ein österreichischer Skihersteller einen Ski bei den internationalen Sportartikelmessen vor, der sich dramatisch von den bisher bekannten Skimodellen unterschied.

Der Ski war ca. 30 Zentimeter kürzer und an der Spitze und am Skiende wesentlich breiter als alles, was man bisher gesehen hatte. Auf den ersten Blick ähnelte er einem hässlichen „Wasserski".

Obwohl sich bei „internen" Skitests zeigte, dass der Ski eine echte Revolution im Fahrverhalten bezüglich des Kurvengefühls darstellte, wurde er von den Händlern nur zögerlich geordert. Weder die Präsentation des neuen Skikonzepts noch die Argumente der Vertriebsmannschaft reichten aus, um diese Andersartigkeit zum Verkaufsschlager werden zu lassen. Die Verkäufer konnten sich mit dem andersartigen „Wasserski" nicht anfreunden. Dieser Enttäuschung folgten sehr schlechte Abverkaufszahlen aus dem Handel. Es schien so, als ob die Skirevolution trotz der enormen Produktvorteile vom Markt nicht angenommen werden würde.

Alle Wettbewerber hatten aber mittlerweile den „hässlichen" Ski getestet und dabei erkannt, dass diese Entwicklung das Potenzial besaß, eine neue Phase in der Skigeschichte einzuleiten. Da der Innovator seine Idee nicht patentrechtlich schützen konnte, wurden von allen großen Herstellern diese kurzen, breiten und immer noch „hässlichen" Skier nachgebaut. Durch massive Überzeugungsarbeit und entsprechende Marketingpower wurden die Schlüsselpersonen im Handel von der neuen Skigeneration begeistert. Der Carving-Boom war entstanden.

Innerhalb von zwei Jahren verschwanden die „alten" Skimodelle mehr oder weniger aus dem Programm der Anbieter und den Regalen der Händler. Die Nachfrage nach der neuen Skigeneration explodierte nahezu – weltweit nahmen die Absatzzahlen um ca. 20 % zu. Das einzig Tragische war, dass der Innovator aus seiner Entwicklung keinen Nutzen ziehen konnte. Der Hersteller verlor sogar Marktanteile und kämpfte in der Folge bei geringen Stückzahlen um sein Überleben.

Was war passiert? Dem Innovator ist es durch seine Radikalinnovation gelungen, den Skifahrern ein vollkommen neues, begeisterndes Kurvengefühl zu ermöglichen. Damit erfüllte das Unternehmen die Grundvoraussetzung für die Einleitung eines

Marktumbruchs. Leider hatte man es aber nicht geschafft, auch systemische Lösungen für eine erfolgreiche Markteinführung zu konzipieren und umzusetzen.

Dem Unternehmen blieb der Markterfolg insbesondere deshalb versagt, weil man sich scheinbar zu wenig darüber im Klaren war, dass sich auch eine Radikalinnovation mit gewaltigen Produktvorteilen nicht von selbst am Markt durchzusetzen vermag. Dazu muss es gelingen, die Spielregeln – oder besser die strategischen Hebel des Marktsystems – zu identifizieren und die Marktsystempartner mit innovativen Programmen für die Neuheit zu begeistern. Eine der zentralen Spielregeln in allen Märkten ist die Frage der Machtverhältnisse der Marktsystempartner, eine zweite das Entscheidungsverhalten der Kunden. Ohne die Machtverhältnisse und das Entscheidungsverhalten der Kunden zu verstehen, kann kaum eine wirksame Strategie entwickelt werden.

Was waren zu diesem Zeitpunkt die bedeutendsten strategischen Hebel des Marksystems im Skimarkt?

- Nicht der Endkunde bestimmte in diesem System über Erfolg oder Misserfolg. Es waren die Einzelhändler und insbesondere deren Verkäufer mit ihren Verkaufsargumenten am Point of Sale (POS), die die Kaufentscheidung des Kunden steuerten. Die Push-Strategie wird in dieser Konstellation fundamental wichtiger als die Pull-Strategie.
- Jede Radikalveränderung löst zunächst „Widerstand" aus, den man aufheben muss. Die tatsächliche Überwindung der mentalen Barriere gegen die „Neuheit" musste insbesondere beim Einzelhandel erfolgen.
- Die Entwicklung und Bereitstellung von innovativen Verkaufsinstrumenten für die Überzeugungsarbeit am Point of Sale (POS) erhöhen die Bereitschaft und Effektivität der Verkäufer.
- Die Entwicklung eines Pricingkonzepts, das den Einzelhändlern überdurchschnittliche Verdienstmöglichkeiten eröffnet, steigert die Verkaufsbereitschaft.
- Die großen Handelsorganisationen müssen vom Nutzen einer

flächendeckenden und unterstützten Einführung, der „Neuheit", überzeugt werden.

Wenn man in der Folge kurz das „System" Skimarkt betrachtet, dann zeigt sich, dass sich die Konsumenten in ihrem Informations- und Entscheidungsprozess maßgeblich von den Empfehlungen der Verkäufer leiten lassen. Über 80 % aller Käufer kommen ohne konkrete Markenpräferenzen und mit geringem Produktwissen in den Sportfachhandel. Die Verkäufer beeinflussen bzw. steuern konsequenterweise mit ihren Erklärungen und Empfehlungen entscheidend den Kaufprozess. Über 70 % der Kunden verlassen mit dem Produkt das Geschäft, das der Verkäufer ihnen ans Herz gelegt hat. Daraus wird die „Macht" der Verkäufer ersichtlich, gleichzeitig wird aber auch augenscheinlich, dass eine optimale Marktabdeckung für den Markterfolg unbedingt notwendig ist. Gelingt es nämlich nicht, die radikale Innovation in kurzer Zeit bei möglichst vielen Kunden zu verbreiten, geht der First-Mover Advantage verloren. Es besteht die Gefahr, dass die herausragenden Produktvorteile nicht automatisch an die Marke des Innovators gekoppelt werden. Es bleibt den Wettbewerbern genügend Zeit, mit der Technologie des Innovators selbst am Markt zu punkten.

Für diese schnelle Marktdurchdringung ist eine flächendeckende Präsenz im Handel notwendig. Der Kunde ist nämlich großteils nicht bereit, die speziellen Produkte in ganz bestimmten Geschäften zu suchen. Zum Großteil weiß der Kunde nämlich gar nicht, dass es ein neues Produkt mit besonderen Vorteilen gibt. Er verlässt sich ja, wie oben gezeigt, auf die Beratung im bekannten Sportfachhandel. Wenn das Produkt dort nicht gelistet und entsprechend promotet wird, kann es nicht gekauft werden.

Für den Skihersteller wäre es daher wichtig gewesen, diese Innovation mit einem umfassenden Vertriebs- und Vermarktungskonzept gemeinsam mit dem Handel in den Markt zu tragen. Dazu wäre es aber notwendig gewesen, dass man bei der Einführung neue Wege einschlägt. Anstatt die Produktneuheiten bei den großen Sportartikelmessen zu präsentieren, hätte man die Meinungsbildner des Handels auch zwei „Einführungsphasen" erleben lassen können – Produkterfahrungsphase und Vermarktungsphase.

Die Gruppe der Verkäufer und Geschäftsinhaber hätte, persönlich eingeladen, zunächst im Rahmen besonderer Events tatsächlich vom Fahrverhalten des Skis überzeugt werden müssen. Interessant wäre dabeigewesen, die Skioberfläche bei diesen Events neutral – weiß – zu halten und die „Meinungsbildner" zunächst nur mit der neuen Form zu konfrontieren. Im Anschluss an die Tests hätte ein Spitzendesigner die „neue" Formensprache des Skis darlegen und unterschiedliche Designvorschläge für die „Bemalung" der Skioberfläche präsentieren können. In kleinen Gruppen hätten die Designvorschläge diskutiert und bewertet werden können, um in der Folge die Chance zu bekommen, mit dem Designer darüber zu diskutieren. Die Entscheidungsbildner hätten vermutlich nicht nur das besondere Fahrgefühl erlebt, sie hätten durch die intensive Auseinandersetzung mit dem Aussehen der Skier auch schneller einen emotionalisierten Zugang zu den Produkten gefunden. Vielleicht wären sie nach Hause gefahren und hätten gesagt: „Diese Innovation müssen wir haben."

Parallel dazu hätten innovative Vermarktungskonzepte für den Point of Sale (POS) und ein entsprechendes Pricingkonzept vorbereitet werden müssen. Unmittelbar nach den Events hätten die einzelnen Händler besucht werden können und man hätte ihnen die „coolen" Einführungspakete für die Überzeugungsarbeit der Endkunden präsentieren können. Gleichzeitig hätte man das „Hochpreiskonzept" vorstellen können, das die Positionierung der radikalen Innovation unterstreicht. In diesem Pricingkonzept wären dann auch die außerordentlichen Verdienstmöglichkeiten für den Handel vorgestellt worden, wenn er sich an bestimmte Regeln hält, zum Beispiel keine Preissenkungen in der Schlussverkaufsphase etc.

Wäre es dadurch gelungen, die einzelnen Händler von den Vorteilen des Produkts, des Designs, der Verkaufstools und der individuellen Verdienstmöglichkeiten zu überzeugen, dann hätte die nächste Phase folgen können. Man wäre gemeinsam mit den bedeutendsten Einzelhändlern in die Verhandlungen mit den großen Sportartikelketten eingestiegen und hätte das Gesamtkonzept dort gemeinsam mit den Top-Händlern vorgestellt. Bei einem erfolgreichen Gelingen hätte dann der eigentlich Roll-out erfolgen können. In jedem Geschäft des Sportfachhandels wäre es dann möglich gewesen, die Innovation nicht nur als das Highlight des Winters zu präsentieren, sondern es wäre auch möglich gewesen, dass die Verkäufer das Produkt mit den zur Verfügung gestellten Hilfsmitteln den Kunden angepriesen hätten.

Bis zu diesem Zeitpunkt wäre das Produkt bei keiner der großen Sportartikelfachmessen wie beispielsweise der ISPO in München vorgestellt worden.

Aus unserer Sicht erfordert die erfolgreiche Einführung von Radikalinnovationen mehr, als nur das innovative Produkt braucht. Die erfolgreiche Einführung, die imstande sein soll, einen Marktumbruch auszulösen, erfordert ebenso innovative Marketing- und Vertriebsleistungen. Die Grundlage dafür ist das Verständnis der Spielregeln am Markt und die darauf aufbauenden Strategien.

Der Erfolg der australischen Weinhersteller und der Misserfolg des österreichischen Skiherstellers haben eines gemeinsam. In beiden Fällen waren die Marktorientierung und die Nutzung der Spielregeln entscheidend. Der Skihersteller hatte es versäumt, die Spielregeln des Markts zu untersuchen und eine Markteinführungsstrategie darauf aufzubauen. Die Australier taten dies. Sie entwickelten ein neues Geschäftsmodell, indem sie die Schwachstellen der Spielregeln erkannten und neue Regeln definierten.

Je komplexer Marktsysteme werden, umso wichtiger wird es, die Spielregeln zu verstehen und zu berücksichtigen. Vor allem dann, wenn man neu in einen Markt eintritt.

Die neue Rolle der Marktforschung

Die Darstellung der aufgezeigten Denkansätze verdeutlicht, dass die Marketingabteilungen ihre Rolle und ihre Aufgaben zum Teil neu ausrichten müssen. Peter Lorange[29] fordert die Marketingabteilungen dazu auf, die Herausforderung anzunehmen, wirklich neue Marktchancen identifizieren zu wollen, bevor diese offensichtlich werden. Nur so ist es möglich, den Markt aktiv zu gestalten und nicht immer dem Markt hinterherlaufen zu müssen. Dies erfordert aber, dass auch und insbesondere das Marketing von visionärem Denken geprägt ist und sich nicht von einer Copycat Mentality leiten lässt.

Folgende Aspekte erlangen dabei eine zentrale Bedeutung:
1. Es gilt, sich an den tatsächlichen Problemen und latenten Bedürfnissen der Kunden zu orientieren

Wie schwierig es ist, die Kunden mit neuen Lösungen/Entwicklungen zu begeistern, verdeutlichen Untersuchungen, die belegen, dass sich weniger als 10 % aller Neu- oder Weiterentwicklungen in der Gunst der Kunden tatsächlich durchsetzen[30]. Die Gründe dafür sind ohne Zweifel vielschichtig, doch häufig wird einfach an den tatsächlichen Bedürfnissen des Markts konsequent vorbeientwickelt bzw. vorbeikommuniziert. Eine bedeutende Ursache liegt darin, dass sich die Unternehmen primär an den in der Marktforschung artikulierten Wünschen und Bedürfnissen der Kunden orientieren. Die Aussagen geben aber häufig lediglich das wieder, was bereits allgemein bekannt ist. Erfolgreiche Entwicklungen können aus solchen Ergebnissen nicht abgeleitet werden. Vielmehr muss es darum gehen, die unbewussten Bedürfnisse und relevanten Probleme zu erkennen. Ein anschauliches Beispiel, das die unterschiedliche Ergebnisqualität dieser beiden Zugänge verdeutlicht, zeigt die nachstehende Geschichte[31].

Ein Farbenhersteller beschloss, seine Aktivitäten auf dem Gebiet der Außenanstriche neu zu überdenken. Die Durchführung einer traditionellen, sehr aufwendigen Kundenbefragung brachte folgende Wünsche und Erwartungen zutage:

- Lange Haltbarkeit
- Gute Wetterbeständigkeit
- Gutes Haftungsvermögen
- Ein Verschlussdeckel, der auch nach dem Wiederverschließen dicht hält
- Gut deckend
- Eine starke Oberfläche bildend

Im Grunde nichts Neues. Der Farbenhersteller war aufgrund der erzielten Ergebnisse nicht imstande, tatsächlich neues Wissen von seinen Kunden zu generieren, um darauf aufbauend eine effektive Produktstrategie zu entwickeln. In der Folge versuchte man mittels persönlicher Gespräche mit Verwendern, alle aufgetretenen Probleme in der Anwendung der Produkte und mögliche latente Bedürfnisse herauszufiltern. Man fragte dabei nicht nach Wünschen, sondern nach Problemen. Dabei kristallisierten sich folgende zentralen Ansatzpunkte für eine zukunftsorientierte Produktentwicklung heraus:

- Die Vorbehandlung ist mühsam.
- Die Vorarbeit braucht viel Zeit.
- Es ist schwierig, die alte Farbe zu entfernen.
- Es ist langweilig, die Vorarbeiten zu erledigen.
- Es gibt keine praktischen Werkzeuge, um die alte Farbe zu entfernen.

Die Kunden sahen in den Vorarbeiten die größten Probleme. Hier galt es also, konkrete Ansatzpunkte zu finden. In der Phase der Ideenfindung wurde deshalb ein besonderes Augenmerk darauf gelegt, ein ganzes System arbeitssparender Außenanstriche zu entwickeln. Beispielsweise wurde ein Anstrich entwickelt, der die Grundierung überflüssig macht, indem die Farbe sowohl Grundierung als auch die Deckfarbe enthält. Ein anderer Anstrich kann auf bereits bemalte Flächen aufgetragen werden, ohne dass lästige Vorarbeiten notwendig sind.

Der Marketingprofessor Theodor Levitt betonte in seinen Vorlesungen an der Harvarduniversität immer: „Kunden wollen keine 50 Millimeter großen Bohrer, sie wollen 50 Millimeter große Löcher in den Wänden." Pierre Omidyar gründete Ebay im Jahre 1995 nicht mit der Absicht, ein Auktionshaus zu schaffen. Er wollte vielmehr Menschen helfen, Dinge über das Internet zu verkaufen[32]. Es geht also weniger darum, sich an in quantitativen Marktforschungen identifizierten Wünschen auszurichten, sondern vielmehr darum, sich an den tatsächlichen Problemen der Kunden zu orientieren. Das funktioniert viel besser durch die Beobachtung der Kunden bei der Anwendung als durch deren Befragung.

Es geht also weniger darum, die Erwartungen der Kunden an das Produkt durch unermüdliche Marktforschungen zu bestimmen. Ganz im Gegenteil: Zahlreiche Innovationen wären nie auf den Markt gekommen, hätte man sich auf die vom Kunden artikulierten Wünsche verlassen. Henry Ford sagte einmal: „Hätte ich meine Kunden gefragt, was sie wollen, hätten sie gesagt: eine schnellere Kutsche", und Akio Morita, Gründer und ehemaliger CEO von Sony, formulierte es so: „If you survey the public for what they think they need, you'll always be behind in this world. You'll never catch up unless you think one to ten years in advance and create a market for the items you think the public will accept at that time."[33]

Peter Lorange sieht hier ein Problem großer Unternehmen. Junge Brandmanager – vor allem in Unternehmen, in denen Risikobereitschaft nicht gefördert wird – verstecken sich aus Angst, Fehler zu machen, hinter endlosen, groß angelegten Marktforschungen, um ihre Entscheidungen abzusichern. Das kostet Zeit, und was noch schlimmer ist, sie bringen nichts Neues. Bahnbrechende Innovationen sind damit nicht zu erwarten.

2. Es gilt, die richtigen Gruppen der Kunden – die Innovatoren und „Frühadoptierer" – zu „befragen"

Die klassische, quantitative Marktforschung geht in ihrem Grundverständnis davon aus, dass die befragte Gruppe ein repräsentatives Abbild der Grundgesamtheit darstellen muss. Das ist nachvollziehbar, denn nur dann können die Ergebnisse der Stichprobe auf die Grundgesamtheit übertragen werden. Geht es um Innovationen, stellt das aber ein Problem dar. Nicht alle Kunden sind gleich innovativ, manche reagieren schneller auf eine Innovation, manche brauchen lange Zeit, bis sie bereit sind, das innovative Produkt zu kaufen. Die Innovationsfähigkeit der Kunden gleicht einer Normalverteilung[34]. Rogers (1962) hat eine der Normalverteilung gleichenden Kurve der Innovationsfreudigkeit von Kunden festgestellt:

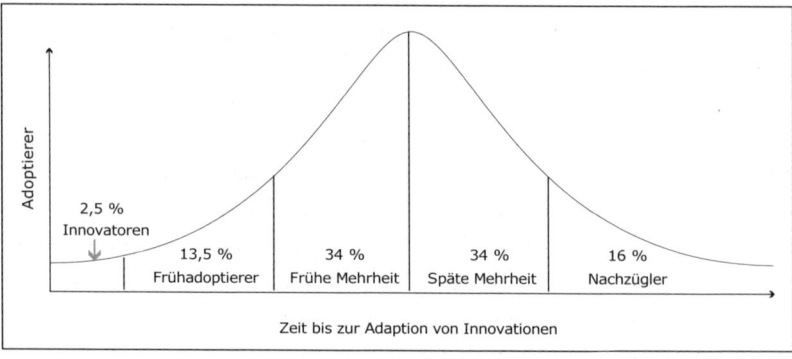

Abbildung 4.3: Diffusion von Innovationen

Innovatoren (ca. 2,5 %) sind unternehmenslustig und risikobereit. Frühadoptierer übernehmen neue Ideen frühzeitig, sind aber vorsichtiger und häufig auch Meinungsführer. Solche Verteilungen kann man praktisch bei jeder Innovation feststellen. Das war beim Carving-Ski genauso wie beim Handy oder beim Snowboard. Nicht alle Kunden reagieren gleich schnell auf die Innovation, manche benötigen Jahre, bis sie sich dafür interessieren. Daher kann auch eine quantitative, repräsentative Marktforschung im Innovationsprozess nicht wirklich helfen. Ganz im Gegenteil, befragt man einen repräsentativen Querschnitt der Kunden über Wünsche oder versucht man das Potenzial einer Innovation an ihnen zu testen, kann das Ergebnis leicht irreführend sein. Produkte wie der Walkman von Sony, die SMS, der Blackberry oder der Pocket-PC wären nicht auf den Markt gekommen. Die Marktforschungen fanden kein Potenzial für diese Produkte.

Das zweite Problem liegt darin, dass Kunden mit besonders neuen Bedürfnissen in einer repräsentativen Stichprobe an Bedeutung verlieren; ihre Meinungen und Ideen gehen in der Masse unter und werden durch das Unternehmen nicht erkannt[35]. Eine Differenzierung der Kunden nach deren Innovationsbereitschaft in der Marktforschung ist daher sinnvoll.

Als Audi ein neues Infotainment-System entwickelte, entschied man sich Kunden in den Entwicklungsprozess zu integrieren[36]. Dabei gestaltete man ein Virtual Lab als webbasierte Plattform, um Ideen zu generieren, ein Produkt zu konfigurieren und dessen Akzeptanz zu testen. Man legte Wert darauf, Kundengruppen unterschiedlicher Innovationsbereitschaft und -fähigkeit zu adressieren. Lead-User sollten Inspirationen für künftige Infotainment-Systeme liefern, Frühadoptierer sollten die Funktionalitäten wie Navigation, Telematik und Voice Control konfigurieren, und Heavy-Users im Low-End-Segment sollten Inputs über die Schwächen des bestehenden Systems liefern. Diese unterschiedlichen Kundengruppen wurden auf verschiedenen Portalen gefunden (z. B. www.autobild.de, www.tt-owners-club.de, www.auto-motor-und-sport.de usw.). Das Ergebnis war beeindruckend, die Lead-User lieferten Visionen über das Infotainment der Zukunft, die Early-Adopters lieferten Inputs für die Konfiguration und die Heavy-Users lieferten Anhaltspunkte über die Akzeptanz im Massenmarkt.

3. Es gilt, im Unternehmen Diskussionsplattformen zu installieren, um die gewonnenen Inputs funktionsübergreifend verarbeiten und nutzen zu können

Es ist ohne Zweifel entscheidend, die „richtigen" Informationen von den Märkten zu generieren. Es ist aber ebenso entscheidend, diese Informationen im Gesamtkontext der Unternehmung zu interpretieren und daraus erfolgswirksame Entscheidungen abzuleiten. Dieser Interpretationsprozess darf sich nicht isoliert in den Marketingabteilungen abspielen. Vielmehr muss dafür das Wissen und die Erfahrung von verschiedenen Personen aus unterschiedlichen Funktionsbereichen genutzt werden. Meist eröffnet erst der offene und kritische Dialog über die gewonnenen Informationen die Chance, unternehmensspezifische Ideen für Innovationssprünge zu erhalten. Gleichzeitig gelingt es dadurch, das Silo-Denken zwischen den Funktionen aufzuheben und eine gemeinsame „Wichtigkeit" für das Anliegen zu schaffen. Eine Voraussetzung dafür ist aber, dass sich die Top-Entscheider selbst in diesen Diskussionsprozess einklinken. Einerseits erlangen diese Diskussionen erst dadurch die für die Gruppe entscheidende strategische Bedeutung. Andererseits ergeben sich daraus letztlich die fundamentalen Entscheidungen über die Ausrichtung des Unternehmens am Markt.

4. Die Top-Entscheider müssen selbst Markt(forschungs)experten sein

Damit die Top-Entscheider ihre zentrale Rolle in den oben beschriebenen Diskussionsplattformen einnehmen können, müssen sie selbst über ein umfassendes Verständnis der Marktlogiken und der Kundenprobleme verfügen. Nur so können sie nämlich die in die Diskussion eingebrachten Informationen auch entsprechend bewerten und den Diskussionsprozess in immer wieder auftauchenden Konfliktphasen zwischen den Funktionen lösungsorientiert vorantreiben. Die Top-Entscheider müssen deshalb einen beträchtlichen Teil ihrer zeitlichen Ressourcen in direkte Kontakte mit Kunden, Vertriebspartnern und Marktverantwortlichen investieren. Es muss ihnen eines der zentralsten Anliegen sein, sich immer wieder selbst ein Bild über die Kunden und Märkte zu machen.

5. Die Top-Entscheider müssen die Experimentier- und Risikofreudigkeit vorantreiben

Fundamental wichtig ist aber insgesamt, dass die Top-Entscheider die Experimentierfreudigkeit bei der Umsetzung der generierten Lösungen massiv unterstützen. Nur so können die Unternehmen ihre Ansätze frühzeitig real am Markt ausprobieren, um so wiederum entscheidend zu lernen. Oder, wie jemand sagte: „... öfter Fehler machen, um schneller erfolgreich zu werden." Der Schlüssel dazu ist die Bereitschaft, systematisch zu lernen und die auftretenden Fehler als notwendigen Teil dieses Prozesses anzusehen. Wenn sich die Mitarbeiter aber vor jeder Art von Misserfolgen fürchten, dann werden sie sich – wie es Peter Lorange ausdrückt – immer wieder hinter endlosen Datenanalysen verstecken und niemals den Markt bewegen. Die Erfahrungen von Nestlé mit dem Joghurtprodukt LC1 veranschaulichen diese Vorgehensweise. LC1 wurde von Nestlé anfänglich in Frankreich als neuer Joghurt eingeführt. Dabei fokussierte man sich in der Kommunikation auf eine zentrale und neue Produkteigenschaft – „Hilft dem Körper, sich selbst zu schützen." Die Kunden wollten aber kein „medizinisches" Produkt. Sie wollten ein gutes und gesundes Produkt, das ausgezeichnet schmeckt. Der „Misserfolg" in Frankreich erforderte, dass die Kerneigenschaft – gesundheitsfördernd – anders vermarktet wird. Das Nestlé-Top-Management erlaubte genau jenem Team, das diesen „Fehler" produziert hatte, daraus zu lernen. Das gleiche Team konnte LC1 auf Basis der in Frankreich gewonnen Erkenntnisse in Deutschland einführen. Es wurde in Deutschland und dann auch in anderen Märkten zu einem Erfolg.

5

Die Segel bestimmen den Kurs, nicht der Wind

Die Strategieforschung beschäftigt sich seit Jahrzehnten mit der Frage, worin die Gründe für überdurchschnittlichen und nachhaltigen Erfolg liegen[1]. Dafür sind unterschiedliche Erklärungsansätze entwickelt worden. Die zwei wichtigsten Ansätze sind die „Market-based View" und die „Resource-based View". Dies sind zwei vollkommen gegensätzliche Sichtweisen und haben weitreichende Konsequenzen für den Strategieprozess. Im Grunde geht es um die Frage, ob der Erfolg des Unternehmens durch die Struktur des Markts – und hier vor allem durch einige zentrale Branchencharakteristika – determiniert wird oder ob der Erfolg mehr von unternehmensspezifischen Faktoren abhängig ist. Daher wollen wir diese Konzepte näher darstellen und zeigen, warum die Orientierung an den eigenen Kompetenzen Ausgangspunkt für strategische Entscheidungen sein sollte und warum Kernkompetenzen in Form von wertstiftenden, einzigartigen und nichtimitierbaren Fähigkeiten für den Erfolg eines Unternehmens entscheidend sind, wesentlich mehr als Branchencharakteristika.

Market-based View versus Resource-based View

Im Jahre 1980 erschien ein Buch, das nachhaltigen Einfluss auf die Strategiearbeit vieler Unternehmen hatte: Michael Porters „Wettbewerbsstrategie"[2]. Darin behauptete er, dass der Erfolg eines Unternehmens von fünf Branchenkräften und deren Zusammenwirken abhängt. Danach ist die Wahrscheinlichkeit, dass ein Unternehmen langfristig erfolgreich ist, umso größer,

- je weniger Alternativen es zum Produkt des Unternehmens gibt,
- je geringer die Rivalität unter den etablierten Wettbewerbern ist,
- je weniger Druck vonseiten der Lieferanten ausgeübt werden kann,
- je schwieriger der Markteintritt für neue Anbieter ist und
- je mehr Kunden es gibt und je geringer ihr Organisationsgrad ist.

Jeder dieser Punkte ist einleuchtend:[3] Wenn das Produkt oder die Leistung, die ein Unternehmen anbietet, nicht oder nur mit hohen Kosten durch ein anderes ersetzt werden kann, ist das Erfolgspotenzial eines Unternehmens groß. Beispielsweise beruht die Vermarktung von Originalersatzteilen auf diesem Prinzip.

Gleichermaßen verständlich ist, dass die Gewinnchancen auch von der Intensität des Wettbewerbs in einer Branche abhängig sind. So hat die intensive Konkurrenz zwischen den Airlines die Gewinnspannen im internationalen Flugverkehr praktisch vernichtet, während sich in anderen Branchen der Wettbewerb in Grenzen hält.

Einschneidende Maßnahmen, die die Gewinnaussichten oder oft gar die Überlebensmöglichkeiten eines Unternehmens wesentlich beeinflussen, gehen auch von den Lieferanten aus. Microsoft und Intel nutzen beispielsweise ihre starke Position in der PC-Industrie nicht nur dazu aus, Preisprämien zu verlangen, sondern setzen die PC-Hersteller auch bei der Gestaltung ihrer Produkte unter Druck.

Dagegen gibt es auch so etwas wie geschützte Branchen: Fälle, in denen nur wenige Unternehmen ein Produkt anbieten und hohe Gewinne erwirtschaften, ohne dass neue Anbieter ihnen Marktanteile streitig machen könnten. Die Gründe dafür sind vielfältig: Manchmal schützen Gesetze die etablierten Anbieter oder diese kontrollieren kritische Ressourcen, oft sind die Eintrittsbarrieren aufgrund der Investitionserfordernisse, der Technologien oder der Kundenbindung so groß, dass es sich für einen Wettbewerber kaum rechnet, in den Markt einzudringen.

In manchen Branchen leiden die Gewinnspannen auch an der starken Position der Abnehmer. Beispielsweise hat die Konzentration im Lebensmitteleinzelhandel dazu geführt, dass sich die Nahrungsmittelindustrie einer beinahe monopolisierten Nachfrage gegenübersieht. Das Schicksal der Produzenten hängt von einer Hand voll Großkunden ab, die erheblichen Druck ausüben können. Ähnlich ist die Situation für die Zulieferer in der Automobilindustrie.

Das Konzept der „Five Forces" ist einfach und logisch. Es lassen sich klare Anleitungen für den Strategieentwicklungsprozess ableiten. Es geht darum, die Branchenstruktur zu verstehen und die Triebkräfte in der Branche zu bestimmen. Unternehmen, die sich (1) in attraktiven Branchen positionieren und (2) den Branchenstrukturen anpassen und entsprechende Strategien entwickeln, sind erfolgreich. Dies führt zu folgender Logik der Strategieentwicklung:[4]

- Im ersten Schritt gilt es, die Unternehmensumwelt (Makroumwelt, Branche, Konkurrenten) zu untersuchen.
- Auf dieser Grundlage sollen Branchen bestimmt werden, die aufgrund ihrer Struktur überdurchschnittliche Gewinne erwarten lassen.
- Für diese Branchen sollen dann Strategien entwickelt werden,

die den Branchenstrukturen und den Spielregeln innerhalb der Branche angepasst sind.
- Dann werden diese Strategien implementiert, indem die entsprechenden Ressourcen, Fähigkeiten, Technologien usw. beschafft oder entwickelt werden.

Wenn dieser Prozess gut funktioniert, sind – laut dem Market-based-View-Ansatz – dem Unternehmen überdurchschnittliche Renditen sicher.

Hinter dieser Logik steht eine ganze Denkschule: das „Structure-Conduct-Performance-Paradigma"[5] der Industrieökonomik. Es unterstellt, dass der Erfolg eines Unternehmens von ein paar Branchencharakteristika abhängt, die das Verhalten der Unternehmen bestimmen. Das klingt zunächst einleuchtend. Dahinter stecken aber einige implizite Annahmen, die sich kaum halten lassen:[6]

- Überdurchschnittliche Performance hängt davon ab, wie gut es dem Unternehmen gelingt, sich an Branchenstrukturen und sich verändernde Rahmenbedingungen anzupassen.
- Das „Structure-Conduct-Performance-Paradigma" geht davon aus, dass sich Unternehmen hinsichtlich Ressourcen und Fähigkeiten kaum unterscheiden,
- es unterstellt, dass sämtliche Fähigkeiten, Technologien, Knowhow usw. mobil sind und jedes Unternehmen sich diese Ressourcen aneignen oder erwerben kann.

Dass das in der Managementpraxis eher die Ausnahme als die Regel ist, dürfte jedem sofort auffallen. Dennoch hielt sich diese Sichtweise, die sich in der Strategieforschung schon in den 1960er-Jahren etablierte, über lange Zeit.

Erst mit seinem Aufsatz „A resource-based view of the firm" im renommierten *Strategic Management Journal* im Jahre 1984 leitete Birger Wernerfelt[7] einen Paradigmenwechsel ein. Er behauptete, dass es nicht der Markt und die Branche, sondern vielmehr die strategischen Ressourcen des Unternehmens seien, die die Quellen für überdurchschnittliche Renditen bilden. Es begann eine heftige wissenschaftliche Diskussion und es dauerte etwa ein Jahrzehnt, bis sich diese Sichtweise auch in der Praxis durchsetzte.

Jay Barney[8] identifizierte vier Merkmale, die Ressourcen – tangible oder intangible – haben müssen, um Quellen für Wettbewerbsvorteile darzustellen: Sie müssen (1) wertvoll, (2) selten, (3) nicht imitierbar und (4) nicht substituierbar sein. Verfügt ein Unternehmen über solche Ressourcen, dann ist es gewissermaßen ein Monopolist. Es verfügt über etwas, was Kundennutzen stiftet, was selten ist und von den Konkurrenten nicht imitiert werden kann. Damit wurde die „Resource-based View" greifbar gemacht und mit Prahalads und Hamels Aufsatz „The Core Competence of the Corporation"[9] wurde der Begriff der Kernkompetenzen geprägt, der Ressourcenansatz erlebte seinen Durchbruch.

Es folgten zahlreiche groß angelegte empirische Studien, die zum Ziel hatten, herauszufinden, was für den Erfolg des Unternehmens wichtiger war: Marktcharakteristika oder Unternehmensspezifika. Selbst Michael Porter, einer der wichtigsten Vertreter der Industrieökonomik und der darauf aufbauenden Market-based View of the firm, fand in einer branchenübergreifenden Studie bei US-Unternehmen, dass Branchencharakteristika weniger als 20 % des Erfolgs erklären, Unternehmenscharakteristika aber mehr als 30 %. [10] Andere Studien fanden noch größere Unterschiede zugunsten der Resource-based View: 4 % Branchencharakteristika im Vergleich zu 44 % Unternehmenscharakteristika bei Rumelt[11], 8 % versus 36 % bei Hawawini[12]. Mit anderen Worten: Die Segel bestimmen den Kurs, nicht der Wind. Auch die Ergebnisse unsere Studie bestätigen: Kernkompetenzen sind entscheidend für den Unternehmenserfolg, allerdings in zweifacher Hinsicht. Sie tragen zu Effektivität und Effizienz bei, da Competence-based Management bedeutet, Ballast abzuwerfen und sich auf jene Dinge zu konzentrieren, die man am besten kann. Das bedeutet die Konzentration der Kräfte und einen effizienten Ressourceneinsatz. Kernkompetenzen steigern den Unternehmenserfolg aber auch indirekt, wenn

Innovationen der Marktleistung konsequent auf den einzigartigen Fähigkeiten und Kompetenzen aufbauen.

Diese Erkenntnis hat weitreichende Konsequenzen für den Strategieentwicklungsprozess, sie stellt ihn auf den Kopf. Nicht die Umwelt und die Branche sind Ausgangspunkt, sondern die eigenen Fähigkeiten und Kompetenzen:

- Im ersten Schritt gilt es, herauszufinden, was die besonderen Stärken des Unternehmens sind.
- Dann wird bewertet, ob diese Stärken einzigartig, sprich Kernkompetenzen sind und die Grundlage für Wettbewerbsvorteile bilden können.
- Im nächsten Schritt geht es darum, attraktive Branchen und Märkte zu finden, in denen diese Kernkompetenzen ausgespielt werden können.
- Schließlich werden Strategien, aufbauend auf den Kernkompetenzen, für diese Branchen und Märkte entwickelt und implementiert.

Erfolg ist damit weniger eine Frage des „Sichanpassens", sondern vielmehr eine Frage des „Gestaltens".

Die deutsche PAPSTAR-Gruppe ist ein europaweit tätiges Unternehmen, das sich mit seinen mehr als 2.000 Mitarbeitern auf den Vertrieb von Einweggeschirr und Einwegartikeln, Verpackungsmitteln, Hygieneprodukten, Dekorationsartikeln und Zubehör spezialisiert hat. Mit einer besonderen Sourcing- und Logistikkompetenz werden weltweit über 5.000 Artikel eingekauft und zu marktfähigen Warensortimenten gebündelt. Hierbei wird besonders Wert darauf gelegt, laufend neue Trends in die Sortimentskonzeptionen für die verschiedenen Kundengruppen einfließen zu lassen, um eine optimale Verbundlösung für den Handel zu schaffen.

Obwohl es der PAPSTAR dadurch gelungen ist, sich zum führenden europäischen Anbieter zu entwickeln, stellte sich das Führungsteam die Frage, ob und inwieweit es möglich ist, in neue

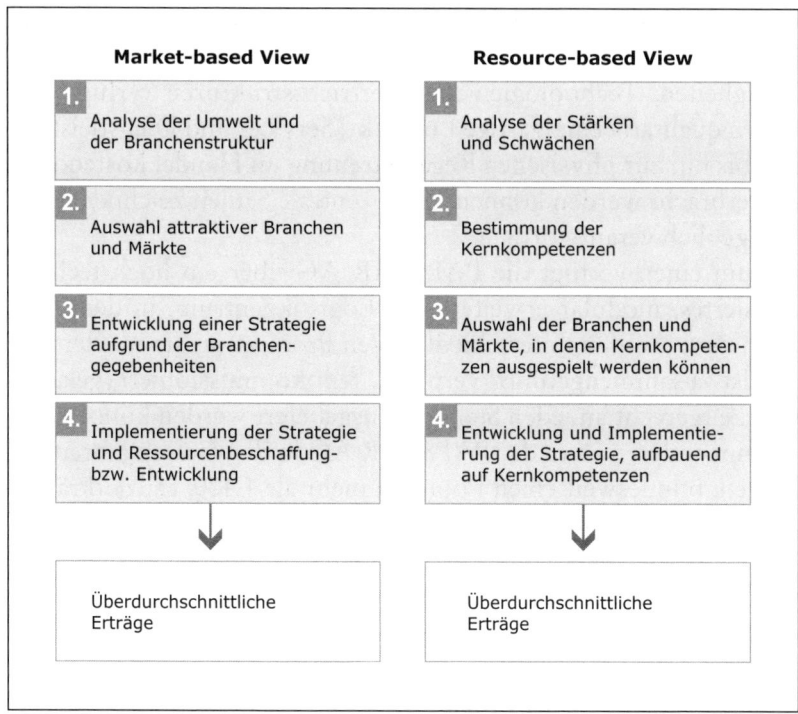

Abbildung 5.1: Resource-based View: Strategieentwicklung auf den Kopf gestellt[13]

Geschäftsfelder einzudringen, um den Unternehmenserfolg nachhaltig abzusichern und auszubauen.

Dafür wurde ein Strategieentwicklungsprozess initiiert, bei dem es zunächst darum ging, die Kompetenzfelder des Unternehmens zu eruieren und die dahinterliegenden Fähigkeitsbündel herauszuarbeiten und zu analysieren. Darauf aufbauend sollte die Frage gestellt werden, mit welchen Kompetenzen es möglich sein könnte, in neue Geschäftsfelder einzudringen.

Die Analyse verdeutlichte, dass die PAPSTAR neben ihrer Sourcing- und Sortimentskompetenz insbesondere über ein Bündel an Fähigkeiten, Technologien und Vertriebsstrukturen verfügt, mit denen qualitativ einzigartige Logistik-, Service- und Dienstleistungen bis hin zur physischen Regalbetreuung im Handel kostenoptimal erbracht werden können. Zwei zentrale Säulen zeichnen dafür maßgeblich verantwortlich.

Zum einen verfügt die PAPSTAR AG über ein hoch technologisiertes, modular erweiterbares Logistikzentrum, in dem Warenströme aus den unterschiedlichsten Produktionsstandorten flexibelst zusammengeführt, verpackt, fein kommissioniert, gelagert und zeitgerecht an jeden Standort ausgeliefert werden können.

Zum anderen ist es der PAPSTAR AG in den letzten Jahren gelungen, bundesweit einen Pool von mehr als 1.400 Teilzeitkräften aufzubauen, zu qualifizieren und systematisch zu steuern, die die Ware am jeweiligen Standort übernehmen und vor Ort für eine professionelle Regalbetreuung von der Bestellung über die Bestückung bis hin zu Shop-Umbauten für die Handelskunden übernehmen.

Basierend auf diesen Erkenntnissen galt es in der Folge, zu evaluieren, inwieweit diese besondere Dienstleistungskompetenz auch anderen Herstellern, die den Handel beliefern, angeboten werden könnte.

Dabei zeigte sich, dass sich die Handelsunternehmen bereits seit längerer Zeit unter einem starken Kostendruck befinden. Immer mehr Tätigkeiten, die ursprünglich beim Handel lagen, werden an die Industrie bzw. Dienstleiter vergeben. Der eigene Personalbestand wird abgebaut. Des Weiteren forcieren die großen Handelsunternehmen zunehmend das Eigenmarkengeschäft, für das kein eigenes Vertriebs- und Merchandisingsystem existiert. Hiezu müssen die Handelsunternehmen „Private label"-Produkte aus unterschiedlichen Produktionsstätten bei einem Dienstleister zusammenführen.

Bei der Analyse der Industrie zeigte sich, dass dort viele kleine und mittelständische Unternehmen agieren, die allein nicht in der

Lage sind, flächendeckend Vertriebswege für den Lebensmitteleinzelhandel zu bedienen. Viele dieser Unternehmen sind nur regional oder im Fachhandel mit ihren qualitativ hochwertigen Produkten präsent. Diese Situation ist nicht nur bezeichnend für den Mittelstand, sondern findet sich auch in multinationalen Konzernen wieder. Selbst diese sind, bedingt durch den anhaltenden Kostendruck und fehlende Margen, nicht immer in der Lage, logistisch sinnvolle Abläufe, wie zum Beispiel die Zusammenführung von Produkten unterschiedlicher Produktionsstandorte, zu realisieren. Viele dieser Unternehmen haben enorme Schwierigkeiten, die notwendigen und geforderten Besuchsfrequenzen in den Outlets aufgrund fehlender Personalausstattung und der niedrig zu haltenden Warenbeständen zu erfüllen.

Aufgrund dieser Erkenntnisse entschied man sich bei der PAPSTAR, die integrierte Abhol-, Lager- und Auslieferlogistik gepaart mit flächendeckender Merchandisingpräsenz potenziellen Interessenten anzubieten. Der Erfolg war beeindruckend. Innerhalb kürzester Zeit konnten beispielsweise 3M, Faber Castell oder Pelikan als Kunden gewonnen werden, für die PAPSTAR mittlerweile den gesamten Logistikprozess hin zum Handel übernommen hat.

Der PAPSTAR ist es damit nachhaltig gelungen, auf Basis ihrer Kernkompetenzen in ein neues Geschäftsfeld einzudringen. Gleichzeitig konnte durch die neuen Kunden das bestehende PAPSTAR-System besser ausgelastet werden, was wiederum zu höheren Margen im Kerngeschäft von PAPSTAR führte.

Die gebündelten Fähigkeiten, die hinter der Logistikkompetenz stehen, weisen Merkmale auf, die sie besonders interessant machen:

1. Sie sind *wertvoll* am Markt, das heißt, sie schaffen Mehrwert für den Kunden.
2. Sie sind *selten*, das heißt, kaum ein Konkurrent verfügt über dieses Bündel an besonderen Fähigkeiten.
3. Sie sind *nur schwer* durch andere Fähigkeiten oder Technologien *imitierbar oder ersetzbar*.
4. Sie können in unterschiedlichen Anwendungsfeldern ausge-

spielt werden, das heißt, sie sind *übertragbar* auf neue Märkte oder neue Produkte.

Mit anderen Worten, PAPSTAR verfügt über Kernkompetenzen, die die Leistungen des Unternehmens einzigartig machen und die Grundlage für einen nachhaltigen Erfolg liefern.

Dieses Beispiel zeigt, wie einzigartige und wertstiftende Ressourcen den Ausgangspunkt für die Strategieentwicklung und für nachhaltige Wettbewerbsvorteile bilden.

Die Quellen von Kernkompetenzen

Kaum ein Begriff im strategischen Management wurde in den letzten Jahren so häufig verwendet wie der Begriff der „Kernkompetenzen", und kaum ein Begriff wird so häufig falsch verwendet.

In Strategieseminaren mit Führungskräften oder in MBA-Programmen bitten wir regelmäßig die Teilnehmer, ein Blatt Papier zu nehmen und die Kernkompetenzen ihres Unternehmens aufzuschreiben. Das Ergebnis ist nach ein paar Minuten Nachdenkzeit immer das gleiche: Jeder Teilnehmer ist in der Lage, eine oder sogar mehrere Kernkompetenzen zu nennen. Sobald wir aber klar definieren, was Kernkompetenzen tatsächlich sind, und die Teilnehmer bitten, die vier Kriterien (wertvoll am Markt, selten, schwer imitierbar und nicht substituierbar) auf die von ihnen identifizierten Kernkompetenzen anzuwenden, bleiben bei vielen Teilnehmern keine Kernkompetenzen mehr übrig. Was salopp als Kernkompetenz bezeichnet wurde, erweist sich bei näherem Hinsehen als eine Kompetenz, über die viele Unternehmen verfügen, oder als Kompetenz, die nicht zu schützen ist und leicht von den Konkurrenten imitiert werden kann. Stärken sind noch lange keine Kernkompetenzen.

In unserer praktischen Arbeit erleben wir aber auch oft das Gegenteil. Unternehmen sind sich ihrer Kernkompetenzen und damit der Quellen ihrer Wettbewerbsvorteile oft gar nicht bewusst.

Vor ein paar Jahren hatten wir die Gelegenheit, ein großes Unternehmen beim Strategieprozess zu begleiten. Es stand eine wichtige strategische Entscheidung an, die das Unternehmen tief greifend verändern sollte: die Auflösung des integrierten Standorts und die Verlagerung einzelner Wertschöpfungsstufen. Während alle Konkurrenten diesen Schritt schon vor Jahren vollzogen, hatte dieses Unternehmen am integrierten Standort in Österreich bis zuletzt festgehalten. Ende der 1990er-Jahre kam die Standortfrage zur Diskussion, um Kostenvorteile zu generieren. Man hielt es für sinnvoller, die Wertschöpfungskette aufzulösen und einzelne Tätigkeiten in Länder und an Standorte zu verlagern, wo diese effizienter und effektiver durchgeführt werden konnten. Im Rahmen des Strategieprozesses begannen wir mit der Analyse der Kernkompetenzen und führten eine Reihe von Gesprächen mit Schlüsselkunden durch, um herauszufinden, wo die Stärken und die Schwächen des Unternehmens lagen. Dabei kristallisierten sich eindeutige Vorteile im Vergleich zu den Konkurrenten heraus:

- Bereits bei Verkaufsgesprächen wurden sofort umsetzbare Lösungen/Denkansätze für die Kundenprobleme gefunden, das begeisterte die Kunden.
- Für Probleme und Herausforderungen, die die komplexen Produktionsabläufe mit sich bringen, war das Unternehmen wesentlich besser in der Lage, Lösungen zu finden als die Konkurrenz.
- Es wurden regelmäßig innovative Lösungen gefunden, um auch mit den bestehenden Voraussetzungen (Produktionsanlagen) die sich ergebenden Herausforderungen/Probleme in der Produktion zu lösen.
- Es gab eine schnelle und flexible Neuproduktentwicklung in der Anwendungstechnik (keine Grundlagenforschung) und ein schnelles Finden von Lösungen, die der Vertrieb brachte.
- Die Lieferzeiten für kleinvolumige Losgrößen waren flexibel und kurz.
- Es bestand hohe Qualitätsstabilität.

Dies waren eindeutige Wettbewerbsvorteile, kaum ein Konkurrent konnte hier mithalten. Sie stifteten eindeutig Kundennutzen und waren auch nicht imitierbar, mit anderen Worten: Das Unternehmen verfügte über Kernkompetenzen.

Als wir im zweiten Schritt unserer Analysen der Frage nachgingen, warum das Unternehmen diese Vorteile hatte, kamen ein paar interessante Ergebnisse zutage:

- Das Unternehmen verfügte über einen äußerst engagierten, erfolgsorientierten und fachlich kompetenten Vertrieb, der eng mit der Anwendungstechnik zusammenarbeitet.
- Die Mitarbeiter im Vertrieb *und* in der Anwendungstechnik waren höchst motiviert, Neugeschäft zu akquirieren.
- Die Mitarbeiter in F&E, Technologie und Produktion waren äußerst lösungsorientiert, engagiert und technisch versiert.
- Das Unternehmen verfügte über langjährig entstandene und ausgereifte Fähigkeiten und Prozesse in der Fertigung und Logistik und in den etablierten Produktbereichen.

Damit hatten wir die Fähigkeiten und Prozesse identifiziert, die hinter den Stärken des Unternehmens standen. Wir gingen aber noch einen Schritt weiter und wollten wissen, warum dieses Unternehmen in der Lage war, diese Fähigkeiten wesentlich besser zu entwickeln als die Konkurrenz, und kamen immer wieder zum selben Ergebnis: Es war der integrierte Standort, der (1) ein Wissenspooling und ein enormes gemeinsames Erfahrungswissen und einen äußerst schnellen und effektiven Informations- und Wissensaustausch ermöglichte, (2) zu einem dichten, abteilungsübergreifenden Netzwerk von persönlichen Beziehungen führte, das zu einem starken „Wir-Gefühl", gemeinsamen Zielen und Engagement führte, und (3) das Unternehmen aufgrund der kurzen Informations- und Entscheidungswege äußerst flexibel und schlagkräftig machte.

Damit war die Entscheidung, den integrierten Standort aufzulösen, vom Tisch. Dieser Standort war die Grundlage der Kernkompetenzen. Hätte man die Entscheidung zur Auflösung getroffen, wären vermutlich die über lange Zeit mühsam aufgebauten Wettbewerbsvorteile verloren gegangen. Anstatt den integrierten Standort aufzulösen, traf man nun die Entscheidung, diesen zu stärken, um die Kernkompetenzen weiter auszubauen und zu schützen, indem (1) mehr Freiräume für den Wissensaustausch ermöglicht wurden, (2) unabhängig von Produktionskapazitäten Möglichkeiten am integrierten Standort geschaffen wurden, um Simulationen vom Fertigungs- bis zum Kundenprozess durchführen zu können, und (3) ein integriertes Servicecenter geschaffen wurde, um kürzeste Lieferzeiten bei Kunden zu ermöglichen sowie die Lieferflexibilität beim Handel zu erhöhen.

Der Wert von Kernkompetenzen steigt, je schwieriger sie zu imitieren sind. Wovon hängt nun die Imitationsfähigkeit ab? Kernkompetenzen sind vor allem dann Quellen für nachhaltige Wettbewerbsvorteile, wenn sie eine oder mehrere der folgenden Bedingungen erfüllen:[14]

1. Sie gründen auf *einzigartigen historischen Bedingungen*, die mit First-Mover-Advantage und Pfadabhängigkeiten verbunden sind. Die Entwicklung der Schleiftechnologie von Swarovski Ende des 19. Jahrhunderts und deren kontinuierliche Weiterentwicklung erlaubten es, Kristalle zu produzieren, die durch ihre Vielfalt, ihre Formen, ihre Farben und das Spiel mit dem Licht den Kunden begeistern. Das war und ist immer noch einzigartig am Markt. Dies war auch die Voraussetzung für den Aufbau einer eigenen Luxusmarke für Kristallfiguren in den 1970er-Jahren. Die Marke war wiederum Voraussetzung für den Aufbau eines einzigartigen internationalen Netzwerks an Trendforschern, Designern und Künstlern, um die Kompetenz zur Erkennung und Gestaltung von Trends zu entwickeln. Diese aufeinander aufbauenden historischen Schritte (Pfadabhängigkeit) machen die Kernkompetenzen von Swarovski kaum kopierbar.
2. Für Konkurrenten ist es nicht leicht ersichtlich, wie und warum

diese Kompetenzen entstanden sind (*kausale Ambiguität*). Bei PAPSTAR entwickelte sich die Sourcing- und Logistikkompetenz über jahrelange Erfahrung. Die Fähigkeiten der Mitarbeiter, einzelne strategische Entscheidungen, Branchenerfahrung und die spezielle Struktur des Unternehmens mit dem komplexen Produktprogramm haben hier vermutlich im Zusammenspiel zentrale Rollen gespielt. Es lässt sich aber nicht einzeln rückverfolgen, wann und wie genau diese Kompetenzen entstanden sind. Daher tun sich Konkurrenten schwer, das Entstehen der Kernkompetenzen zu verstehen und sie nachzuahmen.

3. Sie basieren auf persönlichen Beziehungen, Vertrauen, Kultur u. Ä., das heißt Faktoren, die schwer aufzubauen und zu imitieren sind (*soziale Komplexität*). Das Beispiel unseres Unternehmens, dessen Kernkompetenzen auf dem integrierten Standort fußen, zeigt, dass hier vor allem die persönlichen, abteilungsübergreifenden Netzwerke, die Unternehmenskultur, die Motivation der Mitarbeiter, die Identifikation mit gemeinsamen Zielen, das Erfahrungswissen und vor allem die Bereitschaft, dieses auszutauschen, zentrale Bedeutung haben. Solche Bedingungen zu schaffen, kostet Zeit und viel, oft mühevolle Kleinarbeit.

4. Sie sind durch *Patente* geschützt, wodurch zumindest ein zeitlich begrenzter Wettbewerbsvorteil sichergestellt wird.

Schließlich wollen wir noch auf einen Punkt hinweisen, der aus unserer Sicht wesentlich ist. Grundsätzlich unterscheiden sich alle Unternehmen voneinander. Mehr oder weniger große Differenzen resultieren aus den tangiblen und intangiblen Ressourcen, über die sie verfügen, den besonderen Fähigkeiten, die sie im Laufe der Zeit entwickelt haben, oder den Beziehungen und Netzwerken, die sie aufgebaut haben.

Vorteile eines Unternehmens aufgrund seiner Ressourcen, seiner Fähigkeiten, seines Wissens und seiner Beziehungen können durch die Mitbewerber unterschiedlich leicht und schnell kompensiert werden (siehe Abbildung 5.2). Einzelne tangible und intangible Ressourcen können Kernkompetenzen darstellen, weil sie zu einzigartigen Leistungen oder Effizienzvorteilen führen.[15] Einzelne voneinander unabhängige Ressourcen sind in der Regel vergleichsweise leicht zu imitieren. Schwieriger wird es, wenn das Unternehmen über langjährig entwickelte Fähigkeiten verfügt, unterschiedliche Ressourcen miteinander zu einem Wettbewerbsvorteil zu kombinieren. Häufig bestehen Kernkompetenzen in der einzigartigen Kombination von Ressourcen und in der Fähigkeit, diese permanent weiterzuentwickeln[16]. Die Kernkompetenz vom Internetbuchhändler Amazon liegt beispielsweise in der Kombination der Logistik- und Distributionskompetenz (hinter der hohe Investitionen in die Distributionszentren und Prozessabläufe stehen), in der Internetkompetenz (hinter der hohes Wissen in der Programmierung der kundenorientierten Webpage steckt) und in der enormen Kundendatenbank (in der die Kaufhistorie von Millionen von Kunden gespeichert ist, die es erlaubt, Kundenpräferenzen durch den Vergleich der Kaufhistorie mit dem gesamten Kundenstamm anzustellen und dadurch personalisierte Angebote zu machen). Noch schwerer imitierbar ist Wissen – insbesondere implizites Wissen –, das über Jahre im Unternehmen entstanden ist und hinter Fähigkeiten, Innovationen usw. steht[17]. Entstehen Vorteile durch die Kombination von Ressourcen, Fähigkeiten und Wissen durch Beziehungen und Netzwerke, ist die höchste Stufe der Nicht-Imitierbarkeit erreicht, da sich der Zugang zu solchen Kernkompetenzen, die bei einzelnen Netzwerkpartnern gelagert sind, Unternehmen außerhalb des Netzwerks verschließt und solche Netzwerke nur sehr schwer aufgebaut werden können.[18]

Dauerhafte, kaum imitierbare Differenzen ergeben sich also aus sozialen, immateriellen und nicht „inventarisierten" Faktoren. Damit sind zum Beispiel routinemäßige Abläufe, Organisations- und Kommunikationsstrukturen oder die Unternehmenskultur gemeint. Im Besonderen handelt es sich bei diesen Faktoren um das so genannte implizite Wissen, also nicht artikulierbares Wissen, das über eine langjährige Erfahrung entstanden ist. Aber auch Netzwerke und Beziehungen mit Partnerunternehmen und Stake-

holdern gehören zu den Grundlagen langfristiger Wettbewerbsvorteile.

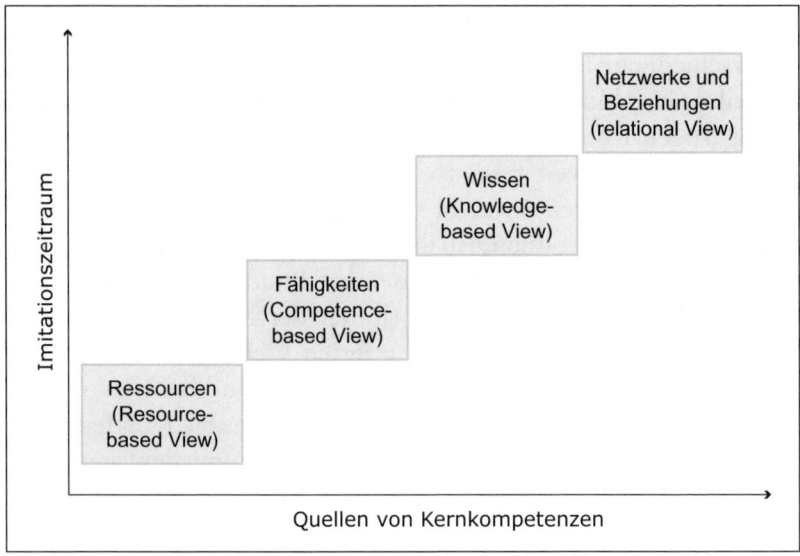

Abbildung 5.2: Kompetenzen und Imitationszeiträume

Wie lassen sich nun Kernkompetenzen identifizieren? Es dürfte
deutlich geworden sein, dass es sich bei Kernkompetenzen häufig
um sehr komplexe, nicht-offensichtliche Ressourcen, Fähigkeiten
usw. handelt. Dennoch gibt es eine einfache, pragmatische Logik
zur Analyse von Kernkompetenzen (siehe Abbildung 5.3).

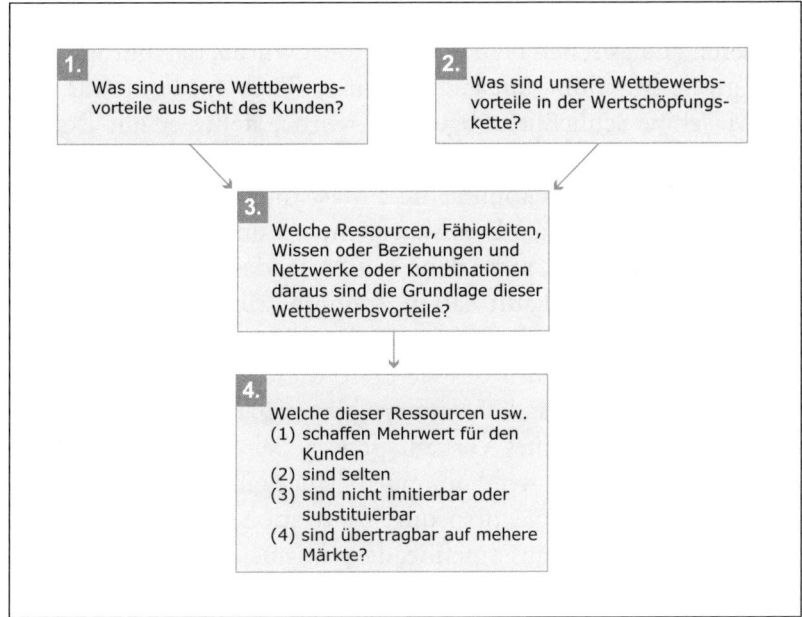

Abbildung 5.3: Die Identifikation von Kernkompetenzen

Üblicherweise beginnen wir mit einer Frage, die auf den ersten Blick sehr einfach scheint: Was sind die Wettbewerbsvorteile aus Sicht des Kunden? Dazu ermitteln wir die Kaufkriterien und vergleichen aufgrund einer Reihe von Kundeninterviews, wie das Unternehmen im Vergleich zu den Konkurrenten beurteilt wird. Das Ergebnis ist ein Stärken-Schwächen-Profil aus Kundensicht. Das klingt recht einfach. Doch die Beschäftigung mit Kaufkriterien ist oft eine wahre Herausforderung. Es stellt sich in den meisten Projekten heraus, dass Kunden ganz andere Kriterien heranziehen und dass die Bewertungen weit von dem abweichen, was das Management geglaubt hat. Es stellt sich aber auch oft heraus, dass Vorteile, die Unternehmen haben, von Kunden gar nicht wahrgenommen werden.

Vor einiger Zeit kontaktierte uns der Geschäftsführer eines Maschinenbauunternehmens. Er erzählte uns von seinem Besuch einiger Unternehmen in China. Als er durch die Fabrikhallen eines größeren chinesischen Herstellers geführt wurde, fiel ihm auf, dass eine große Maschine mit einem weißen Tuch verdeckt war. Als die Maschine schließlich abgedeckt wurde, stellte er mit Erstaunen fest, dass es eine seiner Maschinen war, und bemerkte, dass er sich nicht erinnern konnte, diese Maschine an dieses Unternehmen verkauft zu haben. Das Managementteam, das ihn durch das Unternehmen führte, sagte dann mit Stolz, dass sie diese Maschine nicht von ihm gekauft hatten, sondern selbst nachgebaut hatten, eins-zu-eins. Das Imitat war nicht erkennbar. Er stellte dann die Frage, zu welchem Preis sie diese Maschine verkauften, und er wurde blass, als er die Antwort hörte: 20.000 Euro. Das war genau ein Zehntel seines Verkaufspreises. Wir meinten daraufhin, dass es in diesem Fall wohl nur eine Chance gibt, um am Markt zu überleben: Technologievorsprung, Innovation und Geschwindigkeit. Der Geschäftsführer meinte, dass das auch sein Gedanke war, bis er erfuhr, wie lange die Chinesen brauchten, diese Maschine nachzubauen. Sie schafften es praktisch über Nacht. Dennoch war er optimistisch. Denn er wusste von vielen Kunden, dass sie seine Maschine bevorzugten, da sie sich auf das exzellente Servicenetzwerk verlassen konnten. Sie wussten, dass es nur eine Frage von Stunden, maximal von ein bis zwei Tagen war, bis eine kaputte Maschine repariert oder ein Ersatzteil geliefert werden konnte. Das war sein Wettbewerbsvorteil. Die Chinesen waren bei Weitem nicht in der Lage, das zu garantieren. Und ein längerer Maschinenausfall verursachte beim Kunden derart hohe Kosten, dass sie das Risiko nicht eingehen konnten und die Maschine beim Originalhersteller kauften. Trotzdem gab er sich damit nicht zufrieden, da er wusste, dass es wohl nur eine Frage der Zeit sein wird, bis die chinesischen Konkurrenten ein halbwegs gut funktionierendes Servicenetzwerk errichten. Er erzählte uns aber weiter, dass er einen wohl nicht so leicht einholbaren Vorsprung hatte: Er verfügte über ein Team von exzellenten Produktionsexperten, wie er sie nannte. Sie hatten eine jahrelange Erfahrung in der Optimierung von Produktionsabläufen – nicht zuletzt deshalb, weil der Maschinenbauer vertikal integriert war und eine Fabrik besaß, in der er mit den eigenen Maschinen produzierte. Dies ermöglichte es den Produktionsexperten, Erfahrungen zu sammeln und Wissen aufzubauen, das sie an die Käufer der Maschinen weitergeben konnten. Es handelte sich um wertvolles Wissen, das den Kunden teilweise enorme Effizienz- und Produktivitätssteigerungen brachte. Sobald nämlich eine Maschine gekauft wurde, reisten die Produktionsexperten mit den Monteuren zum Kunden. Als kostenlosen Service untersuchten die Produktionsexperten die Abläufe beim Kunden und berieten sie in der Optimierung der gesamten Abläufe. Kein Konkurrent tat dies und war auch nicht in der Lage, weil niemand über diese Kompetenzen verfügte. Alles deutete darauf hin, dass der Maschinenhersteller hier eine Kernkompetenz hatte. Wir erhielten den Auftrag, weltweit Kundeninterviews durchzuführen, um herauszufinden, wo die Stärken und Schwächen des Unternehmens lagen und wohin sich das Unternehmen entwickeln sollte. Wir befragten zumeist die Produktionsleiter und die Geschäftsführer dieser Unternehmen. Die Produktionsleiter deshalb, weil sie täglich mit den Maschinen zu tun hatten, die Geschäftsführer, weil sie die Kaufentscheidung trafen. Wir untersuchten eine ganze Reihe von Kaufkriterien, ließen sie gewichten und im Vergleich zu den Konkurrenten bewerten. Im Großen und Ganzen waren die Produktionsleiter mit allen Aspekten sehr zufrieden. Als wir die Frage nach dem Nutzen der Produktionsexperten stellten, waren viele der Produktionsleiter schlicht begeistert. Die meisten bestätigten uns, dass die Produktionsexperten höchst qualifiziert waren und dass sie nachhaltig die Produktionsabläufe beim Kunden optimiert hatten. Eine Leistung, die einen wesentlichen Mehrwert für den Kunden darstellte und für die er nicht bezahlen musste. Als wir die Geschäftsführer interviewten, bekamen wir als Erstes Klagen zu hören, dass die Maschinen einfach zu teuer waren. Sie bestätigten uns aber auch, dass die Qualität und der Service in Ordnung waren. Als wir schließlich an die Geschäftsführer die Frage stellten, was sie denn von der „Gratis-Zusatzleistung Produktionsoptimierung" durch die Produktionsexperten hielten, waren die

Antworten überraschend. Die meisten Geschäftsführer meinten: „Gratis-Zusatzleistung!? Bei diesem Unternehmen ist überhaupt nichts gratis. Und von einer Produktionsoptimierung weiß ich schon gar nichts." Das Unternehmen besaß eine Kernkompetenz, die der Kunde nicht wahrnahm. In diesem Fall ließ sich das Problem leicht lösen, indem die Leistung der Produktionsoptimierer bewertet wurde und auf der Rechnung aufschien, um dann gleich wieder abgezogen zu werden.

Es gibt einen Grundsatz: Jede Produkteigenschaft verursacht Kosten, aber nicht jede Produkteigenschaft stiftet Nutzen. In diesem Fall waren es aber mehr als Produkteigenschaften, es waren Kernkompetenzen.

Eine fundierte Analyse der Kundenwahrnehmungen ist deshalb ein wichtiger Baustein der Kernkompetenzanalyse. Nur Kompetenzen, die vom Kunden auch als solche wahrgenommen werden, können Kernkompetenzen sein.

Da kundenorientierte Stärken-Schwächen-Analysen nichts anderes sind als Momentaufnahmen und die Leistungen der Vergangenheit reflektieren, ergänzen wir sie in einem zweiten Schritt mit einer Analyse der Wertschöpfungskette. Dazu untersuchen wir das Wertschöpfungsprofil des Unternehmens. Wir identifizieren die einzelnen Wertschöpfungsstufen (primäre Aktivitäten wie Eingangslogistik, Produktion, Ausgangslogistik, Marketing und Vertrieb sowie den Service und unterstützende Tätigkeiten wie Unternehmensinfrastruktur, Human Resource Management, Technologie-Entwicklung und Beschaffung).[19] Wir bewerten die strategische Bedeutung jeder dieser Tätigkeiten und vergleichen sie mit der Konkurrenz. Das Ergebnis ist eine wertschöpfungsorientierte Stärken-Schwächen-Analyse.

Die spannende Arbeit beginnt dann mit der Analyse, was denn zu den einzelnen Wettbewerbsvorteilen – aus Kundensicht und aus Wertkettensicht – führt. Wir stellen uns also die Frage, welche Ressourcen, Fähigkeiten, Wissen oder Beziehungen und Netzwerke dafür verantwortlich sind, dass das Unternehmen im Vergleich zu den Konkurrenten Stärken aufweist. Jeder identifizierten Stär-

ke versuchen wir also die Treiber zuzuordnen. Dabei gehen wir
Schritt für Schritt vor. Wir untersuchen zunächst die Ressourcen,
dann die Fähigkeiten. Dabei orientieren wir uns an den in Tabelle
5.1 aufgelisteten Ressourcen und den in Tabelle 5.2 dargestellten
Fähigkeiten. Schließlich untersuchen wir die Wissensbestände, Beziehungen und Netzwerke im Unternehmen. In diesem Punkt geht
es beispielsweise um F&E-Netzwerke, Beziehungen zu Regie-
rungen, Beziehungen zu Stakeholdern (Kapitalmarkt, Lieferanten,
usw.) und Beziehungen zu Forschungsinstitutionen u. Ä.

Ressourcen	
Tangible Ressourcen	Finanzielle Ressourcen
	Organisationale Ressourcen • Planungssysteme • Kontrollsysteme • Managementinformationssysteme • Koordinationsmechanismen
	Physische Ressourcen • Standort • Zugang zu Rohmaterialien
Intangible Ressourcen	Technologische Ressourcen • Technologien • Patente • Forschungseinrichtungen • Technische und wissenschaftliche Mitarbeiter
	Reputation • Marken • Kundenbeziehungen • Reputation bei den Stakeholdern
	Humanressourcen • Ausbildung und Erfahrung der Mitarbeiter • Flexibilität der Mitarbeiter • Commitment und Loyalität der Mitarbeiter • Vertrauen und Zusammenarbeit

Tabelle 5.1: Tangible und intangible Ressourcen[20]

Funktionsbereich	Fähigkeit
Corporate Function	• Financial Control • Strategisches Management der Geschäftseinheiten • Strategische Innovation • Multidivisionale Koordination • Akquisitionsmanagement • Internationales Management
Managementinformation	• Gut funktionierendes Managementinformationssystem und MIS-basierte Entscheidungsfindung
Forschung & Entwicklung	• Forschungskapazitäten • Produktentwicklungskompetenzen • Prozessentwicklungskompetenzen
Logistik	• Logistikkompetenz • Prozessbeherrschung • Schnittstellenmanagement
Produktion	• Nutzung von Skalenerträgen • Kontinuierliche Verbesserung • Flexibilität
Produktdesign	• Designfähigkeiten
Marketing	• Brand Management • Reaktionsfähigkeit auf Marktbedürfnisse • Kundenbeziehungsmanagement
Vertrieb	• Effizienz in Akquisition und Auftragsabwicklung • Schnelligkeit in der Distribution • Qualität des Kundenservice

Tabelle 5.2: Beispiele für Fähigkeiten[21]

Das Ergebnis ist schließlich eine Liste von Ressourcen, Fähigkeiten, Wissen, Beziehungen und Netzwerken, die verantwortlich für das Entstehen von Wettbewerbsvorteilen sind. Oft entstehen Wettbewerbsvorteile erst durch eine Kombination einzelner Ressourcen, Fähigkeiten usw. Daher muss an dieser Stelle auch dem Zusammenwirken der einzelnen Treiber der Wettbewerbsvorteile, den Kompetenzbündeln, nachgegangen werden.

Im letzten Schritt testen wir nun, ob die so identifizierten Treiber der Wettbewerbsvorteile nun tatsächlich Kernkompetenzen sind. Dazu verwenden wir ein einfaches Schema bestehend aus vier Fragen, die in Abbildung 5.4 dargestellt sind.

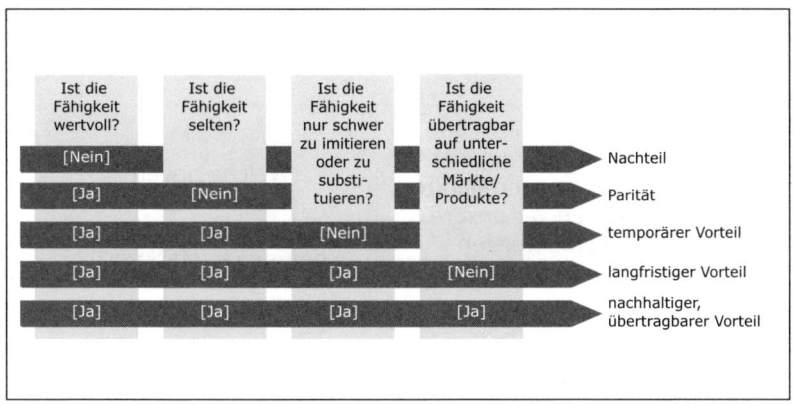

Abbildung 5.4: Identifikation von Kernkompetenzen[22]

Management der Kernkompetenzen

Top-Unternehmen verfügen über einzigartige Ressourcen- und Fähigkeitsbündel. Top-Führungskräfte geben sich niemals mit dem Erfolg von heute zufrieden. Sie suchen permanent neue Chancen und Potenziale zu nutzen. Sie kennen die Kernkompetenzen ihres Unternehmens genau, sie wissen aber auch, worin ihre Grenzen liegen und welche Kompetenzen für die Zukunft aufzubauen sind. Sie sind Meister im Management der Kernkompetenzen und suchen permanent Antworten auf folgende Fragen (siehe Abbildung 5.5):

• In welchen neuen Produkten oder Märkten können wir unsere Kernkompetenzen ausspielen und dadurch neue Erfolgspotenziale aufbauen?

- Welche neuen Kompetenzen benötigen wir in den neuen Märkten?
- Wie können wir unsere bestehenden Kernkompetenzen weiterentwickeln oder schützen?
- Welche neuen Kompetenzen benötigen wir in den bestehenden Märkten?

Abbildung 5.5: Management von Kernkompetenzen

Von der Kernkompetenz zu neuen Geschäftsfeldern

Die Kardinalfrage im Kompetenzmanagement ist: Gibt es irgendwelche Produkte oder Märkte, in denen wir unsere Kernkompetenzen ausspielen können? Viele der erfolgreichsten Unternehmen sind darin Meister. Sie verstehen es, die Hebelwirkung ihrer Kernkompetenzen zu nutzen. Es gibt zahlreiche Beispiele von Eintritten in neue Geschäftsfelder, die erfolgreich waren, weil Unternehmen Kernkompetenzen besaßen, die transferiert werden konnten. Eines davon ist der Skihersteller Fischer.[23]

Dem österreichischen Skihersteller gelang es, sich aufgrund seiner Entwicklungskompetenz nachhaltig als Lieferant für die Luftfahrtindustrie zu etablieren. Zu den Stammkunden zählen Unternehmen wie Boeing oder Airbus. Fischer Advanced Composite Components, kurz FACC, hat sich auf die Entwicklung und Herstellung von Kunststoffleichtbauteilen spezialisiert und ist damit seit mehr als zehn Jahren international äußerst erfolgreich.

Ausgangspunkt dafür war die Entwicklungsarbeit rund um eine neue Generation von Langlaufskiern. Fischer entwickelte sich seit seiner Gründung zu einem der renommiertesten Hersteller von Alpin- und Langlaufskiern. Superstars wie Franz Klammer oder Markus Wasmeier vertrauten auf die Produkte aus Ried im Innkreis. Die Produktexzellenz basierte dabei schon immer auf einem revolutionären Forschungs- und Entwicklungsgeist. Immer wieder gelang es Fischer, sowohl bei Alpin- als auch bei Langlaufskiern technologische Sprünge zu vollziehen.

In dieser Tradition setzte man sich bei Fischer in den 1970er-Jahren ein sehr herausforderndes Ziel. Es galt einen besonders leichten, unzerbrechlichen Langlaufski zu entwickeln. Die Entwickler versuchten nicht, das Bestehende zu optimieren, sondern setzten auf eine völlig neue Produktionstechnologie, die es erlauben sollte, extrem leichte Verbundkomponenten aus faserverstärktem Fiberglas herzustellen. Das Resultat war beeindruckend, es wurde möglich, Langlaufskier mit einem maximalen Gewicht von 1.000 Gramm und einer besonderen Stabilität herzustellen. Fischer hatte mit dieser Technologie eine eindeutige Kernkompetenz entwickelt.

Nichtsdestotrotz wurde auch Fischer Ende der 1970er-Jahre von der Stagnation am internationalen Skimarkt getroffen. In der Entwicklungsabteilung waren zu dieser Zeit rund 50 Mitarbeiter beschäftigt, als vom Finanzvorstand die Nachricht kam, dass die Entwicklungskosten reduziert werden müssten. Walter Stephan, heute FACC-Geschäftsführer und Vorstandsvorsitzender, hatte damals gerade die Leitung der Forschungs- und Entwicklungsabteilung der Fischer-Gruppe übernommen. Nach längeren Überlegungen wurde beschlossen, nicht – wie so oft üblich – das Personal zu reduzieren, sondern darüber nachzudenken, ob und in welcher Form das Know-how der neuen Produktionstechnologie anderen Sparten angeboten werden könnte. Stephan, selbst ein Technologiefreak und begeisterter Hobbypilot, war davon überzeugt, dass das Know-how zur Produktion von besonders leichten und extrem stabilen Teilen insbesondere für die Luftfahrtindustrie interessant sein müsste.

Kurz nachdem die Aktivitäten als Entwicklungsbetrieb aufgenommen wurden, war Airbus Industries 1981 die erste Firma, die Flugzeugkomponenten bei Fischer bestellte. In den nächsten Jahren sollten Verträge mit McDonnell Douglas, Boeing u. a. folgen. Walter Stephan meint dazu heute im Rückblick: „Wir waren extrem motiviert und begannen zu forschen. Bald jedoch stellten wir fest, dass niemand Interesse an reiner Entwicklungsarbeit hat." Die Kundenbedürfnisse gingen wesentlich weiter bis hin zum Product Support. Fischer berücksichtigte dieses. Ab 1985 wuchsen die Aufträge aus diesem Markt so stark, dass bei Fischer ein eigener Bereich Luftfahrt geschaffen wurde. Obwohl die F&E-Abteilung weiter wuchs, kamen aufgrund der steigenden Nachfrage aus der Luftfahrt die Entwicklungen im Sportartikelbereich etwas zu kurz, was zur Folge hatte, dass 1989 schließlich die Ausgliederung aus dem Konzern und die Gründung der FACC GmbH, einer 100%igen Fischer-Tochtergesellschaft, erfolgte. In den folgenden Jahren gelang es FACC, sich erfolgreich unter den führenden amerikanischen und europäischen Flugzeugkomponentenherstellern zu etablieren. 2005 erwirtschaftete FACC mit 1.140 Mitarbeitern einen Umsatz von 150 Millionen Euro.

Die erste Entwicklung von FACC waren 1981 Strukturbauteile, bald folgten auch Teile für den Flugzeuginnenbau. Heute produzieren sie Komponenten für Triebwerksverkleidungen ebenso wie Steuerflächen am Rumpf und am Leitwerk. So werden die Landeklappen verschiedener Airbus-Typen gefertigt, ebenso Triebwerksverkleidung und Flugzeugnase des Airbus 340 etc. Konkurrent Boeing setzt ebenfalls auf die Qualitätsteile von FACC:

Richard L. James, Boeing-Europa-Chef, meint: „Die FACC hat immer bewiesen, dass sie ihre Innovationen zu vernünftigen Marktpreisen anbieten und das auch einhalten kann." Die Grundlage für diesen erfolgreichen Eintritt in die Luftfahrtindustrie waren die Kernkompetenzen, entwickelt zunächst in der Skiproduktion.

Kompetenzdefizite in den neuen Märkten erkennen

In der Regel reicht die Übertragung von Kernkompetenzen auf neue Märkte und Produkte nicht aus, zumeist müssen neue zusätzliche Kompetenzen erworben werden. Dazu bedarf es einer konsequenten Marktorientierung, wofür ein tiefes Verständnis der Marktspielregeln erforderlich ist.

Im Jahre 1994 erhielt Jeff Bezos den Auftrag, attraktive, vielversprechende Internetfirmen zu finden, in die sein Arbeitgeber, die D. E. Shaw & Company, investieren konnte. Zu diesem Zeitpunkt hatte das Internet enorme Wachstumsraten, die Benutzeranzahl stieg um monatlich 2.300 %. Bezos begann darüber nachzudenken, welche Produkte und Dienstleistungen über das Internet am besten zu verkaufen wären und entwickelte zunächst eine Liste von 20 Produkten. Zwei Monate später durchquerte er mit seiner Frau Amerika. Während sie am Steuer saß, entwarf Bezos am Notebook einen Businessplan und begann Investoren zu suchen. Bezos entschied sich für Bücher. Es war in diesem Markt kein dominierender Anbieter vorhanden. Der größte war Barnes & Noble mit einem Marktanteil von 15 % im Jahre 1994. Amazon. com wurde gegründet. Der Erfolg des Unternehmens – Amazon ist seit 2003 als eines der wenigen damals gegründeten Dot.Coms in der Gewinnzone – fußt auf den Kernkompetenzen in der Logistik, in der Kundenorientierung mit der Individualisierung des Angebots und in den dazu notwendigen IT-Kompetenzen. Was zunächst bei Büchern gut funktionierte, wurde systematisch auf andere Bereiche ausgedehnt. Jeff Bezos suchte kontinuierlich nach neuen Produkten und Märkten, in denen er die Kernkompetenzen ausspielen konnte. Zunächst wurden Musik-CDs und Videos in das Programm aufgenommen. Es wurden elektronische Produkte ebenso aufgenommen wie Software, Videospiele, elektronische Grußkarten, Online-Auktionen, DVDs. Mit seinen mehr als 7.800 Mitarbeitern verkauft Amazon heute seine Produkte in insgesamt 220 Ländern auf allen Kontinenten.

Amazon musste allerdings auch die Erfahrung machen, dass seine Kernkompetenzen nicht immer reichten, um erfolgreich in neue Märkte einzutreten. Als Amazon 1999 Spielwaren in das Angebot aufnahm, erlitt man einen herben Rückschlag. Im Spielwarengeschäft ist das Weihnachtsgeschäft ausschlaggebend, damit wird ein großer Teil des Umsatzes gemacht. Amazon erwartete sich ein Millionengeschäft, das Unternehmen blieb aber auf Unmengen von Spielwaren sitzen und verbuchte Verluste in Höhe von 39 Millionen Dollar bei einem Umsatz von 95 Millionen.[24] Was war der Grund? Offensichtlich reichten die Kernkompetenzen nicht aus. Was Amazon übersehen hatte, war eine Kompetenz, die in dieser Branche ganz entscheidend ist. Da ein Großteil des Umsatzes im Weihnachtsgeschäft erzielt wird, muss man bereits im Frühjahr bis Sommer des Jahres das Produktsortiment bestimmen und Marketingmaßnahmen starten. Dazu muss man eine von zwei Fähigkeiten besitzen: (1) Man muss die Erfahrung oder Intuition besitzen, um zu erahnen, was die Renner im Weihnachtsgeschäft sein werden, oder (2) man muss in der Lage sein, die Trends zu be-

einflussen. Beide Fähigkeiten fehlten Amazon. Die Lager blieben
voll mit Produkten, die niemand wollte.

Im gleichen Jahr versuchte der größte Spielwarenhersteller
Toys'R'Us den Eintritt in das Internetgeschäft. Toys'R'Us' Stärken waren in der großen Auswahl, auch beherrscht das Unternehmen die Spielregeln des Markts, es hat zweifelsfrei die Kompetenzen, die Amazon fehlten: Kernkompetenzen im Einkauf und in
der Vermarktung. Dennoch wurde auch dieses Geschäft zu einer
herben Enttäuschung. Tausende von Kunden warten heute noch
auf die Geschenke, die sie damals für ihre Kinder bestellten. Viele
kamen nie an. Toys'R'Us scheiterte an der Logistik. Die Fede-
ral Trade Commission verhängte sogar eine Strafe in Höhe von
350.000 Dollar.

In beiden Fällen hatten die Unternehmen eindeutige Kernkompetenzen in ihren Kernmärkten, aber auch Defizite in Kompetenzen, die in den neuen Märkten gefordert waren. Es lag sowohl für Jeff Bezos als auch für John Eyler von Toys'R'Us auf
der Hand, was zu tun war. Im Jahre 2000 unterzeichneten sie eine
strategische Allianz, in der sich die Kernkompetenzen der beiden
Unternehmen ergänzten. Toys'R'Us übernahm das Einkaufsma-
nagement und die Lagerrisiken, Amazon die Webseitengestaltung,
die Lagerhaltung und den Kundenservice. Die Allianz gestaltete
sich zunächst erfolgreich, bis Streitigkeiten über Verpflichtungen
innerhalb der Allianz im Jahre 2004 ausbrachen.

Dieses Beispiel verdeutlicht, wie wichtig es ist, die Spielregeln
des neuen Markts zu verstehen und zu beherrschen. Wenn die er-
forderlichen Kompetenzen intern nicht entwickelt werden können,
sind Mergers & Acquisitions oder strategische Allianzen Möglichkeiten, diese zu erwerben. Allerdings – so zeigen die Erfahrungen
in der Praxis – scheitern etwa zwischen 40 bis 60 % dieser Initiativen. Ein zweites Risiko besteht in der Schwierigkeit der Integration der Kernkompetenzen, ein drittes im Kompetenzabfluss.

Kernkompetenzen unermüdlich weiterentwickeln

Ein weiteres Merkmal der Top-Unternehmen ist die permanente Weiterentwicklung der Kernkompetenzen. Dies erfordert natürlich kontinuierliche Investitionen in deren Ausbau. Hebelwirkungen in der Weiterentwicklung der Kernkompetenzen entstehen meist dann, wenn Lernmöglichkeiten gesteigert werden. Das ist vor allem der Fall, wenn die Kernkompetenzen (1) in unterschiedlichen Bereichen zum Einsatz kommen und (2) systematisch Lernchancen genutzt werden. Damit kann der Transfer von Kernkompetenzen in unterschiedliche Bereiche zu deren Weiterentwicklung wesentlich beitragen.

Neue Kernkompetenzen für bestehende Märkte erwerben – Die Gefahr der „Core Rigidities"

Oskar Barnack, Hobbyfotograf und Werkmeister der Kinoversuchsabteilung der Ernst-Leitz-Werke zu Wetzlar, wollte Menschen einfach lebendig und lebensnah im Bild festhalten, ohne schwere Fotoplatten und Stative zu schleppen, nur um ein Foto zu machen. 1925 entwickelte er die erste Kleinbildkamera, die bald zur Serienproduktion gebracht wurde. Für die professionellen Fotografen war die Kamera ein Spielzeug, für die fotografierende Öffentlichkeit eine Sensation. „Bis dahin war es immer so, dass die Welt zur Kamera kam. Mit der Leica kam die Kamera zur Welt", erklärte Hans-Peter Cohn, Leica Camera AG[25]. Große Fotografenlegenden wie Henri Cartier-Bresson oder Robert Capa waren von der Leica begeistert. Berühmte Bilder, wie das Hissen der russischen Fahne auf dem Berliner Reichstag, Kordas berühmtes Che-Guevara-Porträt, wurden mit der Leica gemacht. Weltweit stand der Technologieführer Leica für deutsche Qualität, Beständigkeit, einfache wie geniale Technik, ohne Schnickschnack. Die Kernkompetenz bestand in der Optik und Mechanik. Nach jahrelangen Umsatzrückgängen schrieb das Unternehmen 2003 Verluste, ebenso wie 2004 und 2005. Leica widersetzte sich jahrelang dem Trend zur Digitalfotografie und ging davon aus, dass sich die anspruchsvollen Leica-Kunden weniger für Megapixel als für das fotografische Erlebnis interessierten und höchste Qualität von der Optik über die Mechanik bis zum fertigen Bild suchten.[26] Des Weiteren ging das Management davon aus, dass sich die eigenen Kernkompetenzen nicht in der digitalen Fotografie umsetzen ließen, und wehrte sich gegen die Digitaltechnik, da die Qualität lange Zeit nicht an jene der Analogietechnik herankam. Der Eintritt in die Digitalfotografie kam, vermutlich aber zu spät und mit zu wenig Nachdruck.

Ähnlich ging es vielen Herstellern von TV-Geräten, die die Bildröhre jahrelang weiterentwickelten und den Trend zu den Flatscreen TVs lange ignorierten und schließlich verschliefen.

Im Neuaufbau von Kernkompetenzen für die bestehenden Märkte liegen für viele Unternehmen zentrale und zugleich schwierige Herausforderungen. Vor allem dann, wenn technologische Veränderungen alte Kompetenzen obsolet machen oder wenn neue Kundenanforderungen entstehen. Unternehmen, die über starke Kernkompetenzen verfügen, unterliegen einer großen Gefahr, die Dorothy Leonard-Barton[27] als „Core Rigidities" bezeichnete. Starke Kernkompetenzen können gleichzeitig Core Rigidities sein, die das Unternehmen daran hindern, neue Kompetenzen zu akquirieren.

Wie können Unternehmen dieses Dilemma umgehen? Wir stellten diese Frage Michael Mirow, dem langjähriger Leiter der strategischen Planung von Siemens. „Kernkompetenzen können Käfige sein, wenn es um radikale Innovationen geht", war seine Antwort und er verwies uns auf ein Konzept, das bei Siemens zum Einsatz kommt und sich bewährte.[28]

Bei diesem Konzept werden inkrementale Innovationen von revolutionären Durchbruchsinnovationen unterschieden. Zur Planung der inkrementalen Innovationen werden Produkt- und Technologieroadmaps verwendet, für radikale Innovationen Retropolationen.

Die Produktroadmap ist eine zeitlich gereihte Darstellung aller künftigen Generationen von Produkten oder Produktgruppen. Der Zeithorizont richtet sich nach der Dauer der Produktlebenszyklen und der geschätzten Dauer einer Produktentwicklung, von zwei Jahren bei PCs bis zu 10 Jahren bei Dampf- und Gasturbinen im Kraftwerksbau. Produktverantwortliche, Technologen und Branchenexperten erarbeiten gemeinsam mit Schlüsselkunden und -lieferanten mögliche Zukunftsoptionen, leiten daraus Produktideen und Abfolgen von Produktgenerationen ab. Das Vorgehen ist extrapolativ, man geht vom bestehenden Produktprogramm aus.

Das zweite Instrument sind die Technologieroadmaps, die die Produktroadmaps ergänzen. Auch die Technologieroadmaps sind extrapolativ. Ihre Aufgabe ist es, rechtzeitig die Technologien zu identifizieren, die für die künftigen Produkte angewendet werden können. Dabei müssen Kernkomptenzen kontinuierlich weiterentwickelt und fehlende Kompetenzen bzw. Technologien erworben werden.

Die Gegenüberstellung der Technologie- und Produktroadmaps führt zu einer Abstimmung der F&E-Strategie und zur entsprechenden Kompetenz- und Technologieentwicklung.

Bei Technologie- und Produktroadmaps bewegt man sich auf „bekannten und extrapolierbaren, geschäftlichen und technologischen Pfaden"[29]. Innovationen bauen auf den Kernkompetenzen des Unternehmens auf, die auch kontinuierlich weiterentwickelt werden. Die „Entwicklungstrajektorien" werden dabei aber nicht verlassen, radikale Umbruchsinnovationen sind dadurch kaum möglich. Man geht von bestehenden Produkten und Kompetenzen aus, die „extrapoliert" werden.

Um radikale Umbruchsinnovationen zu erreichen und „Core Rigidities" zu vermeiden, kombiniert man Extrapolationen mit Retropolationen. Dabei verbindet man Zukunftsvisionen mit dem gegenwärtigen Produkt- und Technologieportfolio (siehe Abbildung 5.6).

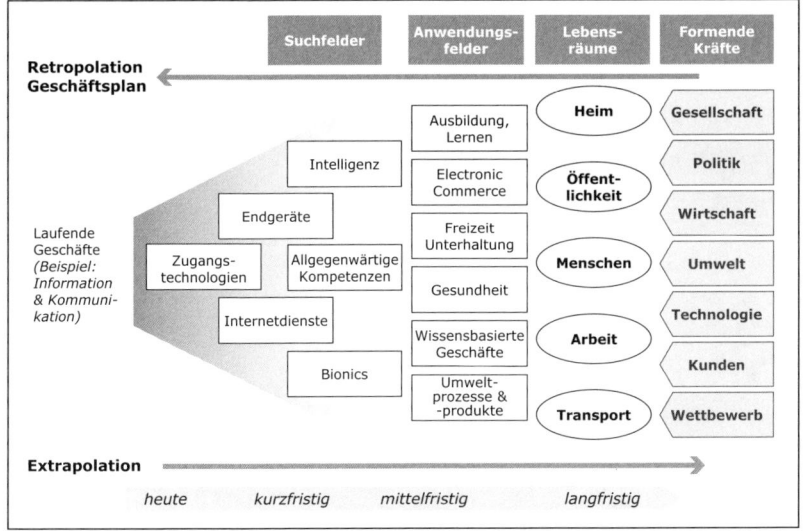

Abbildung 5.6: Strategic Visioning bei Siemens[30]

Ausgangspunkt für die Retropolation sind zunächst die „formenden Kräfte" (Gesellschaft, Politik, Wirtschaft, Umwelt usw.), die die Lebensräume der Menschen (Heim, Öffentlichkeit usw.) beeinflussen. Daraus werden technische Anwendungsfelder (z. B. Ausbildung, Gesundheit, usw.) abgeleitet, die in konkrete Suchfelder für spezifische Technologien übertragen werden. Hier treffen sich die aus den Roadmaps abgeleiteten Technologien mit den „retropolierten" Technologieentwicklungen. Durch diesen Abgleich der beiden unabhängigen Überlegungen wird sichergestellt, dass einerseits bestehende Technologien und Kompetenzen weiterentwickelt und andererseits neue wichtige Kompetenzfelder und -defizite erkannt werden. Die Verknüpfung von Extrapolation und Retropolation macht es möglich, dass revolutionäre Durchbruchsinnovationen herausgearbeitet werden, die auf Diskontinuitäten von Technologien, Anwendungen oder Märkten zurückzuführen sind.

6

Unternehmenskultur: Das schlummernde Potenzial

Peter Drucker, wohl einer der bedeutendsten Management-Denker, schrieb bereits vor einigen Jahren in der Harvard Business Review: „Der einzige komparative Wettbewerbsvorteil, den entwickelte Länder heute besitzen, besteht in ihrem großen Aufgebot an Wissensarbeitern ... Die noch immer zu wenig beachtete und erschreckend geringe Produktivität von Wissen und Wissensarbeitern muss kontinuierlich und systematisch gesteigert werden."[1] Erfolgreiche Unternehmensführung, so argumentierte Drucker, wird in zunehmendem Maße Wissen über Vorgänge und Bedingungen innerhalb und außerhalb des Unternehmens erfordern. Das Problem besteht allerdings darin, dass Wissen als Ressource weitgehend den Wissensarbeitern selbst gehört. Wissensarbeiter tragen ihr Wissen in ihren Köpfen mit sich und es kann an jeden Arbeitsplatz mitgenommen werden. Dieses Wissen fruchtbar zu machen, erfordert eine starke Orientierung an den Mitarbeitern. Nur jene Unternehmen, denen es gelingt, Werte für die Mitarbeiter zu schaffen, werden in der Lage sein, sie zu binden und deren Potenziale zu nutzen.

Die Quellen der Wertschöpfung haben sich in den letzten Jahren radikal verändert. Eine Analyse des Market-to-Book-Ratio der Standard & Poor's 500 belegt eindeutig, dass die Bedeutung der intangiblen Assets deutlich gestiegen ist (siehe Abbildung 6.1). Während tangible Vermögenswerte noch Anfang der 1980er relativ stark ins Gewicht fielen, ist der Marktwert der Unternehmen heute im Schnitt ein Drei- bis Vierfaches des Buchwerts (Anlage- und Umlaufvermögen abzüglich der jeweiligen Verbindlichkeiten). Selbst die Korrektur im Rahmen der Dot.Com-Blase änderte nichts am langfristigen Trend.

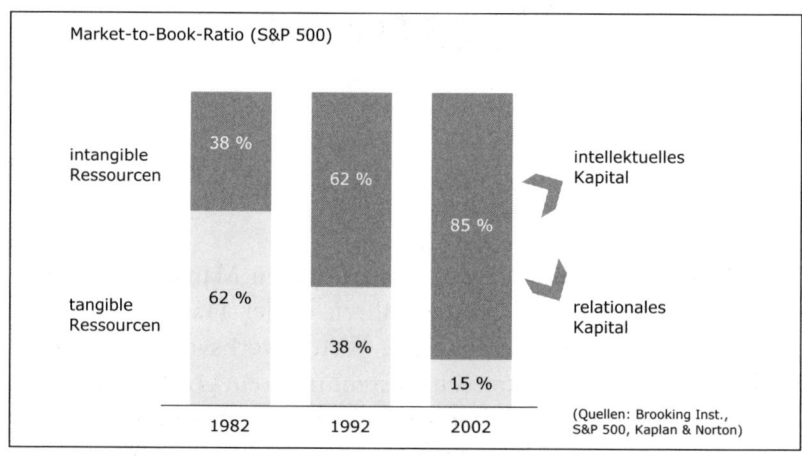

Abbildung 6.1: Market-to-Book-Ratio

Intangible Vermögenswerte können grob in zwei Gruppen geteilt werden: intellektuelles Kapital (z. B. Humanressourcen, Wissen, Innovationsfähigkeit usw.) und Beziehungsressourcen (z. B. Marken, Reputation, Stakeholder-Beziehungen usw.). Wie das Zitat von Peter Drucker eingangs zum Ausdruck bringt, ist Wissen einer der entscheidensten Wettbewerbsfaktoren der industrialisierten Nationen.

In der Management-Theorie spricht man mittlerweile von einer „Knowledge-Based View of the Firm"[2]. Sie basiert auf folgenden Annahmen:[3]

- Wissen ist hinsichtlich ihrer strategischen Bedeutung für die Wertsteigerung eines Unternehmens die wichtigste Ressource.
- Im Unterschied zu anderen Ressourcen ist Wissen unerschöpflich und wird durch seine Nutzung nicht verbraucht.
- Wissen ist aufgrund seiner charakteristischen Eigenschaften, etwa durch den starken Kontextbezug, nur begrenzt übertragbar.
- Menschen sind die Grundbausteine der Wissensprozesse, Wissen befindet sich in den Köpfen der einzelnen Mitarbeiter.

Eine zentrale Herausforderung ist es nun, Wissen in Unternehmen zu organisieren und nutzbar zu machen, denn Wissen ist die Grundlage für Innovation und Innovation ist die Grundlage für Wettbewerbsfähigkeit. Wie im eingangs erwähnten Zitat von Peter Drucker besteht der einzige Wettbewerbsvorteil der industrialisierten Nationen in den Wissensarbeitern, den so genannten „Gold Collar Workers"[4]. Doch selbst ausreichend hoch qualifizierte Mitarbeiter sind schon lange kein Alleinstellungsmerkmal der industrialisierten Nationen mehr. Deutschlands Hochschulen produzieren pro Jahr etwa 40.000 Ingenieure, in Indien verlassen jedes Jahr etwa 200.000 Ingenieure die Hochschule – Absolventen, die nicht nur hoch qualifiziert sind, sondern auch hoch motiviert und für ein relativ geringes Gehalt ihre Leistungen anbieten. Auch an dieser Front verschärft sich also der Wettbewerb.

Um Wissensressourcen aufzubauen und zu nutzen, müssen Mitarbeiter den Kern der Betrachtung bilden, denn nur die einzelnen Mitarbeiter als Wissensträger können die Wissensprozesse beeinflussen. Die Qualität der Prozesse wird dabei wesentlich vom Engagement jedes einzelnen Mitarbeiters bestimmt[5]. Die „zu wenig beachtete und erschreckend geringe Produktivität von Wissen und Wissensarbeitern muss kontinuierlich und systematisch gesteigert werden"[6], Voraussetzung dafür ist das Engagement jedes einzelnen Mitarbeiters. „Engagement", so schreibt Argyris, „hat mit dem Freisetzen von menschlichen Energien zu tun und mit dem Aktivieren unserer Verstandeskräfte. Ohne Engagement wäre die

Durchführung jeder neuen Initiative oder Idee ernstlich gefährdet."[7]

Ausgehend von dieser Erkenntnis ist es interessant, zu sehen,
wie die Top-Entscheider das Engagement der Mitarbeiter in ihren Unternehmen einstufen. Bei Top-Unternehmen – wir bezeichneten sie als „Veränderer" – gehen die Führungskräfte davon
aus, dass sich 70 % der Mitarbeiter für das Unternehmen engagieren, in den durchschnittlichen Unternehmen waren es lediglich
60 %.

Woran kann das liegen? Die Antworten der Führungskräfte zeigen, dass die Ursachen für mangelndes Engagement in erster Linie
im Verhalten der Führungskräfte selbst gesehen werden. Vielfach
sind sie laut Aussagen der Entscheidungsträger nicht in der Lage,
die Mitarbeiter für die Aufgaben zu begeistern, ihre Leistung zu
schätzen, klare Ziele zu formulieren und eine Kultur des Vertrau-
ens im Unternehmen aufzubauen.

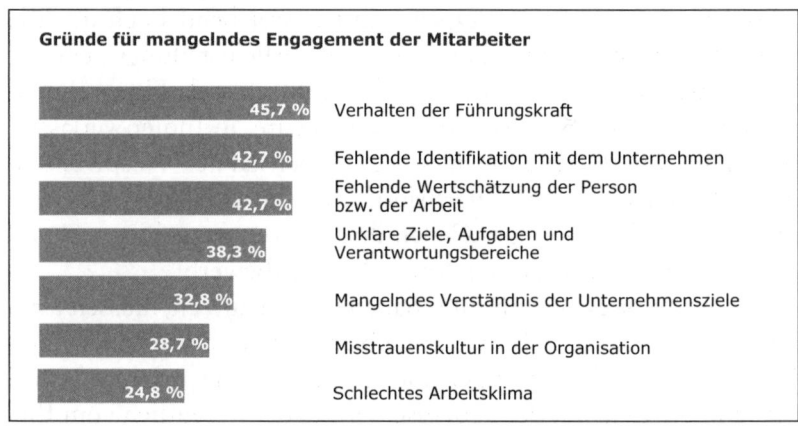

Abbildung 6.2: Das mangelnde Engagement der Mitarbeiter

Wenn man sich mit der Entstehung von Engagement vertiefend
beschäftigen will, ist es aus unserer Sicht notwendig, zwei Dimensionen zu betrachten. Dabei gilt es zunächst, zu verstehen, was die
grundsätzlichen Voraussetzungen sind, damit sich Engagement
in Gruppen überhaupt entwickeln kann. Darauf aufbauend ist es

möglich, sich mit den tatsächlichen Auslösern von zielgerichtetem Engagement zu befassen.

Wertvolle Erkenntnisse zu den grundsätzlichen Voraussetzungen für die Entstehung von nachhaltigem Engagement liefern sowohl die Arbeiten von Stewart Wolf als auch von Robert Putnam. Beide haben sich über Jahre hinweg mit besonderen gesellschaftlichen Phänomenen beschäftigt. Dabei gelang es ihnen insbesondere, zu zeigen, welche Bedeutung Eingebundensein in eine Gemeinschaft, das Erfahren von Vertrauen innerhalb einer Gruppe und die Identifikation mit Werten der Gruppe für die Entwicklung des einzelnen Individuums und der Gruppe insgesamt haben können.

Bezüglich der Auslösung von zielgerichtetem Engagement liefern die Arbeiten von Viktor Frankl, Arzt und Psychiater, brauchbare Erkenntnisse. Die in Unternehmen vielfach angewandten Ansätze zur Steigerung der Motivation von Mitarbeitern können nach seinen Erkenntnissen keine nachhaltige Wirkung erzeugen. Wir werden später noch darauf zurückkommen.

Werte und Identität als Basis für Engagement

Roseto, eine kleine italoamerikanische Gemeinde in Northampton County, Pennsylvania stellte die Mediziner in den 1960er-Jahren vor ein schier unlösbares Rätsel.[8] Die Einwohner waren die gesündesten in den ganzen USA. Nur einer von 1.000 der männlichen Einwohner starb an einem Herzinfarkt, im US-Schnitt waren es 3,5, bei den Frauen war die Todesrate noch niedriger, 0,6 pro 1.000 im Vergleich zum nationalen Durchschnitt von 2,09. Sie hatten auch eine längere Lebenserwartung und litten weniger häufig an Geisteskrankheiten und an Magengeschwüren.[9] Die Einwohner von Roseto rauchten genauso viel oder wenig wie durchschnittliche amerikanische Bürger, sie hatten ganz normale Essensgewohnheiten, betrieben durchschnittlich viel Sport, hatten ähnliche ethnische und genetische Wurzeln und zeigten sogar eine überdurchschnittlich hohe Fettleibigkeit. Analysen der Sterbeurkunden, Krankenhausaufzeichnungen, Autopsien usw. brachten keine Erklärungen für dieses Phänomen. Die Bürger von Roseto verwendeten auch das gleiche Wasser wie die Nachbargemeinden, dieselben Ärzte waren dort tätig. In mehrjährigen Studien analysierten Scharen von Ärzten und Wissenschaftlern die Krankengeschichten, nahmen Blut- und Urinproben, maßen den Blutdruck und machten Elektrokardiogramme – ohne Ergebnisse. Das Phänomen war medizinisch nicht zu erklären. Als Benjamin Franklin, ein niedergelassener Arzt in Roseto, dem Gesundheitssoziologen Stewart Wolf erzählte, dass er kaum einen Patienten unter 50 Jahren mit Herzkrankheiten sah, wurde dieser aufmerksam und begann sich für Roseto zu interessieren. Sein Zugang war ein anderer, kein medizinischer. Er vermutete vielmehr, dass die Ursache in sozialen Bedingungen lag.

Roseto wurde Ende des 19. Jahrhunderts von italienischen Auswanderern gegründet. Von Beginn an hatten sie es schwer. Sie wurden von ihren angelsächsischen Nachbarn nicht akzeptiert. Sie hatten auch nicht die gleichen Chancen auf gute Jobs, die Italiener waren gerade gut genug „to work in the whole or throw out the rubbish"[10]. Vermutlich gerade deshalb hielten die Einwohner zusammen und unterstützten sich gegenseitig. Stewart Wolf und John G. Bruhn fiel auf, dass sie besonders lebhaft, unternehmenslustig und optimistisch waren. Roseto hatte eine eigene Kultur, geprägt von altmodischen Werten und Bräuchen. Die Familie und die Gemeinschaft waren ihnen wichtig, sie respektierten die alten Leute und in Notsituationen half man sich gegenseitig aus. Es fiel auch auf, dass es viele Clubs und Organisationen gab, die dem gegenseitigen Helfen gewidmet waren. Gegenseitiges Vertrauen und Solidarität und auch das Wissen, dass man sich auf andere verlassen kann, prägte das Zusammenleben. Der Verdacht, dass es zwischen diesen sozialen Faktoren und der Gesundheit eine Beziehung geben musste, erhärtete sich nach zahlreichen Interviews und Beobachtungen. Eine starke Gemeinschaft, eine emotional unterstützende soziale Umgebung, gegenseitiges Vertrauen, gemeinsame Werte und enge Beziehungen untereinander waren die Ursachen für die außergewöhnliche Gesundheit der Einwohner von Roseto. Der Zusammenhang zwischen sozialen Beziehungen und Gesundheit war bestätigt. Erst recht, als die Forscher nach einigen Jahren feststellten, dass sich die Lebensgewohnheiten „amerikanisierten" und daraufhin die Unterschiede in der Gesundheit verschwanden.[11]

Der Unterschied zwischen dem reichen italienischen Norden und dem armen Süden gleicht dem wachsenden Unterschied zwischen der Ersten und Dritten Welt[12]. Unzählige Initiativen der italienischen Regierung und der EU scheiterten an dem Ziel, den Süden wirtschaftlich auf die Beine zu helfen. Arbeitslosenraten um die 20 %, ein fast über 40 % niedrigeres Bruttosozialprodukt pro Kopf als im Norden, ein Drittel weniger Privatkonsum usw. zeugen vom Rückstand des Mezzogiorno. Es wurde viel über die Gründe spekuliert. Die ungünstige geografische Lage, mangelnde Industrialisierung, auch die Mafia und oft auch die Einstellung der Bevölkerung wurden vorgebracht. Doch diese Erklärungen waren nicht befriedigend. Als Robert Putnam[13] der Sache auf den Grund ging, fand er deutliche Unterschiede. Während die Norditaliener innerhalb der Gemeinde eng zusammenarbeiteten, mehr Vertrauen in Institutionen und ihre Mitbürger hatten, sich gegenseitig mehr unterstützten und sich auch bürgerlich wesentlich mehr engagierten, war der Süden durch das Prinzip „never cooperate" gekennzeichnet. Misstrauen, Drückebergerei, Unordnung, Isolation, Ausnutzung kennzeichneten das Zusammenleben im Süden. Die Norditaliener waren wesentlich mehr in Vereinen organisiert, zeigten mehr politisches Interesse, hatten höhere Wahlbeteiligungen, lasen mehr Zeitungen und hatten mehr gemeinsame Werte innerhalb der Gemeinschaft. Robert Putnam schloss daraus, dass Vertrauen, Normen und soziale Netzwerke einen ganz entscheidenden Einfluss darauf haben, wie effizient eine Gesellschaft ihre Aktivitäten koordiniert. Das „Social Capital" erklärt einen großen Teil der wirtschaftlichen Entwicklung von Regionen.[14]

Was haben Roseto und der Mezzogiorno gemeinsam? Die Rolle der Gemeinschaft, das Vertrauen, die Stärke der Beziehungen zu den anderen, die Identifikation mit gemeinsamen Werten usw. waren in beiden Fällen ausschlaggebend – einmal für die Gesundheit der Menschen, das andere Mal für die wirtschaftliche Entwicklung der Regionen.

Aus dem Netzwerk von Beziehungen entstehen Bekanntschaften und gegenseitige Anerkennung. Aus Dankbarkeit, Respekt und Freundschaft erwachsen für den Einzelnen Verpflichtungen, der Gemeinschaft zu dienen[15].

Von allen Gruppenmitgliedern anerkannte Normen, gegenseitiges Vertrauen und enge Beziehungsnetzwerke – von Robert Putnam als „Social Capital" bezeichnet – verbessern die Effizienz in der Zusammenarbeit innerhalb von Organisationen.[16]

Die Idee des Social Capital ist auch in der Managementliteratur aufgegriffen worden und es wurde nachgewiesen, dass in Unternehmen mit hohem Sozialkapital mehr Wissen ausgetauscht wird und mehr intellektuelles Kapital entsteht. Kurz: Social Capital fördert das Entstehen von Intellectual Capital. Intellektuelles Kapital ist die Quelle von Innovation und Wettbewerbsfähigkeit. Die Elemente des Social Capitals sind damit wesentliche Bausteine einer starken, effizienz- und innovationsfördernden Unternehmenskultur (siehe Abbildung 6.3).

Insgesamt kann aus den dargelegten Erkenntnissen geschlossen werden, dass die Art und Weise des „Zusammenlebens" einer Gruppe in einer Organisation maßgeblichen Einfluss auf die Bereitschaft hat, sich im und für das Unternehmen zu engagieren. Es stellt sich jedoch unweigerlich die Frage, wie es gelingen kann, diese Bereitschaft auch auf die Ziele des Unternehmens auszurichten. Dabei zeigt sich, dass mechanistische Ansätze wie ausgeklügelte MBO-Systeme zwar prinzipiell hilfreich sind, sie aber nicht imstande sind, die emotionalen Energien zu entfachen, die „echtem" Engagement anhaften. Diese Begeisterung kann nur dann entstehen und langfristig wirken, wenn sich die Mitarbeiter mit dem Unternehmen als solchem, mit dem Zweck des Unternehmens, seinen

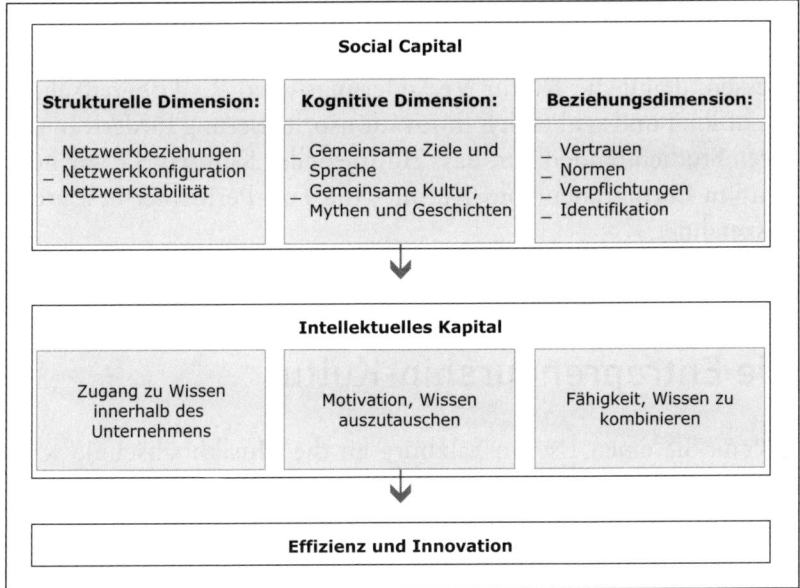

Abbildung 6.3: Social Capital und intellektuelles Kapital[17]

Zielvorstellungen und den Werten, für die das Unternehmen einsteht, inhaltlich und emotional identifizieren können.

Unweigerlich stellt sich die Frage, was denn aber die Voraussetzungen dafür sind, dass sich Mitarbeiter mit „ihrem" Unternehmen inhaltlich und emotional identifizieren können. Die Arbeiten von Viktor Frankl rund um das Thema „Sinn" liefern u. a. auch auf diese Frage wichtige Denkanstöße. Die Frage der Sinnstiftung ist dabei so bedeutend, dass wir sie zu den nicht delegierbaren Aufgaben des Top-Managements zählen. Wir werden deshalb diese Denkanstöße im Zusammenhang mit dem Thema Leadership diskutieren.

Wir haben gesehen, dass eine stabile Kultur mit engen Beziehungen, starken Werten, hoher Identifikation, Vertrauen usw. essenziell ist. Nun stellt sich die Frage, wie die Werte ausgeprägt sein müssen, damit die Kultur Veränderungs- und Risikobereitschaft, Flexibilität und schließlich Innovationsorientierung fördert. In unseren Studien fanden wir, dass ein spezieller Kulturtyp – wir nennen ihn Entrepreneurship-Kultur – die Top-Performer besonders auszeichnet.

Die Entrepreneurship-Kultur

„Wenn Sie einen Esel in Salzburg an die Musikhochschule schicken, machen Sie aus ihm keinen Mozart. Und wenn Sie ein Kamel nach Harvard schicken und ihm einen MBA organisieren, machen Sie keinen Henry Ford aus ihm"[18], hört man öfters von Nicolas G. Hayek, dem Gründer von Swatch und Retter der Schweizer Uhrenindustrie. „Wo sind die Boschs, Thyssens oder Fords?", fragt sich Hayek und er spürt überall eine Atmosphäre, die kein Unternehmertum mehr hervorbringt. „Dafür gibt es eine Menge von Managern, die abzocken, keine Ideen haben. Alles, was die machen, ist Abbau von Arbeitsplätzen." Hayek spricht wohl vielen aus der Seele. Normalerweise schreibt man auch Risikobereitschaft, Innovationsfreude und Dynamik eher Unternehmern zu, weniger den Managern. Es wird oft behauptet, dass man Unternehmertum nicht lernen kann. Unter den Top-Unternehmen fanden wir in unserer Studie aber Manager, die sich von Unternehmern an sich nicht unterscheiden. Sie denken in Chancen und sind bereit, Risiken einzugehen. Sie setzen auf Innovation und Weiterentwicklung und sind dynamisch und visionär. Vor allem fanden wir aber, dass die gesamte Kultur des Unternehmens von unternehmerischen Werten geprägt ist.

Solche „unternehmerischen" Kulturen haben ganz bestimmte Merkmale. Ähnlich wie man die Persönlichkeit eines Menschen beschreiben kann, kann man auch Kulturen von Unternehmen charakterisieren. Es gibt Unternehmen, die sich stark am Markt und am Kunden orientieren, und solche, die sich mehr mit sich selbst beschäftigen und nach innen gerichtet sind. Gleichzeitig gibt es Unternehmen, in denen Werte wie Flexibilität und Spontaneität vorherrschen, und solche, denen Ordnung und Stabilität viel wichtiger sind. Kombiniert man diese zwei Dimensionen (Innen- versus Außenorientierung und Flexibilität versus Stabilität), erhält man vier Idealtypen von Unternehmenskulturen (siehe Abbildung 6.4):

- Die *Clan-Kultur* ist gekennzeichnet durch Zusammengehörig-keitsgefühl, Loyalität, Tradition und eine familiäre Atmosphä-re. Strategische Prioritäten sind hier in der Entwicklung von Humanressourcen, im Committment der Mitarbeiter und in moralischen Prinzipien zu finden. Diese interne Orientierung kann dazu beitragen, dass sich ändernde Kundenbedürfnisse und Marktfaktoren nicht so schnell bemerkt werden.
- Die *Hierarchie-Kultur* ist dadurch gekennzeichnet, dass kla-re Regeln vorherrschen, die zu Konstanz, Stabilität und rei-bungslosen Abläufen führen. Zentrale Merkmale sind Stan-dardisierung und Formalisierung, Führungskräfte spielen im Wesentlichen die Rolle eines „Verwalters". Durch die starke Innenorientierung und die geringe Flexibilität werden Ände-rungen schwer durchführbar und oft sogar als störend betrach-tet.
- Die *Marktkultur* betont Wettbewerbsfähigkeit und Zielerrei-chung. Marktmechanismen steuern die Abläufe. Produktivität, Leistungsorientierung und das Erzielen von Wettbewerbsvor-teilen sind zentrale Prioritäten. Diese Unternehmen sind zwar stark nach außen gerichtet, haben dabei aber eine starke Effizi-enzorientierung. Innovationen werden daher in einem eher nur begrenzten Ausmaß vorkommen.
- Die *Kultur des Unternehmertums* (Entrepreneurship) ist schließlich stark nach außen gerichtet und betont Spontaneität, Flexibilität und Dynamik. Innovation und Wachstum sind zen-

trale strategische Prioritäten. Daher weist dieser Kulturtyp die größte Innovationsfähigkeit auf.[19]

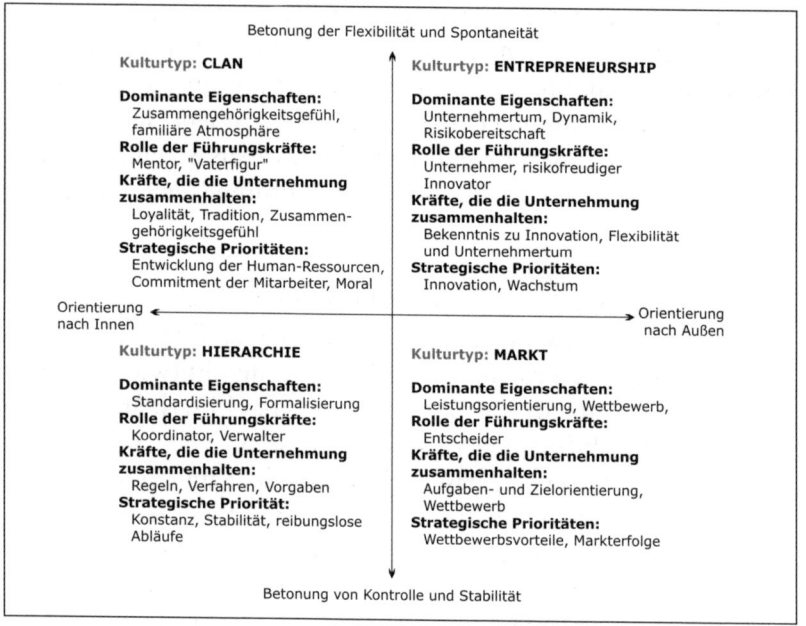

Abbildung 6.4: Typen von Unternehmenskulturen[20]

Eine nach innen orientierte Kultur, die Stabilität und Ordnung fördert, mag das Richtige sein für Unternehmen in Märkten, in denen es wenig Wandel gibt, wo die Zukunft gleich aussieht wie die Gegenwart und wo Innovationen nicht notwendig oder nicht gewünscht sind. Sie ist aber hinderlich in dynamischen Märkten, in denen sich ständig neue Chancen ergeben und wo Veränderung das Einzige ist, was konstant bleibt. Hier sind Unternehmertum, Dynamik, Risikobereitschaft und das Bekenntnis zu Innovation und Flexibilität die gefragten zentralen Werte – Werte, die von allen geteilt werden müssen. Nur dann entsteht ein Klima, in dem die Mitarbeiter motiviert sind, ständig das Bestehende infrage zu stellen, über bessere Lösungen nachzudenken und originelle Wege für Neues zu suchen, sprich sich und das Unternehmen weiterzuentwickeln.

Wie kann es nun gelingen, eine Entrepreneurship-Kultur im Unternehmen zu entwickeln und zu verankern?

Im Grunde haben Werte, Einstellungen und Normen, die eine Unternehmenskultur prägen, drei Quellen:[21]

1. die Überzeugungen, Werte und Prämissen der Unternehmensgründer,
2. die Erfahrungen, die die Mitarbeiter im Laufe der Unternehmensentwicklung machen, und
3. die Überzeugungen, Werte und Prämissen, die von neuen Mitarbeitern und Führungskräften stammen.

Albert Einstein soll einmal gesagt haben: „Ein Beispiel zu geben ist nicht die wichtigste Art, wie man andere beeinflusst. Es ist die einzige."[22] René Obermann, Vorstandsvorsitzender von T-Mobile, ist der Überzeugung: „People don't follow what you say, they follow what you do." Überzeugungen, Werte und Prämissen können durch bewusstes Beispielgeben und Vorleben, aber auch durch unbewusste Signale weitergegeben werden. Das Charisma der Führungskraft ist dabei entscheidend.

„Kultur ist alles, was wichtig ist", meint die Anthropologin Mary Douglas[23] und Karolina Frenzel schreibt mit ihren Koautoren in ihrem Buch Story-Telling: „Was einem Menschen, einer Gruppe, einer Organisation wichtig ist, das sieht man nicht auf den ersten Blick, das bekommt man oft erst nach längerer Beobachtung und einigem Nachdenken heraus. Denn was wichtig ist, ist nicht immer identisch mit dem, wovon eine Gruppe sagt, dass es ihr wichtig ist! Was dieser Gruppe wirklich wichtig ist, kann man nur erkennen, wenn man das Zusammenspiel von Handlungen, Kommunikation, Ritualen und dem, was sie alles nicht tut, obwohl sie es tun könnte, beobachtet. Es ist dieses Zusammenspiel von unterschiedlichen Faktoren, aus denen letztlich hervorgeht, nach welchen Regeln die Gruppe versucht, das zu erhalten und zu erreichen, was ihr wichtig ist. Die Gruppe tut immer wieder bestimmte Dinge, sie wendet ganz bestimmte Praktiken und Rituale an, um zu verhindern, dass bestimmte Dinge passieren, und um wahrscheinlich zu machen, dass bestimmte andere Dinge geschehen. Dieses ganze, manchmal simple, manchmal komplexe System von Regeln, Praktiken, Kommunikationen und Zielen: Das ist Kultur." [24]

Es sind nicht nur die Dinge, die gesagt und betont werden, es sind vielmehr die – oft auch unbewussten – Dinge, die getan werden. Und auch die Dinge, die nicht getan werden. Oder, um es mit Paul Watzlawick zu formulieren: „Man kann nicht nicht kommunizieren."

Es gibt eine Reihe von Möglichkeiten, die Führungskräften helfen, kulturelle Werte im Unternehmen zu verankern. Nicht alle sind gleich wirksam. Edgar Schein, Professor an der Sloan School of Management am MIT, unterteilt in Mechanismen der Verankerung und Mechanismen der Artikulierung und Bekräftigung.[25] Damit hat er einen brauchbaren Überblick über einzelne Mechanismen zur Kulturarbeit geschaffen.

Mechanismen der Verankerung: Mitarbeiter orientieren sich an dem, ...	Mechanismen der Artikulierung und Bekräftigung
... was Führungskräften wichtig ist und was sie beachten, beurteilen und kontrollieren ... wie Führungskräfte auf problematische Ereignisse und Krisen reagieren	Die Gestaltung und Struktur des Unternehmens, Organisationssysteme und Prozesse
... wie Führungskräfte knappe Ressourcen verteilen	Rituale und Bräuche des Unternehmens
... wie Führungskräfte als Vorbild agieren	Die Gestaltung der Räumlichkeiten, Fassaden und Gebäude
....wie Anreiz- und Entlohnungssysteme gestaltet sind	Geschichten, Legenden und Mythen über Menschen und Ereignisse
... wie Führungskräfte Mitarbeiter auswählen, einstellen, befördern oder ausschließen	Offizielle Aussagen zu Philosophie, zu Werten und Glaubenssätzen des Unternehmens

Tabelle 6.1: Mechanismen der Kulturverankerung[26]

- *Einer der wirksamsten Mechanismen, Werte im Unternehmen zu verankern, sind die Signale, die Führungskräfte durch ihre Zeiteinteilung und Prioritätenbildung senden. Mitarbeiter im Unternehmen nehmen sehr gut wahr, worin Führungskräfte die Priorität sehen, indem sie beobachten, was ihnen wichtig ist, was und wie sie Dinge beurteilen und vor allem auch was sie kontrollieren.*

Über alle Top-Performer hinweg kristallisierte sich heraus, dass sich die Entscheider in ihrer zeitlichen Prioritätenbildung sehr stark an dem orientieren, was sie in die Organisation hineintragen wollen. Ihre Vorbildfunktion ist ihnen dabei bewusst und sie setzen alles daran, dass die Mitarbeiter insbesondere auch aus dem Verhalten der obersten Entscheider die Bedeutung der von ihnen geforderten Kernaktivitäten erleben. Sie predigen beispielsweise nicht nur die zentrale Bedeutung der Kunden- und Marktorientierung für den Unternehmenserfolg, sondern leben diese auch vor. Einen großen Teil ihres Zeitbudgets verwenden sie dafür, Kunden zu besuchen, selbst Verhandlungen zu führen, mit Kunden über mögliche Innovationspotenziale zu diskutieren usw. Dadurch erhalten sie nicht nur ungefiltertes Marktwissen, das für die strategische Ausrichtung des Unternehmens wichtig ist. Mit diesem Verhalten verdeutlichen sie ihren Mitarbeitern auch, dass die aktive Auseinandersetzung mit dem Markt und das Erkennen sich abzeichnender Veränderungen wesentliche Elemente für den Erfolg des Unternehmens darstellen. Verstärkt wird diese Empfindung dadurch, dass sie die selbst gemachten Markterfahrungen mit den Mitarbeitern auch besprechen und diskutieren. Die Mitarbeiter erleben und erfahren in diesen Gesprächen, dass die Top-Führungskräfte bei ihren Entscheidungen nicht vom Markt entkoppelt agieren, sondern sich auch der Probleme und Herausforderungen in den Märkten bewusst sind.

René Obermann von T-Mobile arbeitet beispielsweise 15 bis 20 Tage pro Jahr selbst in den Shops oder im Außendienst mit. Man kann sich vorstellen, dass es für die Mitarbeiter nicht nur eine besondere Erfahrung darstellt, ihren CEO in ihrem Shop ihre Produkte verkaufen zu sehen. Es lenkt die Aufmerksamkeit auf ein Thema, das im Unternehmen wichtig ist.

• *Auch die Art und Weise, wie Führungskräfte bei Problemen und Krisen reagieren, bringt deren Werte und Prioritäten klar zum Ausdruck.*

Die Top-Perfomer zeichnen sich insbesondere auch dadurch aus, dass sie zentral auf Innovationsleistungen setzen. Innovationsleistungen setzen aber u. a. voraus, dass das Unternehmen und die Mitarbeiter bereit sind, Risiken einzugehen, und für den langfristigen Erfolg auch mögliche Niederlagen in Kauf nehmen. Peter Brabeck-Lethmate betont in diesem Kontext, dass er bei der Auswahl der Führungskräfte darauf achtet, ob die ausgewählten Personen auch über die notwendige Risikobereitschaft verfügen. Deshalb werden bei Nestlé nur Personen für Führungspositionen vorgesehen, die in ihrer Karriere auch Misserfolge hatten. Es ist ihm auch wichtig, diese Risikofreudigkeit zu unterstützen. Für ihn bedeutet dies, sich auch bei immer wieder vorkommenden Fehlschlägen konsequent hinter seine Führungskräfte zu stellen. Selbst und gerade wenn die Presse oder die Kapitalmärkte Druck gegen diese Führungskräfte ausüben, hält er an diesen Mitarbeitern fest und zieht sie nicht aus diesen „Projekten" ab. Nur durch diese Signale ist es aus seiner Sicht möglich, eine aktive und unternehmerische Kultur am Leben zu erhalten.

Eine andere Führungseigenschaft stellt in schwierigen Situationen der Balanceakt von Weitertreiben und „Stopp" zu sagen dar. Gerade in schwierigen Situationen zeichnen sich Top-Entscheider dadurch aus, dass sie nicht bei dem ersten Widerstand aufgeben. Sie ermutigen vielmehr die Organisation und ihre Mitarbeiter, durch zusätzlichen Ressourceneinsatz, an die Idee weiter und verstärkt zu glauben und dafür zu kämpfen. Häufig nehmen sie sich der Sache selbst an, indem sie im Projekt mitarbeiten und gemeinsam mit dem Team nach Lösungen suchen.

Auf der anderen Seite sind sie aber entscheidungsfreudig genug, selbst initiierte und vorangetriebene Projekte bei offensichtlichem

Misserfolg rechtzeitig abzubrechen. Die Mitarbeiter erkennen aus diesen Verhaltensweisen genau, dass selbst die Top-Entscheider für den Erfolg Niederlagen in Kauf nehmen (müssen). Gleichzeitig sehen sie aber auch, dass sie den Mut haben, eine getroffene und forcierte Entscheidung zurückzunehmen.

- *Wenn knappe Ressourcen – Zeit, Personal oder auch finanzielle Ressourcen – zu verteilen sind, bilden die obersten Führungskräfte Prioritäten nach dem, was ihnen wichtig ist. Diese Prioritäten werden gesteuert von deren Werten und Einstellungen.*
Da Budgets ganz zentrale Steuerungsinstrumente sind, die unmittelbare Auswirkungen auf Abteilungen, Projekte und Mitarbeiter haben, sind sie natürlich von erheblicher Bedeutung in der Kulturarbeit. Wenn nur jene Produktentwicklungsprojekte unterstützt werden, die durch umfassende Marktforschungen und Markttests abgesichert und durch „harte" Argumente verteidigt werden können, fördert das eine andere Innovationskultur, als wenn auch Ideen Chancen auf Budgets haben, die nicht bis ins letzte Detail durchgerechnet werden können, für die es nur „weiche" Argumente gibt, die aber „intuitiv" die richtigen sein können.

- *Mitarbeiter orientieren sich auch am Verhalten der Führungskräfte, die ihnen als Role Models dienen. Sie nehmen deren Verhaltensweisen an, da sie davon ausgehen, dass dieses Verhalten erwünscht ist und sie weiterbringt.*
Wie wir gezeigt haben, haben Top-Unternehmen eine Kultur, die wir als Entrepreneurship-Kultur bezeichnet haben. Dieser Kulturtyp zeichnet sich u. a. dadurch aus, dass die Mitarbeiter aktiv Wissen austauschen und gemeinsam an Lösungen für das Unternehmen arbeiten. Damit die Bereitschaft zu dieser Form der Zusammenarbeit entstehen kann, ist zum einen die Einsicht aller Beteiligten notwendig, dass das Team bessere Lösungen finden kann als eine einzelne Person. Zum anderen ist ein wertschätzender Umgang untereinander notwendig. Dadurch kann in der Teamar-

beit erst jener offene Austausch in Diskussionen etc. entstehen, der neues Wissen erzeugt.

Top-Entscheidern muss in diesem Kontext bewusst sein, dass sie durch die Art ihres Führungsverhaltens diese Dialogbereitschaft maßgeblich beeinflussen.

Der CEO eines führenden Sportartikelherstellers wies in seinen Gesprächen immer wieder auf die Notwendigkeit von übergreifender Teamarbeit für den Unternehmenserfolg hin. Er selbst praktiziert dies in seiner Führungsarbeit. Zum Beispiel werden für Entwicklung und Anpassung der Unternehmensstrategie im Rahmen einer rollenden Fünfjahresplanung jährlich mehr als 40 Personen aus verschiedenen Bereichen des Unternehmens und aus sämtlichen Tochtergesellschaften für zwei Wochen zusammengezogen. Dieses Team entwickelt während dieser Zeit gemeinsam die strategischen Stoßrichtungen und verabschiedet im Team die entwickelten Kernaktivitäten. Diese Aufgabe wäre in einem kleinen Team leichter zu erledigen. Durch diese Art der gemeinsamen Planung und Miteinbeziehung einer großen Gruppe von Führungskräften verbessert sich aber die Qualität der generierten Ideen. Es steigen auch die Umsetzungsbereitschaft und Umsetzungsgeschwindigkeit, die aus diesem Teamprozess resultieren. Gleichzeitig erleben alle Teammitglieder augenscheinlich, dass die gestellte Forderung zum gemeinsamen Arbeiten auch vom CEO des Unternehmens tatsächlich gelebt wird.

- *Aktivitäten, Entscheidungen und Resultate, die durch die Anreiz- und Entlohnungssysteme belohnt werden, haben ebenso einen Einfluss auf die Werte und Einstellungen der Mitarbeiter wie Verhaltensweisen oder Ergebnisse, die nicht belohnt werden und damit zu keiner Anerkennung führen.*

Das Ausarbeiten von ausgeklügelten Anreiz- und Entlohnungssystemen hat sich in den letzten Jahren in vielen Unternehmen zu einer eigenen Disziplin entwickelt. Ohne Zweifel kann es dadurch gelingen, gewünschte Fokussierungen im Unternehmen durch entsprechende monetäre Anreize zu verstärken. Bei der Entwicklung sollte jedoch niemals vergessen werden, dass diese Systeme nur dann im Sinne der Gesamtunternehmung funktionieren, wenn sie die Individualleistung nicht über die Teamleistung stellen.

Der Motorradbauer KTM verfügt in seinem Unternehmen über ein ausgesprochenes Zusammengehörigkeitsgefühl. Die Mitarbeiter helfen einander und erbringen gemeinsam als Team Spitzenleistungen. Nach Stefan Pierer, CEO von KTM, wird dies auch dadurch verstärkt, dass man nicht nur sagt, dass jeder Mitarbeiter einen wichtigen Beitrag für den Erfolg des Unternehmens leistet. Bei einem guten Ergebnis erhält jeder Mitarbeiter die gleiche Prämie. Es wird kein Unterschied zwischen Führungskräften und allen anderen Mitarbeitern gemacht.

Schließlich sind es auch die für die Mitarbeiter sichtbaren Kriterien bei der Auswahl, Einstellung, Beförderung oder auch Entlassung der Mitarbeiter, die Werte und Einstellungen der Führungskräfte transportieren.

Welche Rolle Werte in der Führungskräfteentwicklung spielen können, zeigt Jack Welchs Führungskräftebewertung bei GE. Im Jahre 1992 traf sich die Führungsmannschaft von GE zu einer Strategieklausur in Boca Raton. Jack Welch und sein Topmanagement-Team konnten auf mehrere erfolgreiche Jahre zurückblicken, alle waren gut gelaunt. Jack Welch sprach dann: „Seht euch um: Fünf Manager, die letztes Jahr noch unter uns saßen, fehlen heute. Einer flog wegen der Zahlen, vier flogen wegen der Grundwerte."[27]

Daraufhin stellte Jack Welch die Grundwerte von General Electric vor:

- Liebe zur Beschleunigung
- Hass auf Bürokratien
- Bereitschaft zur Veränderung[28]

Er unterteilte alle Führungskräfte in vier Typen (siehe Abbildung 6.5).

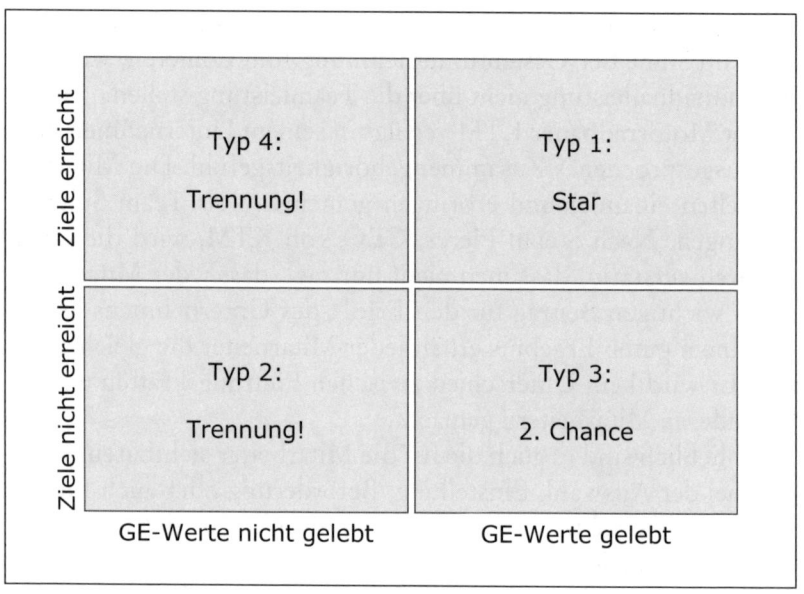

Abbildung 6.5: Auswahl und Beurteilung der Führungskräfte bei GE[29]

Zu Typ 1 meinte Jack Welch, dies sei ein absoluter Star, der alle Ziele erreicht und auch die Werte des Unternehmens lebt. Typ 2 wäre das Gegenteil, „diese Leute schaffen ihre Ziele nicht und haben auch andere Wertvorstellungen als wir bei GE. Dieser Typ wird bei GE nicht alt", zu Typ 3 meinte er, Typ 3 strenge sich an, erfülle einige seiner Vorgaben und verfehle andere, arbeite aber gut mit Leuten zusammen und teile die Wertvorstellungen von GE. Dieser Typ verdiene eine weitere Chance. Typ 4 erreiche zwar alle Ziele, teile aber die Werte nicht und zermürbe seine Mitarbeiter, und er meinte: „Das sind die typischen Großkotze, die Tyrannen, diejenigen Leute, die ihr liebend gerne loswerden würdet – wenn da nicht die Ergebnisse wären!" Einige Jahre später meinte Jack Welch dazu: „Die Entscheidung, die Typen 4 loszuwerden, stellte eine Wasserscheide in unserer Geschichte dar. Doch wir mussten das tun, wenn wir wollten, dass GE-Leute sich offen äußern, den Mund aufmachen, sich austauschen."[30] Zur Beurteilung der Führungskräfte führte Jack Welch das 360°-Feedback ein. Jeder Mitarbeiter wurde von seinen Kollegen, Vorgesetzten und Untergebenen auf einer Skala von 1 bis 5 bewertet in Bereichen wie Teambuilding, Quality Focus und Vision.[31]

Die Struktur des Unternehmens, Prozesse, Rituale und Bräuche, auch die Gestaltung der Räumlichkeiten sowie Mythen und Erzählungen über Ereignisse und Menschen und schließlich auch die öffentlichen Aussagen über die Unternehmensphilosophie zählen bei Edgar Schein zu den „sekundären" Mechanismen der Kulturgestaltung. Sie sind in der Regel weniger wirksam als die oben dargestellten primären Mechanismen, sie sind die „Artefakte", die aus den primären Mechanismen entstehen. Die Botschaften, die in diesen sekundären Mechanismen entstehen, sind aber schwerer kontrollierbar. Sie bekräftigen aber die primären. Wenn sie nicht in Übereinstimmung mit ihnen stehen, dann sind sie Quellen für interne Konflikte.[32]

7

Innovation: Bestehendes verbessern, Neues schaffen

Immer weniger Unternehmen gelingt es, sich am Markt zu differenzieren. Weder auf der Ebene der Produkte und Dienstleistungen noch auf der Ebene der Prozesse oder auf der Ebene des Geschäftsmodells. Das zeigten die Ergebnisse unserer ersten Führungskräftebefragung. Über 70 % der von uns befragten Führungskräfte sehen nur geringe oder gar keine Differenzierungsmöglichkeiten in ihrer Branche, weder auf der Ebene der Leistungserstellung noch durch die Art und Weise des Vertriebs oder auf der Ebene der Produkte und Dienstleistungen. Anders formuliert: Unterschiede verschwinden und Unternehmen werden sich immer ähnlicher. Wissenschaftliche Arbeiten zur neoinstitutionalistischen Theorie, die in der Management- und Organisationstheorie, aber auch in der Soziologie an Einfluss gewinnt, bestätigen das. Dieses Phänomen – Isomorphismus genannt[1] – entsteht durch den zunehmenden Druck am Markt und im institutionellen Umfeld des Unternehmens. Bewusste oder auch unbewusste Normen, Regeln und Schemata führen dazu, sich eher anzupassen als andersartig zu sein.
Im Grunde lässt sich das Wesen eines Wettbewerbsvorteils und

einer Strategie leicht definieren. Es geht letztendlich darum, Mehrwert für den Kunden – Customer-Value – zu generieren. Entweder dadurch, dass man eine Leistung kostengünstiger und damit billiger auf den Markt bringt, oder dadurch, dass ein einzigartiges Nutzenbündel geschnürt wird, für das der Kunde eine Preisprämie zu zahlen bereit ist. Stehen hinter dem Mehrwert für den Kunden ein Geschäftsmodell oder Kernkompetenzen, die nicht leicht imitiert werden können, sind dauerhafte Erträge gesichert. Daher meint Michael Porter auch: „Der Kern einer Strategie besteht darin, Geschäftstätigkeiten anders als die Konkurrenten auszuführen."[2]

Im Grunde gibt es drei Ebenen, „anders" zu sein und sich durch Innovationen zu differenzieren:

1. die Ebene der Produkte und Dienstleistungen,
2. die Ebene der Prozesse und
3. die Ebene des Geschäftsmodells.

Diese drei Innovationsebenen sind Gegenstand dieses Kapitels.

Durch Neues Kunden begeistern

Im Herbst 1994 kam Hans Hinterhuber mit ein paar schlecht lesbaren und unvollständig kopierten Seiten eines Aufsatzes zu uns – wir waren damals Assistenten und Doktoranden an seinem Institut – und meinte: „Schauen Sie sich das mal an, das ist interessant!" Der Aufsatz enthielt ein Modell, das das Entstehen von Kundenbegeisterung erklärte und von drei unterschiedlichen Arten von Produkteigenschaften sprach. Wir konnten weder den Titel des Aufsatzes noch den Autor erkennen, da die ersten Seiten fehlten. Das Modell war einfach und einleuchtend. Es unterteilte in Basisanforderungen an ein Produkt, die man bedingungslos erfüllen musste. Es beschrieb Leistungsanforderungen, die die Zufriedenheit des Kunden steigerten, je besser man sie erfüllte, und schließlich Begeisterungsanforderungen, die nicht explizit vom Kunden verlangt und erwartet wurden, aber das Potenzial hatten, ihn zu begeistern, wenn man sie anbot. Wir interessierten uns sofort für das Modell, weil es der Sichtweise „je mehr, um so besser" oder „doppelt so viel ist doppelt so gut" widersprach. Es war allerdings kaum möglich, den Autor und den Titel des Beitrags ausfindig zu machen und eine detaillierte Beschreibung des Modells zu erhalten. Das Internet war noch in den Kinderschuhen und Online-Volltextdatenbanken gab es noch kaum. Wir beauftragten unsere Bibliothek, über die Fernleihe zu recherchieren. Wir hatten den Artikel beinahe schon vergessen, als nach etwa drei Monaten ein Brief aus Japan kam – mit dem kompletten Artikel. Er war allerdings in Japanisch geschrieben, publiziert im Jahre 1984 in einer japanischen Qualitätszeitschrift. Wir kontaktierten den Autor, Noriaki Kano, an der Tokyo Science University und er faxte uns umgehend eine Übersetzung.

Wir fanden das Modell so spannend, dass wir sofort eine Studie durchführten, um das Modell zu testen und anzuwenden. Nachdem wir alle begeisterte Skifahrer waren, fiel die Entscheidung leicht. Wir befragten mehr als 1.500 Skifahrer in Österreich, Deutschland, der Schweiz und Italien direkt auf der Piste bezüglich ihrer Skier. Die Auswertungen nach dem Kano-Modell brachten spannende Erkenntnisse. Die Drehfreudigkeit und der Kantengriff des Skis waren für die Skifahrer eine Basisanforderung. Es erzeugte große Unzufriedenheit, wenn diese Anforderungen nicht erfüllt waren. Es führte aber nicht zu Zufriedenheit, wenn Skifahrer diese zwei Kriterien bei ihren Skiern gut bewerteten. Mit anderen Worten: Drehfreudigkeit und Kantengriff waren absolute Mindestanforderungen an das Produkt. Wir stellten aber auch fest, dass die Tiefschneeeigenschaften Begeisterungsmerkmale waren. Ein Ski, der das Skifahren im Pulverschnee erleichterte, löste Begeisterung aus. Insgesamt waren wir in der Lage, den Nutzenbeitrag von zehn Produkteigenschaften klar zu messen und sie in Basis-, Leistungs- und Begeisterungseigenschaften einzuordnen. Wir fanden die Ergebnisse so interessant, dass wir mit der Skiindustrie Kontakt aufnahmen. Aber keiner der Skihersteller interessierte sich dafür. Wir waren natürlich enttäuscht und entschlossen uns, die

Studienergebnisse wissenschaftlich zu verwerten und publizierten sie.[3] Etwa drei Jahre später passierte eine Revolution am Skimarkt: Der Carving-Ski erreichte seinen Durchbruch. Zwischen 30 bis 50 Zentimeter kürzer als der normale Alpinski und an Schaufeln und Enden gut ein Drittel breiter, verlieh der Carver ein völlig neues Fahrgefühl. Auch Durchschnittsskifahrer konnten in kontrolliertem Tempo auf der Kante fahren und viel sicherer und mit geringerem Kraftaufwand schwingen. Der Carving-Ski erfüllte bestens die Basisanforderungen Drehfreudigkeit und Kantengriff. Zudem hatte er hervorragende Tiefschneeeigenschaften – etwas, was sich Skifahrer nicht erwarteten, was sie aber begeisterte.

Wir hatten – leider – nicht ursächlich zu der Entwicklung des Carving-Skis beigetragen. Dieser war bereits von Reinhardt Fischer Anfang der 1980er-Jahre entwickelt worden. Fischer, ein Außenseiter in der Szene, erzählte 1997 in einem ZEIT-Interview: „Vor fünfzehn Jahren habe ich mir bei allen Skiproduzenten Österreichs eine Abfuhr geholt, als ich ihnen vorschlug, stärker taillierte Ski zu bauen."[4]

Tatsache aber war, dass wir mit dem Kano-Modell und unseren Studien zwei bis drei Jahre vor dem Carving-Boom dessen Erfolg voraussagen konnten. Wir wussten, dass die Drehfreudigkeit und der Kantengriff Basiseigenschaften waren, die noch nicht erfüllt waren. Ein Produkt, das dies leisten konnte, musste Erfolg haben. Dem Carving-Ski gelang das.

Betrachten wir nun das Kano-Modell etwas genauer.

Noriaki Kano unterscheidet in seinem Modell drei Arten von Produkteigenschaften (siehe Abbildung 7.1):

1. *Basisfaktoren*: Diese umfassen jene Produktattribute, die Unzufriedenheit auslösen, wenn sie nicht den Erwartungen entsprechend angeboten werden. Wenn die Erwartungen übertroffen werden, führt dies nicht zu Zufriedenheit, sondern lediglich zu „Nichtunzufriedenheit". Die Basisfaktoren sind also Mindestanforderungen und stellen damit die Kernleistungen eines Produkts oder einer Dienstleistung dar. Die Erfüllung von Mindestanforderungen ist für die Entstehung von Kundenzufrie-

denheit zwar notwendig, reicht aber hierfür nicht aus. Basisanforderungen werden vom Kunden nicht explizit verlangt, nicht artikuliert, aber vorausgesetzt, sind relativ unwichtig, wenn sie erfüllt werden, treten aber in den Vordergrund, wenn sie nicht erfüllt werden. Die Funktionstüchtigkeit der Bremsen beim Auto, die Richtigkeit der Diagnose des Arztes, die Pünktlichkeit der Züge, die Zuverlässigkeit der Bankabrechnungen sind dafür Beispiele.

2. *Leistungsfaktoren*: Dies sind jene Produkteigenschaften, die sowohl zu Zufriedenheit führen, wenn die Erwartungen des Kunden übertroffen werden, als auch zu Unzufriedenheit, wenn die Erwartungen des Kunden nicht erfüllt werden. Sie bilden damit ein Kontinuum ohne Schwellenwerte. Leistungsanforderungen werden vom Kunden ausdrücklich verlangt. Anhand dieser Produkteigenschaften werden Konkurrenzvergleiche angestellt. Der Benzinverbrauch eines Autos, die Akkulaufzeit eines Notebooks oder die Bildauflösung einer Digitalkamera können dafür Beispiele sein.

3. *Begeisterungsfaktoren*: Werden sie angeboten, so lösen sie Zufriedenheit aus, verursachen aber nicht notwendigerweise Unzufriedenheit, wenn sie nicht vorhanden sind. Begeisterungsattribute werden vom Kunden nicht ausdrücklich erwartet und erhöhen den wahrgenommenen Nutzen einer Kernleistung. Sie können jedoch nicht gegen fehlende Basisfaktoren aufgerechnet werden. Begeisterungsattribute stellen einen Ansatzpunkt für die Differenzierung im Wettbewerb dar. Begeisterungsanforderungen werden ebenso wie Basisanforderungen nicht ausdrücklich verlangt und artikuliert. Es sind oft latente Wünsche, derer sich der Kunde gar nicht bewusst ist. Das „Inflight-Internet-Service" einer Fluglinie, Overhead-Displays im Auto oder – wie im Falle der Skier – die Tiefschneeeigenschaften können dazuzählen.[5]

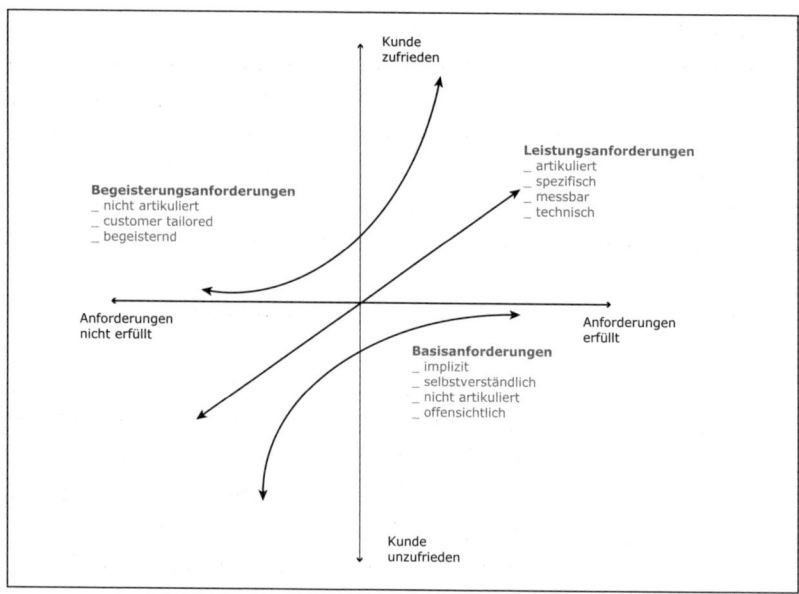

Abbildung 7.1: Das Kano-Modell der Kundenzufriedenheit[6]

Wir testeten das Modell in zahlreichen Projekten, für Produkte[7], Dienstleistungen[8], Business-to-Business-Geschäftsbeziehungen[9], übertrugen das Modell auf Preiszufriedenheit[10] und Mitarbeiterzufriedenheit[11] und überprüften es mit unterschiedlichen Methoden.[12] Die Ergebnisse waren stabil und reproduzierbar. Das Kano-Modell ist somit ein brauchbarer Ansatz, um den Nutzenbeitrag einzelner Produktanforderungen zu bestimmen. Es ist auch brauchbar, um Innovationen einzuordnen und deren Marktfähigkeit daraus abzuleiten.

Aus dem Kano-Modell können wir mehrere wichtige Konsequenzen für die Produktinnovation ableiten:

1. Wir können Innovationen in Basisinnovationen, Differenzierungsinnovationen und inkrementale Innovationen unterteilen und abschätzen, welche Wirkungen sie am Markt erzielen können.

2. Wir können auch die Zeitdynamik von Innovationen besser verstehen.
3. Wir können den Nutzenbeitrag nach unterschiedlichen Kundensegmenten bestimmen.

Das Kano-Modell: Drei Innovationstypen

Das Kano-Modell eignet sich gut dazu, drei unterschiedliche Innovationstypen zu unterscheiden:

1. *Radikale Innovationen, die eine völlig neue Lösung einer Basisanforderung darstellen.* Diese Innovationen wirken in der Regel langfristig und verleihen dem Unternehmen einen Wettbewerbsvorteil, bis die Konkurrenten nachziehen. Die Frage ist: Welche Basisanforderungen können wir mit einer Radikalinnovation (neue Technologie oder überragender Kundennutzen) neu definieren?

2. *Differenzierungsinnovationen, die explizite Kundenerwartungen (Leistungsanforderungen) besser lösen als die bisherigen Angebote am Markt.* In der Regel wirken diese Innovationen kurz bis langfristig, es findet ein Kopf-an-Kopf-Rennen der Anbieter statt. Die Frage ist: Mit welchen Produkt- oder Dienstleistungsverbesserungen können wir uns im Bereich der expliziten Kundenerwartungen von den Konkurrenten abheben?

3. *Inkrementalinnovationen, die kleine, nicht artikulierte Kundenprobleme lösen und den Kunden überraschen und damit begeistern.* Diese Innovationen wirken in der Regel nur kurzfristig. Die Frage ist: Mit welchen Produkt- oder Dienstleistungsverbesserungen oder zusätzlichen Features über die Kernleistung hinausgehend können wir die Kunden überraschen und begeistern?

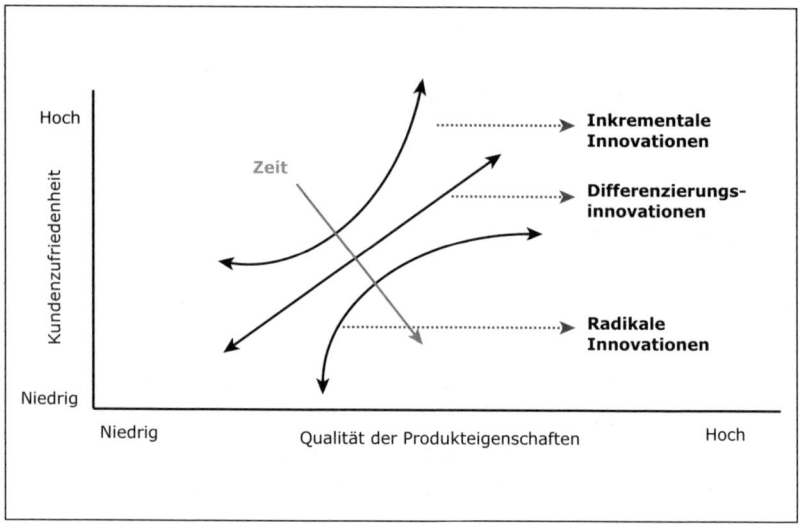

Abbildung 7.2: Drei Innovationstypen

Von radikalen Innovationen sprechen wir, wenn Innovationen die Kernleistungen des Produkts betreffen und zu einer bedeutend besseren Problemlösung führen. Dabei scheint es folgende Gesetzmäßigkeit zu geben. Entwickelt man eine Basiseigenschaft, die aus Sicht des Kunden bereits auf einem zufriedenstellenden Niveau angeboten wird, in kleinen Schritten weiter, hat das kaum einen Effekt. Der Grenznutzen nimmt ab. Kleine Verbesserungen werden vom Kunden kaum wahrgenommen. Gelingt es aber, einen Durchbruch bei den Basiseigenschaften zu erreichen, indem das Kundenproblem auf einem völlig neuen, nicht erwarteten Niveau gelöst wird – vor allem wenn die Basisanforderung nicht oder nur auf einem schwachen Niveau erfüllt war –, passiert Folgendes: Die neue Technologie bzw. das neue Produkt löst beim Kunden Begeisterung aus. Der Innovator genießt die Alleinstellung auf dem Markt, er hat einen neuen Standard gesetzt. Die Konkurrenten kommen unter Druck und verlieren Marktanteile, solange sie die Innovation nicht übernehmen. Im Jahre 1990 war das in der Skiindustrie zu beobachten. Bereits einige Jahre vor dem Durchbruch

des Carving-Skis gelang es Salomon, mit einer neuen Technologie
– der Trapezbauweise – das Problem des Kantengriffs wesentlich
besser zu lösen als mit der bis dahin üblichen Sandwichbauweise.
Der Markteintritt mit dem neuen Schalenski war so erfolgreich,
dass Salomon innerhalb kürzester Zeit zum Weltmarktführer im
Top-Segment wurde. Alle anderen Skihersteller mussten innerhalb von zwei Jahren auf die neue Technologie umsteigen. Die alte
Technologie war veraltet, die Sandwichskier waren nicht mehr zu
verkaufen. Erst als die übrigen Skihersteller die Innovation über-
nahmen, konnten sie weitere Marktanteilsverluste verhindern. Salomon konnte den Zeitvorsprung nutzen, um sich als Neueinstei-
ger im Skimarkt erfolgreich zu positionieren.

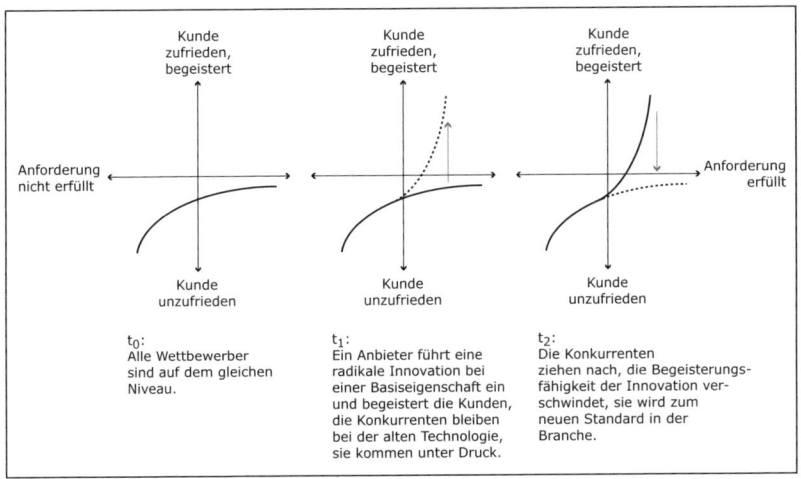

Abbildung 7.3: Die Wirkung von radikalen Basisinnovationen

Differenzierungsinnovationen betreffen die Leistungseigenschaften
eines Produkts. Der Innovationswettbewerb ist hier in der Regel
intensiv. Es findet ein Kopf-an-Kopf-Rennen statt. Es geht darum,
Wettbewerbsvorteile in einzelnen Produkteigenschaften herauszuarbeiten, um sich dadurch zu differenzieren.

Inkrementale Innovationen betreffen nichtartikulierte Kundenerwartungen. Dabei werden in der Regel neue Features eingeführt,

die die Kernleistung aufwerten. Diese Innovationen wirken eher kurzfristig, bis sie von den Konkurrenten imitiert werden. Sie eignen sich aber gut dazu, einen vorübergehenden Wettbewerbsvorteil zu erreichen, da sie zu Kundenbegeisterung führen können.

Abbildung 7.2 enthält auch eine Zeitdimension. Sie stellt Folgendes dar: Begeisterungseigenschaften vermögen zwar Kunden zu begeistern, allerdings in der Regel nur kurzfristig. Sie entwickeln sich zu konkreten Erwartungen und schließlich zu Grundvoraussetzungen.

Wettbewerbsvorteile sicherzustellen erfordert von Unternehmen, einen Prozess in Gang zu halten, der zum Ziel hat – wenn möglich bei allen drei Innovationstypen – Innovationspotenziale zu realisieren.

Innovationen an Segmenten ausrichten

Basiseigenschaften sind Markteintrittsbarrieren, sie müssen erfüllt sein. Begeisterungseigenschaften sind Differenzierungsmöglichkeiten. Hinter diesen kann aber eine Kostenfalle stecken. Es ist genau zu überlegen, ob und wie inkrementale Innovationen Begeisterungsfähigkeit in den einzelnen Segmenten treffen. Das Gleiche gilt für Differenzierungsinnovationen. Nach dem Grundsatz „Jede Produkteigenschaft verursacht Kosten, aber nicht jede stiftet Nutzen" ist der Nutzenbeitrag der Innovationen daher abzuschätzen.

Was für die Kunden Basis-, Leistungs- und Begeisterungseigenschaften sind, unterscheidet sich oft zwischen den Segmenten.[13] Was in einem Fall eine Begeisterungseigenschaft ist – auf die man aus Kostengründen beispielsweise verzichten könnte –, kann in einem anderen Segment eine Basisanforderung sein. Ein Nicht-Erfüllen wäre dann fatal. Der Anbieter käme für den Kunden nicht mehr infrage.

Betrachten wir kurz Lowcost-Airlines im Vergleich zu den klassischen Fluglinien, um die Bedeutung der segmentspezifischen Betrachtung zu verdeutlichen (siehe Tabelle 7.1). Betrachten wir – etwas vereinfacht – fünf Kundenanforderungen: die angeflogene

Destination, den angebotenen Service, den Preis, Umbuchungsmöglichkeiten und Sicherheit. Betrachten wir bei Lowcost-Airlines den Touristen als typischen Fluggast und bei klassischen
Fluglinien den Geschäftsreisenden.

Bei Lowcost-Airlines ist die angeflogene Destination eine Begeisterungseigenschaft, bei klassischen Fluglinien eine Basisanforderungen. Wenn eine Lowcost-Airline einen Billigflug von Köln/
Bonn nach Klagenfurt anbietet oder von Klagenfurt nach London,
dann mag die Destination den Kunden begeistern. Tatsächlich fliegen bis zu 50 % der Lowcost-Flieger nur deshalb in eine Destination, weil es dahin einen Billigflug gibt. Bei Geschäftsreisenden ist das
natürlich anders. Die Destination ist eine Basiseigenschaft, niemand
würde nach Klagenfurt fliegen, wenn der Termin in Wien stattfin-
det. Service ist für Geschäftsreisende einer klassischen Fluglinie eine
Basis- oder Leistungsanforderung, für Lowcost-Flieger eine Begeisterungseigenschaft oder gar irrelevant. Sie wollen zu einem niedrigen
Preis fliegen und verzichten dabei gerne auf Zusatzleistungen. Der
niedrige Preis ist für Lowcost-Flieger eine Grundvoraussetzung, für
Geschäftsreisende bei klassischen Fluglinien eher eine Leistungsei-
genschaft. Umbuchungsmöglichkeiten sind bei Geschäftsreisenden
wichtig, sie müssen flexibel bei Terminänderungen reagieren können, für Lowcost-Kunden sind sie nicht so entscheidend. Sicherheit
ist schließlich für beide Segmente eine Basisanforderung.

Kundenanforderung	Lowcost-Airline (Touristen)	Klassische Fluglinie (Geschäftsreisende)
Destination	Begeisterungseigenschaft	Basisanforderung
Service	Begeisterungseigenschaft	Basis-/Leistungseigen-schaft
Preis	Basisanforderung	Leistungsanforderung
Umbuchungsmöglich-keit	Leistungseigenschaft	Basisanforderung
Sicherheit	Basisanforderung	Basisanforderung

Tabelle 7.1: Marktsegmentierung nach dem Kano-Modell bei Fluglinien (Beispiel)

Diese – etwas vereinfachte Darstellung – verdeutlicht: Die typischen Lowcost-Airlines erfüllen einige Basisanforderungen der Geschäftsreisenden nicht, klassische Fluglinien erfüllen den Preis als Basisanforderung der Lowcost-Flieger kaum.

Es ist also wichtig, genau zu verstehen, was Basis-, Leistungs- und Begeisterungsanforderungen der anvisierten Kundensegmente sind. Nur dann können Leistungsangebote entsprechend geschnürt und Innovationen effektiv ausgerichtet werden.

Der Kostenwettbewerb: Prozesse neu gestalten

Prozessinnovationen haben in der Regel zwei Ziele: entweder die Effizienz des Unternehmens zu erhöhen oder den Kundennutzen zu steigern. Unsere erste Führungskräftebefragung hat gezeigt, dass Überkapazitäten, Substituierbarkeit und Markttransparenz die Treiber eines zunehmend härter werdenden Wettbewerbs sind. Dies zeigt sich in den mittel- bis längerfristigen Preis- und Kostenentwicklungen (Abbildung 7.4):

- Über 40 % der untersuchten Unternehmen haben in den letzten drei Jahren sinkende Preise am Markt hinnehmen müssen, über 35 % gaben an, dass die Preise stagnierten und nur 20 % der Unternehmen konnten Preissteigerungen am Markt durchsetzen.
- Gleichzeitig gibt etwa nur ein Drittel der Unternehmen an, dass die Kosten in den letzten drei Jahren gesunken sind, ein Drittel der Unternehmen verzeichnete steigende Kosten.
- In einer besonders schwierigen Situation befindet sich ein gutes Drittel der Unternehmen, die entweder bei steigenden oder stagnierenden Kosten sinkende Absatzpreise in Kauf nehmen mussten oder bei stagnierenden oder sinkenden Preisen steigende Kosten zu verzeichnen hatten.[14]

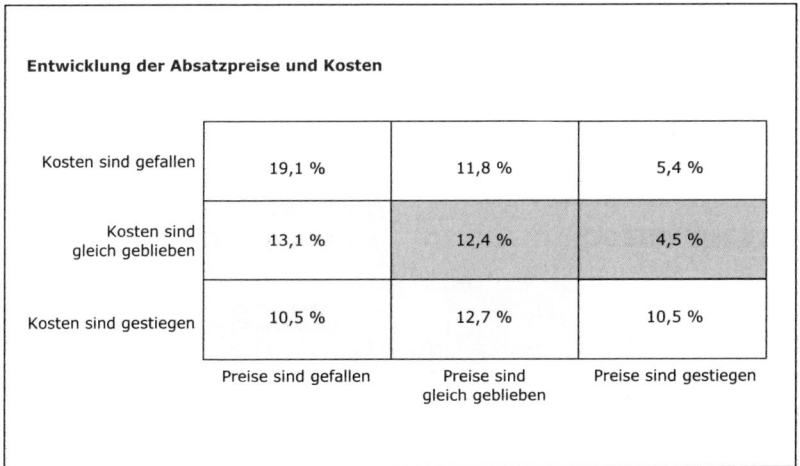

Entwicklung der Absatzpreise und Kosten

	Preise sind gefallen	Preise sind gleich geblieben	Preise sind gestiegen
Kosten sind gefallen	19,1 %	11,8 %	5,4 %
Kosten sind gleich geblieben	13,1 %	12,4 %	4,5 %
Kosten sind gestiegen	10,5 %	12,7 %	10,5 %

Abbildung 7.4: Preis- und Kostenentwicklung in den letzten drei Jahren

Offensichtlich führen die Kostensenkungsmaßnahmen bei vielen Unternehmen nur zu bescheidenen Erfolgen. Führungskräfte messen Kostensenkungsprogrammen dennoch einen hohen Stellenwert bei. In über 75 % der Unternehmen wurden in den letzten drei Jahren Kostensenkungsprogramme durchgeführt, in über 50 % der Unternehmen sogar mehrfach. Gut ein Viertel dieser Unternehmen erzielt damit aber keine Verbesserung der Wettbewerbsposition, ein Drittel der Unternehmen sah nur kurzfristige Verbesserungen.

Betrachtet man die Schwerpunkte der Kostensenkungsprogramme der letzten drei Jahre (siehe Abbildung 7.5), stellt man fest, dass eine effizientere Gestaltung interner Prozesse das am häufigsten eingesetzte Instrument darstellt. Knapp 60 % der Unternehmen legten darauf den Schwerpunkt in den letzten drei Jahren, gefolgt von Personalreduktionen (43 %), Steigerung des Kostenbewusstseins (40 %), Senkung der Einkaufskosten (28 %) und eine Veränderung der Wertschöpfungskette (30 %).

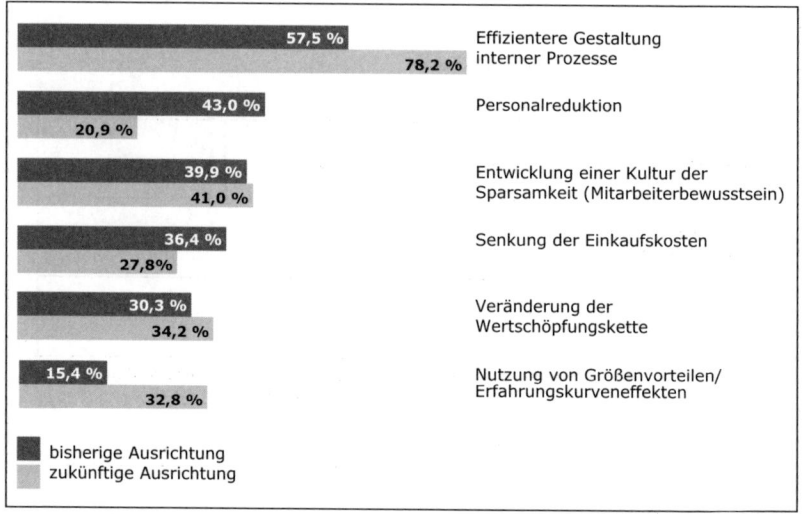

Abbildung 7.5: Bisherige und zukünftige Ausrichtung der Kosten-senkungsprogramme

Stellt man die Schwerpunkte der Kostensenkungsprogramme in den letzten Jahren den künftigen Schwerpunkten gegenüber, stellt man fest, dass sich der Fokus verlagert. Die effiziente Gestaltung interner Prozesse als Ansatz zur Kostensenkung gewinnt an Bedeutung (78 %), ebenso die Steigerung des Kostenbewusstseins im Unternehmen (41 %). Während der Mitarbeiterabbau das zweitwichtigste Instrument zur Kostensenkung war, sehen Führungskräfte in der Zukunft kaum noch Möglichkeiten, hier weiter zu sparen (21 %). Der Grund, der dafür häufig genannt wird, liegt darin, dass viele Unternehmen hinsichtlich der Senkung der Personalkosten bereits das Limit erreicht haben und ein weiterer Abbau von Mitarbeitern kaum möglich ist, will man die Stabilität der Prozesse nicht gefährden.

Es scheint also, dass der größte Hebel zur Kostensenkung in Zukunft im Prozessmanagement liegt. Zahlreiche Beispiele von Unternehmen, die strikt prozessorientiert geführt werden, zeigen, dass es sehr vorteilhaft ist, die organisatorische Macht von Funktionsbereichen zu Prozessen zu verlagern: In der Regel sinken die Kosten, die Kundenzufriedenheit steigt und in der Folge nimmt auch die Rentabilität zu.[15] Business Process Reengineering (BPR), das in der Managementtheorie und Praxis Anfang der 1990er-Jahre, ausgelöst durch einen Aufsatz von Michael Hammer in der Harvard Business Review[16] und zahlreiche Erfolgsbeispiele, populär wurde, scheint nach einem Höhepunkt Ende der 1990er-Jahre und einer Welle der Ernüchterung wieder zum Thema zu werden[17]. BPR bedeutet eine radikale Abkehr von bisherigen Organisationsprinzipien und durch die Integration von Informationstechnologien eine prozessorientierte Neugestaltung des Unternehmens mit Ausrichtung am Kunden. Allerdings – so zeigen die Erfahrungen – gelingt der Sprung von einer einfachen Prozessveränderung hin zu einem echten Prozessmanagement eher selten[18]. Hier sind ein tief greifendes Umdenken und Eingreifen in die Strukturen des Unternehmens erforderlich. Traditionelle Methoden der Leistungsmessung und -beurteilung, Vergütung, Training und Personalentwicklung und die räumliche Ausgestaltung von Büros, Arbeitsräumen und Gebäuden sowie Karrierewege sind eher zugeschnitten auf die verschiedenen hierarchischen Ebenen in Unternehmen und weniger auf die einzelnen Geschäftsprozesse oder die damit beauftragten Teams.[19] Erfolgreiche prozessorientierte Unternehmen gestalten ihre Prinzipien und Techniken neu, um nachhaltig Kosteneinsparungen zu erzielen, Durchlaufzeiten zu reduzieren und die Kundenzufriedenheit zu erhöhen. Dies beginnt bei der Einsetzung von Prozessverantwortlichen und der Definition von prozessorientierten Leistungsmaßstäben (z. B. Zeitvorgaben), geht über prozessorientierte Vergütungssysteme (Prämien gekoppelt an prozessorientierte Ziele, z. B. Kosteneinsparungen, Leistungssteigerungen), Veränderung der Infrastruktur (z. B. räumliche Reorganisationen, sodass alle beieinander sitzen, die mit einem Prozess zu tun haben), Training und Entwicklung bis hin zu neuen Karrierewegen.[20]

So wie bei der Produktinnovation spielt auch bei der Prozessinnovation die Kultur und da vor allem die Risikobereitschaft eine große Rolle. Bei einem Automobilhersteller konnten wir Folgendes beobachten:

Ein Experte für Druckgussformenbau mit langjähriger Berufserfahrung wurde von einem Kunden, einem Automobilhersteller, zu einer Werkbesichtigung eingeladen. Dem Techniker wurden die Prozesse von den Entwicklungs- und Produktionsverantwortlichen vorgestellt und erklärt. Er wurde gefragt, wie ihm denn die Technik und die Prozesse gefielen. Er zeigte sich beeindruckt, aber man merkte ihm an, dass ihn einiges zu beschäftigen schien. Auf die eher höflich gemeinte Frage, ob er irgendwelche Verbesserungsmöglichkeiten gesehen habe, erwiderte er: „Ich glaube, dass Sie den Durchsatz ohne größeren Aufwand bei der Prozessstufe X um mindestens 15 % erhöhen könnten und dass damit der Gesamtprozess stark an Produktivität gewinnen würde." Die Experten des Automobilherstellers wollten jetzt natürlich Genaueres wissen. In der folgenden intensiven Diskussion wurden zwar seine Vorschläge geschätzt, die Produktionsexperten verteidigten jedoch die derzeitige Lösung mit dem Hinweis auf die schon sehr gute Produktivität der Prozesse und dem obersten Ziel der Stabilität des Gesamtprozesses. Sämtliche von ihm vorgeschlagenen Änderungen könnten nach Meinung der Produktionsexperten diese Stabilität gefährden.

Der Produktionsverantwortliche des Automobilherstellers, der die Diskussion angeregt verfolgte, stellte dem „Gast" die Frage nach den Gründen für die offensichtliche Abwehrhaltung seiner Mitarbeiter. Nachdem dieser die seiner Meinung nach lehrbuchmäßig organisierten Prozesse und das außergewöhnliche Produktions-Know-how der Verantwortlichen in seiner Antwort lobte, meinte er aber, dass die Produktionsexperten nicht das Ziel verfolgten, den Prozess als Ganzes zu beschleunigen. „Ich habe den Eindruck, dass die Prozessverantwortlichen ungemeine Angst davor haben, etwas falsch zu machen. Es scheint, als ob sie sich der von ihnen erzielten Prozessstabilität um jeden Preis ausgeliefert haben. Ansonsten ist es nicht zu erklären, dass sie bei der Maschinengruppe X die Rüstprozesse nicht anders takten. Hier haben sie nämlich ein Nadelöhr im Prozess, das man leicht beseitigen könnte." Auf die Frage, was ihm sonst noch aufgefallen wäre, verwies er auf seine bisherigen Erfahrungen mit dem Unternehmen: „In der Zusammenarbeit mit Ihrem Unternehmen ist mir eines besonders aufgefallen. Wenn wir von Ihrer Entwicklungsabteilung die Zeichnungen für den Prototypenbau erhalten, dann sind diese meistens sehr innovativ und fortschrittlich. Aber in nahezu jedem Projekt müssen wir um Abänderungen kämpfen, die für die Serienproduktion unbedingt notwendig sind. Zum Beispiel kann es sein, dass die Entwicklungsabteilung bestimmte, sehr dünne Wandstärken verlangt. Würden wir dies dann umsetzen, so würde zwar die Prototypenfertigung funktionieren, aber in der Serie hätten wir ungemeine Probleme, und wir hatten diese auch schon mehrfach. Mir scheint, dass die Entwickler sehr qualifiziert sind, dass sie aber aufgrund ihrer fehlenden Produktionserfahrung wenig bis keinen Zugang zu dem Wissen erfahrener Produktionsleute haben." Der Produktionsverantwortliche erkannte, dass seinen „jungen" Experten einfach jenes Erfahrungswissen fehlte, das man in keinen Unterlagen und Aufzeichnungen findet und das ungemein schwer weiterzugeben ist. Letztlich war es die Unsicherheit, einen stabilen Prozess anzugreifen, ohne exakt zu wissen, was passieren könnte. Gleichzeitig wurde ein Engpass in der Entwicklungsabteilung augenscheinlich, der nicht nur einen dramatischen Einfluss auf die Prozesse der Zulieferer, sondern in der Folge auch auf die eigenen Prozesse hatte.

Thomas H. Davenport[21], einer der Begründer des Business Process Reengineering, meint in einem aktuellen Aufsatz in der Harvard Business Review, dass eine zweite Welle des Prozessmanagements durch die Unterstützung von Software und IT zu einer völligen Standardisierung von Prozessen und damit auch radikalen Neugestaltung von Unternehmensstrukturen – vor allem unternehmensübergreifend – führen wird. Auch eine Studie von Hess und Schuller[22] in der deutschen Industrie zeigt, dass Business Process Reengineering nicht nur abteilungsübergreifend, sondern auch unternehmensübergreifend – siehe zum Beispiel die Thematik Supply Chain Management und Outsourcing bzw. Offshoring – verstärkt zum Tragen kommt. Dies wird auch in unserer Untersuchung bestätigt, nach der die befragten Führungskräfte große Potenziale für eine Kostensenkung in einer Veränderung der gesamten Wertschöpfungskette sehen (34 %).

Die Entwicklung einer „Kultur der Sparsamkeit" liegt an zweiter Stelle auf der Prioritätenliste. Die zentrale Bedeutung des Kostenbewusstseins für die Effektivität von Kostensenkungsmaßnahmen wurde auch in einer weiteren branchenübergreifenden Studie über Kostenmanagement in der deutschen Unternehmenspraxis empirisch bestätigt.[23] Diese Studie bei 116 Unternehmen belegt eindeutig: Je höher das Kostenbewusstsein der Mitarbeiter ist, umso besser werden Kostentreiber identifiziert, umso wirkungsvoller sind Kostensenkungsmaßnahmen und umso stärker sind die tatsächlich erzielten Kostensenkungen. Hier zeigt sich, dass Kostenmanagement und Kostensenkung nicht nur eine Frage von Prozessen, Methoden und Instrumenten sind, sondern vor allem eine Frage der Unternehmenskultur und der Einstellung des Managements und der Mitarbeiter. Bestes Beispiel dafür ist wohl Ingvar Kamprad, der Gründer von IKEA, der Kostenbewusstsein als einen der zentralen Werte von IKEA definiert hat. In allen Tätigkeiten und Prozessen betonte er immer wieder die Frage der Kosten und ging selbst mit bestem Beispiel voran: First-Class-Flüge sind tabu, ebenfalls teure Hotels. Dieses Kostenbewusstsein verlangte er aber auch von seinen Mitarbeitern, die eine 500-Kilometer-Strecke mit dem Auto fahren, wenn nur noch ein First-Class-Flug frei ist. Sein Spruch „Waste of resources is a mortal sin at IKEA. Expensive solutions are often signs of mediocrity, and an idea without a price tag is never acceptable" bringt das Kostenbewusstsein klar zum Ausdruck.

Unsere Studie zeigt, dass die Senkung der Personalkosten keine hohe Priorität als Instrument zur Kostensenkung in der Zukunft hat. Als Mittel zur Senkung der Personalkosten wurde in den letzten Jahren Downsizing populär. Downsizing wird vielfach als eine besonders wirkungsvolle Methode betrachtet, um die Kosten zu senken und den Shareholder-Value zu steigern.[24] Dabei kommt dem effektvollen Ankündigen beinahe ebenso viel Bedeutung zu wie dem Durchführen des Stellenabbaus selbst. Ausgehend von den USA, wo seit 1979 mehr als zehn Millionen Stellen im Rahmen von Downsizingwellen abgebaut wurden[25], setzte sich Downsizing in den letzten zwei Jahrzehnten auch in Europa als Methode zur Steigerung der Wettbewerbsfähigkeit und der Unternehmenswertsteigerung durch. Vor allem folgende vier Faktoren trugen dazu bei:

1. Einführung von arbeitssparenden Technologien
2. Rationalisierungsprogramme im Gemeinkostenbereich
3. Deregulierung und Privatisierung
4. Steigender Druck durch die Aktionäre und die Verbreitung des Shareholder-Value-Managements[26]

Unter dem Titel „schlankes Unternehmen" oder „Lean Management" wurden Massenentlassungen „salonfähig" gemacht. Zahlreiche empirische Untersuchungen zeigen aber, dass Downsizing langfristig selten Unternehmen effizienter macht. Cascio et al.[27] beispielsweise untersuchten über 5,000 Downsizingfälle von mehr als 500 amerikanischen Unternehmen und stellten fest, dass es Unternehmen, die mehr als 5 % der Stellen abgebaut hatten, nicht gelang, ihre Performance – gemessen am ROA (Return on Assets) – zu verbessern. Es gab kaum einen Unterschied zu Unternehmen mit konstanter Beschäftigung. Allerdings reagierten die Aktienmärkte positiv, Downsizingmaßnahmen führten zu höheren Kursgewinnen. Insgesamt schließen die Autoren der Studie aus den Ergebnissen, dass der Erfolg von Downsizing nicht im Verhältnis zu den abgebauten Stellen steht. Andere Studien zeigen, dass sich Downsizing negativ auf die Motivation der verbleibenden Mitarbeiter, auf die Innovationsfähigkeit, das organisatorische Lernen und das Wissensmanagement auswirkt.[28]

Prozesse am Kunden ausrichten

Der Erfolg der Kundenorientierung hängt davon ab, wie nachhaltig es gelingt, Strukturen im Unternehmen zu verändern und Prozesse auf den Kunden auszurichten.[29] Mit anderen Worten: Markt- und Kundenorientierung müssen einhergehen mit kundenorientiertem Prozessmanagement und -controlling.[30] Dass dies nicht so einfach ist, zeigt eine Studie der Gartner Group zu Customer Relationship Management: 55 % aller CRM-Projekte bleiben ergebnislos.[31] Einer der Hauptgründe liegt darin, dass bei der Einführung von CRM die Organisationsstruktur und vor allem die Prozesse unberührt bleiben, statt sie nach den Anforderungen der Kunden auszurichten.[32]

In vielen Unternehmen erschöpft sich die „Kundenorientierung" nach einer anfänglichen Euphorie in Kundenzufriedenheitsstatistiken, die in den Schubladen verschwinden. Selbst in Unternehmen, in denen die Kundenorientierung strategische Priorität hat, stellt man nach einer gewissen Zeit fest, dass sich Zufriedenheits- und Weiterempfehlungswerte nicht verbessern. Die Folge ist, dass Kundenzufriedenheitsdaten nicht mehr ernst genommen werden. Der Grund dafür: Diese Unternehmen sind nur an der Oberfläche kundenorientiert. In ihre Strukturen und Prozesse gibt es keine Eingriffe.

Mehr noch: Häufig wird unter Vorgabe von Kostensenkung mit hohem Aufwand Prozessoptimierung betrieben, allerdings ohne sich zu überlegen, wie Prozesse kundenorientiert zu gestalten sind. Einige Unternehmen stellen sich mit hohem Ressourceneinsatz der Herausforderung, einen Ansatz für die Senkung von Prozesskosten zu ermitteln. Hierfür soll die Prozesskostenrechnung Kosteneinsparungspotenziale offenlegen. Doch das Beherrschen von Prozessen und Kosten reicht nicht aus, um langfristig Profit zu erwirtschaften. Es müssen die Erlöse nachhaltig gesichert werden. Nachhaltige Erlöse stellen sich nur dann ein, wenn der Kunde zufrieden war und daraufhin Folgegeschäfte abschließt. Zusätzlich wird durch eine positive Mundpropaganda ein erheblicher Teil der Kosten für Verkaufs- und Werbeanstrengungen eingespart.

Oft weiß aber die linke Hand nicht, was die rechte tut. Viele Unternehmen entwickeln für das Messen der Geschäftsprozesse ganze Listen von Kriterien und Maßstäben, die aber bei genauerem Hinsehen für den eigentlichen Zweck untauglich sind. Viele Prozessparameter spiegeln häufig nur interne Maßstäbe wider, die mit einem der wichtigsten Ziele des Prozessmanagements – der Erhöhung der Kundenzufriedenheit – wenig zu tun haben.[33] Als Maßstab dienen beispielsweise bestimmte Konstruktionsrichtwerte und technische Kriterien, deren Einhaltung über die statistische Prozesskontrolle sichergestellt wird. Die Kundenmeinung wird dabei kaum berücksichtigt. Es wird von der Frage ausgegangen: „Wie genau entspricht der Prozess/das Produkt den technischen Richtwerten?", anstatt zu analysieren, inwiefern der Prozess den Bedürfnissen der Kunden entspricht. Aus diesem Grund ist es notwendig, die einzelnen Geschäftsprozesse vom Standpunkt des Kunden aus zu betrachten und auf diese Weise Kennzahlen für die Messung zu ermitteln, die dann in interne Maßstäbe übersetzt werden.[34] Dies bedeutet, dass die traditionellen Wege zur Leistungsmessung und zum Prozesscontrolling zu überdenken sind. Während viele Unternehmen die Herstellungskosten – häufig sogar die Prozesskosten – genau kennen, wissen sie nicht, wie viel Prozent ihrer Aufträge fehlerlos bearbeitet werden oder wie rasch im Durchschnitt Kundenanfragen bearbeitet werden.

Kundenorientierte Unternehmen versuchen durch Prozessinnovationen zwei Dinge gleichzeitig zu erreichen: eine höhere Prozesseffizienz und eine bessere Ausrichtung an den Kundenbedürfnissen. Wie das funktionieren kann, zeigt folgendes Beispiel.[35]

Eine Bank setzte sich zum Ziel, Prozesse effizienter zu gestalten und gleichzeitig nach kundenorientierten Prozesskennzahlen zu führen. Dabei entschied man sich, in drei Schritten vorzugehen:

1. Im ersten Schritt analysierte man die Kundenprozesse, indem man sie visualisierte und für jeden Schritt positive und negative kritische Ereignisse anhand von Kundeninterviews eruierte.[36]

2. Im zweiten Schritt wurden die Prozesse überarbeitet, mit dem

Ziel, eine höhere Effizienz und eine höhere Kundenorientierung gleichzeitig zu erreichen.

3. Im dritten Schritt wurden dann die Prozesskennzahlen definiert, die die Kundenanforderungen berücksichtigten.

Die Kundenprozessanalyse und die Analyse der kritischen Ereignisse ergaben, dass die Qualität der Leistungserstellung, das Verhalten der Mitarbeiter und die Reaktionszeit häufig zu negativen Erlebnissen führten. Es handelte sich um Basisanforderungen, da sie von den Kunden offensichtlich gar nicht als positive kritische Ereignisse erwähnt wurden, auch wenn die Leistung bei diesen Eigenschaften gut war. Individuelle Betreuung, individuelle Leistung und die Informationsqualität waren Begeisterungsfaktoren. Sie führten zu positiven Reaktionen des Kunden. Kaum ein Kunde aber beklagte sich, wenn hier das Leistungsniveau niedrig war.

Damit wurden die zentralen Anforderungen der Kunden an die Leistung ermittelt. Um sicherzustellen, dass die Erwartungen auch nachhaltig erfüllt werden, wurden im zweiten Schritt Prozesskennzahlen abgeleitet, die die Grundlage für das Prozesscontrolling bilden sollten. Hier kam es darauf an, Kundenanforderungen mit der Strategie des Unternehmens in Einklang zu bringen.[37]

Dazu wurden die zuvor erhobenen Kundenanforderungen mit den Strategiezielen der Bank abgeglichen. Die Strategie bestand in der Steigerung der Kundenzufriedenheit bei gleichzeitiger Steigerung der Effizienz. Aus dieser Strategie wurden strategische Ziele abgeleitet wie:

1. Effizienzsteigerung im gesamten Wertschöpfungsprozess
2. Qualitätssteigerung/-sicherung zur Erhöhung der Kundenzufriedenheit
3. Prozessoptimierung und Freisetzung von Ressourcen
4. Klare Zeit- und Qualitätsstandards
5. Vereinheitlichung der Produktionsabläufe usw.

Bei genauerer Betrachtung der einzelnen Kundenanforderungen

wurde rasch klar, dass einige davon im Widerspruch zu den strategischen Zielen standen. Nun galt es zu überprüfen, wie viele und welche Kundenanforderungen ein Strategieziel unterstützten bzw. wie viele und welche Kundenanforderungen sogar einem strategischen Ziel entgegenwirkten. Dazu wurde eine Matrix mit den Kundenanforderungen und den Strategiezielen erstellt. In den einzelnen Zellen zeigten die weißen Pfeile die Unterstützung einer Strategie durch eine Kundenforderung an. Ein schwarzer Pfeil ließ eine Strategie im Widerspruch zu einer Kundenanforderung erkennen (Abbildung 7.6).

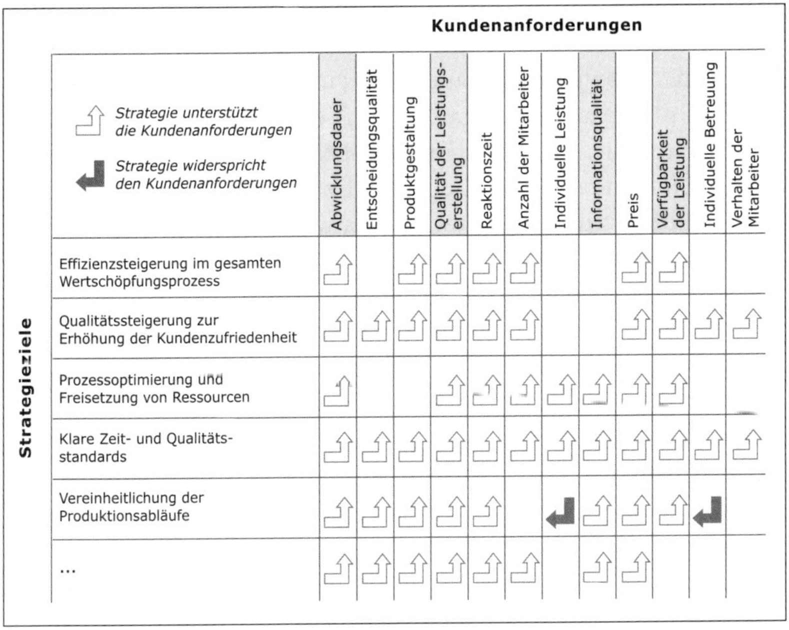

Kundenanforderungen

Legende:
⬆ Strategie unterstützt die Kundenanforderungen
◀ Strategie widerspricht den Kundenanforderungen

Strategieziele	Abwicklungsdauer	Entscheidungsqualität	Produktgestaltung	Qualität der Leistungserstellung	Reaktionszeit	Anzahl der Mitarbeiter	Individuelle Leistung	Informationsqualität	Preis	Verfügbarkeit der Leistung	Individuelle Betreuung	Verhalten der Mitarbeiter
Effizienzsteigerung im gesamten Wertschöpfungsprozess	⬆		⬆	⬆	⬆				⬆	⬆		
Qualitätssteigerung zur Erhöhung der Kundenzufriedenheit	⬆	⬆	⬆	⬆	⬆	⬆			⬆	⬆	⬆	⬆
Prozessoptimierung und Freisetzung von Ressourcen	⬆			⬆	⬆	⬆	⬆	⬆	⬆	⬆		
Klare Zeit- und Qualitätsstandards	⬆	⬆	⬆	⬆	⬆	⬆	⬆	⬆	⬆	⬆	⬆	⬆
Vereinheitlichung der Produktionsabläufe	⬆	⬆	⬆	⬆	⬆		◀	⬆	⬆	⬆	◀	
...	⬆	⬆	⬆	⬆	⬆	⬆		⬆	⬆			

Abbildung 7.6: Anforderungs-Strategie-Matrix

Priorität sollten nun jene Kundenanforderungen erhalten, die sowohl für den Kunden wichtig waren, weil sie häufig zu positiven oder negativen Erlebnissen führten, als auch die Strategie am besten unterstützten.

Die Kundenanforderungen „Individuelle Leistungen" und „Individuelle Beratung" standen im Widerspruch zum Strategieziel „Vereinheitlichung der Produktionsabläufe". Individuelle Leistungen waren aber keine Basisanforderungen, sie waren für Kunden Begeisterungsanforderungen. Da die strategische Priorität aber die Effizienzsteigerung war, verzichtete man darauf, die Leistungen weiter zu individualisieren. Damit vergab man zwar die Chance einer „Kundenbegeisterung", hier wäre man aber vermutlich in eine Kostenfalle gelaufen. Es galt nun nach Begeisterungseigenschaften zu suchen, die *nicht* im Widerspruch zu zentralen strategischen Zielen standen.

Die in der Anforderungs-Strategie-Matrix dunkel markierten Kriterien „Abwicklungsdauer", „Qualität der Leistungserstellung", „Informationsqualität" und „Verfügbarkeit der Dienstleistung" waren die zentralen Erwartungen für den Kunden. Sie standen im Einklang mit dem Ziel der Effizienzsteigerung und bildeten die Grundlage zur Prozessreorganisation.

Im nächsten Schritt wurden die Kennzahleninhalte für die Kundenanforderungen bestimmt. Dazu wurden die einzelnen Kundenanforderungen in „interne Kriterien" übersetzt, bevor für diese internen Kriterien Kennzahlen ermittelt wurden. Dies war notwendig, um aus den noch relativ abstrakten Kundenanforderungen konkrete Prozessanforderungen zu formulieren. Beispielsweise wurde das Kriterium „Qualität der Leistung" mit der Frage „Wie häufig treten Leistungsmängel je Prozessabschnitt auf?" übersetzt.

Die so erhaltenen Kennzahlen zur Abstimmung von Markt und internen Prozessen waren beispielsweise:

- Durchlaufzeit (Flussgrad): gemessen in Zeiteinheiten
- Termintreue: Anzahl der Terminüberschreitungen/100 Aufträge
- Leistungsqualität: Anzahl der Leistungsmängel/100 Aufträge
- Informationsqualität: Anzahl der Informationsmängel/100 Aufträge

Alle Kennzahlen wurden aus Kundenanforderungen in Kundenkontaktpunkten gebildet. Das Ergebnis dieses Projekts waren Prozessinnovationen, die die Effizienz und die Kundenzufriedenheit gleichzeitig steigern konnten.

Ganz wesentlich war in diesem Projekt, die strategischen Ziele mit den Kundenanforderungen abzugleichen, weil dadurch Widersprüche, die sich aus der Prozess- und Kundenperspektive ergaben, aufgehoben wurden.

Neue Geschäftsmodelle entwickeln

Irgendwann zwischen 1888 und 1890 reiste J.C. Fargo, Chef eines regionalen Frachtunternehmens in den USA, nach Europa. Er kehrte frustriert zurück. Obwohl er Chef von American Express war und Kreditbriefe mit sich führte, kam er kaum irgendwo zu Bargeld: „Sobald ich mich von den ausgetrampelten Pfaden entfernte, nutzten mir die Kreditbriefe ungefähr so viel wie nasses Einwickelpapier. Wenn schon der Chef von American Express solche Schwierigkeiten hat, was muss dann der normale Reisende durchmachen? Irgendetwas muss da passieren!"[38] J. C. Fargo wandte sich an Marcellus Flemming Berry und bat ihn, eine bessere Lösung als Kreditbriefe zu suchen. Berry erfand den Travellerscheck mit einem Nennwert von 10, 20, 50 und 100 Dollar.[39] Das Geschäftsmodell war einfach: Gegen eine niedrige Gebühr erwirbt der Kunde Sicherheit, da die Schecks gegen Verlust und Diebstahl versichert sind, und das Wissen, dass er sie ohne Umstände zu Bargeld machen kann. In den Geschäften und Hotels wurden die Travellerschecks gerne angenommen, weil man dem Namen „American Express" trauen konnte und mehr Umsatz machte. Für American Express war die Idee genial. Das Geschäft war vollkommen ohne Risiko, da Kunden ihre Schecks im Voraus bezahlten. Zudem kam American Express zu einem zinslosen Darlehen, einige Schecks wurden sogar niemals eingelöst. Die Idee dieses

Geschäftsmodells entstand durch Zufall. Ein ungelöstes Kundenproblem war der Auslöser. Das Prinzip des Modells wird heute
noch oft kopiert. Viele Einzelhändler steigern durch die Ausgabe
von Geschenkgutscheinen nicht nur den Umsatz, sondern strei-
chen auch Zinsgewinne ein.

Das Geschäftsmodell der Low-Cost-Airlines erlaubt es, für einen Flug wesentlich weniger zu verlangen als die klassischen Fluglinien. Das Geschäftsmodell von Dell ermöglicht es den Kunden,
genau jenes Produkt zu konfigurieren, das sie haben möchten – zu
einem günstigen Preis, da die Zwischenhändler ausgeschaltet werden. eBay bringt Millionen von Anbietern und Käufern im Cyber-
space zusammen und ist als virtueller Marktplatz höchst effizient.
Das Geschäftsmodell heißt Netzwerkeffekt: Je mehr Kunden an
den Online-Versteigerungen teilnehmen, umso wertvoller wird
eBay als Marktplatz und umso schwieriger wird es, eBay zu kopieren.

Die Formel für überdurchschnittlichen Erfolg ist im Prinzip einfach, es geht darum, „anders zu Sein". Anders sein bedeutet, einen
höheren Kundennutzen als die Konkurrenten zu bieten, indem man
entweder besser, schneller oder günstiger ist. Um besser, schneller oder günstiger zu sein, muss man die Wertschöpfungsaktivi-
täten anders organisieren. Mit anderen Worten, man braucht ein
besseres Geschäftsmodell. Geschäftsmodelle sind zunächst nichts
anderes als Annahmen darüber, wie ein Unternehmen funktionieren kann und auf welche Art und Weise einzelne Aktivitäten zu
kombinieren sind, um eine einzigartige Leistung auf den Markt zu
bringen.

Um mit neuen Geschäftsmodellen erfolgreich zu sein, sind drei
Punkte ausschlaggebend:
1. Sie müssen ein Kundenproblem lösen, das bisher noch nicht
   oder nur sehr unzufrieden stellend gelöst war.
2. Sie müssen die Spielregeln, nach denen eine Leistung auf den
   Markt gebracht wird, verändern.
3. Sie müssen die Spielregeln so radikal ändern, dass das Geschäftsmodell kaum zu kopieren ist.

Herber Kelleher und Rolling King entwarfen Ende der 1960er-Jahre auf einer Serviette einen Geschäftsplan. Die Idee war einfach: „If you get your passengers to their destinations when they want to get there, on time, at the lowest possible fares, and make darn sure they have a good time doing it, people will fly your airline."[40] Kelleher und King gingen davon aus, dass der Markt für inneramerikanische Flüge viel größer war, als man allgemein annahm. Es musste Millionen von Kunden geben, denen das Fliegen zu teuer war. Wenn es gelang, ein Geschäftsmodell zu entwickeln, das billiges Fliegen ermöglichte, musste dieser Markt erreichbar sein. Sie hatten Recht. Southwest Airlines wurde 1971 gegründet und ist eine der erfolgreichsten Fluglinien der Welt.

Zurückzuführen ist der Erfolg auf ein einzigartiges Geschäftsmodell, das die Spielregeln der Branche völlig neu definierte. Mittlerweile hat Southwest Airlines viele Nachahmer gefunden.

Ihnen gelingt es, die variablen Kosten zwischen 40 und 60 % unter jenen der klassischen Fluglinien zu halten und etwa 40 % mehr Flugstunden pro Flugzeug am Tag zu erreichen. Ein Flugzeug einer Lowcost-Airline ist im Schnitt pro Tag 10,5 Stunden in der Luft im Vergleich zu 7,5 Stunden einer klassischen Fluglinie, es ist maximal 20 bis 25 Minuten am Boden, bei anderen dauert der Turnaround doppelt so lange. Trotz der niedrigen Preise, bei der Ryan Air kostet ein Ticket durchschnittlich 45 Euro, werden Gewinne gemacht.[41]

Lowcost-Airlines funktionieren grundsätzlich anders. Ihr Geschäftsmodell ist auf niedrige Kosten ausgerichtet (siehe Abbildung 7.7).

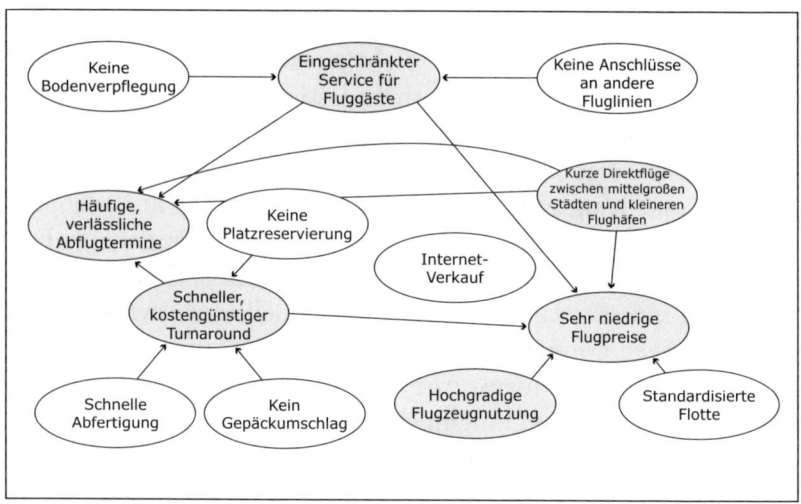

Abbildung 7.7: Geschäftsmodell der Lowcost-Airlines[42]

Lowcost-Airlines bieten in der Regel nur Direktflüge zwischen mittelgroßen Städten und kleinen Flughäfen, ohne Drehkreuze und Umsteigen. Die Flughafengebühren sind dort wesentlich niedriger und der Luftraum ist selten überlastet. Es gibt keine Anschlussflüge, das spart mühsame Abstimmungen der Flugpläne und Kosten für den Gepäckumschlag. Lowcost-Airlines verwenden eine standardisierte Flotte, beispielsweise die Boeing 737. Piloten und Mechaniker müssen nur auf diesen Flugtyp geschult werden und sind deshalb flexibel einsetzbar. Die Kosten für Wartungsarbeiten und Ersatzteile sinken. Es gibt kein Essen an Bord und keine Platzreservierung. Die Tickets werden zu einem Großteil über das Internet verkauft, statt im Schnitt zehn Dollar für das Reisebüro entsteht nur ein Dollar an Kosten bei einer Online-Buchung. Insgesamt erreichen die Lowcost-Airlines durch dieses Geschäftsmodell nicht nur wesentlich niedrigere Kosten, sie sind durchschnittlich auch pünktlicher.

Was aber dieses Geschäftsmodell so wertvoll macht, ist, dass es von den klassischen Fluglinien nicht imitiert werden kann.

Ein Unternehmen kann auf Dauer nur dann überdurchschnittlich erfolgreich sein, wenn es ihm gelingt, sich nachhaltig von den Konkurrenten abzuheben, das heißt, eine Leistung auf den Markt zu bringen, die dem Kunden entweder mehr Nutzen bringt oder weniger kostet. Das nachhaltig sicherzustellen erfordert es, Prozesse oder Tätigkeiten anders – eben besser, schneller oder günstiger – durchzuführen, das heißt, ein besseres Geschäftsmodell zu haben.

8

Top-Management: Die Architekten des Erfolgs

„Es sind nicht einzelne Managementmethoden und Instrumente, sondern letztendlich sind es die Einstellungen, Werte, Denkmuster und Verhaltensweisen des Top-Management-Teams, die die Grundlagen für nachhaltigen Erfolg bilden", so lautete eine unserer Thesen in Kapitel 3. Wenn wir die Ergebnisse unserer empirischen Analysen im PLS-Modell betrachten, scheint diese These – auf den ersten Blick zumindest – nicht haltbar zu sein. Die Daten von über 700 strategischen Geschäftseinheiten zeigen nämlich: Es gibt keinen direkten statistisch signifikanten Zusammenhang zwischen der Innovationsorientierung des Top-Managements und dem Unternehmenserfolg. Wenn wir allerdings die Kultur, die Marktorientierung, die Kernkompetenzen und die Innovation der Marktleistung ausblenden und nur ein stark vereinfachtes Modell rechnen, das nur den Zusammenhang zwischen der Innovationsorientierung des Top-Managements und dem Unternehmenserfolg berücksichtigt, passiert etwas Interessantes: Der Zusammenhang wird plötzlich höchst signifikant und stark ($\beta = 0,47^{***}$). Wie ist das zu erklären? In der wissenschaftlichen Sprache ausgedrückt bedeutet das Ergebnis: Wir haben einen starken Mediator-Effekt[1] der Kultur, der Marktorientierung, der Kernkompetenzen und des Innovationserfolgs. Mit anderen Worten: Es gibt einen Zusammenhang zwischen der Innovationsorientierung des Top-Managements und dem Unternehmenserfolg. Dieser ist aber nicht direkt, sondern kommt nur über die anderen Erfolgstreiber in unserem Modell zustande. Das bedeutet ganz einfach: Die Innovationsorientierung des Top-Managements allein reicht nicht aus. Nur dann, wenn sie

- sich in einer starken, unternehmerischen Kultur niederschlägt,
- zu einer starken Marktorientierung führt,
- sich das Unternehmen auf die Kernkompetenzen besinnt und Ballast abwirft,
- Kernkompetenzen ausspielen kann und
- daraus Innovationen entstehen,

werden die Grundlagen für einen nachhaltigen Erfolg geschaffen. Was bedeutet das?

Das Top-Management muss durch seine Innovationsorientierung und Risikobereitschaft

- eine starke Unternehmenskultur schaffen, die mit Werten besetzt ist, mit denen sich die Mitarbeiter identifizieren können und in der sie Sinn finden,
- eine Kultur schaffen, in der Mitarbeiter angeregt werden, neue Wege zu gehen, in der kreative Lösungen belohnt und anerkannt werden,
- Ressourcen zur Verfügung stellen, die dem Aufbau von außergewöhnlichen Kompetenzen, Fähigkeiten, Wissen und Beziehungsnetzwerken (sprich Kernkompetenzen) gewidmet sind und
- Märkte verstehen, Entwicklungen rechtzeitig erkennen oder sogar vorwegnehmen.

Darin liegen die zentralen Stellhebel für den Erfolg. Sicherzustellen, dass die Mechanismen – wie in unserem Modell dargestellt – auch greifen, sind die Aufgaben des Top-Managements, und diese sind nicht delegierbar.

Wir haben in den letzten Kapiteln die einzelnen Erfolgstreiber unseres Modells diskutiert und auch einige Denkmodelle und Instrumente dargestellt. Wir wollen uns nun den Fähigkeiten, Einstellungen und Werten widmen, die das Top-Management eines zukunfts- und innovationsorientierten Unternehmens auszeichnen sollte.

Leadership, Innovation, Veränderung

Was sind die Ansatzpunkte für Führungskräfte, damit sich Innovation und kreative Zerstörung im Sinne von Schumpeter nachhaltig implementieren lassen? In der Führungsarbeit geht es letztendlich darum, Ereignisse herbeizuführen, Marktsituationen zu verändern und neue Momente in das Geschehene einzubringen, die aus den gegebenen Prämissen nicht unbedingt abzuleiten waren und dem Ganzen womöglich eine vollkommen andere Richtung geben.

Welche konkreten Verpflichtungen lassen sich daraus für Führungskräfte ableiten?

- Wenn Wertentstehung im Kern Innovation und kreative Zerstörung voraussetzt, dann müssen Führungskräfte für Innovationen sorgen. Sie dürfen sich nicht darauf beschränken, Bestehendes zu bewahren und zu verwalten.
- Wenn Führungskräfte für Innovationen sorgen sollen, dann müssen sie täglich bemüht sein, schöpferisch tätig zu sein. Sie dürfen sich nicht darauf beschränken, das zu kopieren bzw. nachzuahmen, was bei anderen (in der Vergangenheit) Erfolg versprechend war, ist oder scheint.
- Wenn Führungskräfte schöpferisch tätig sein sollen, dann muss

dazu ständig der Status quo infrage gestellt werden. Der Ist-Zustand ist zu keiner Zeit als endgültig zu akzeptieren.

- Wenn Führungskräfte täglich den Status quo infrage stellen sollen, dann müssen sie sich mit den Menschen ihres Unternehmens beschäftigen, um diese für die Veränderung zu begeistern. Denn diese Menschen bestimmen schließlich den Status quo bzw. verfügen über das Wissen und die Kraft, diesen zu verändern. Die Konzentration auf Managementsysteme und Strukturen verschließt hier den Blick auf die Triebfeder der Veränderung, die Menschen.

- Wenn Führungskräfte die Menschen in ihrem Unternehmen für das Neue, die Veränderung begeistern sollen, dann müssen sie bei diesen Menschen Vertrauen erwecken. Sie dürfen sich bei ihrer „Begeisterungsarbeit" nicht auf die Kontrolle verlassen.

Nur wenn eine Führungskraft – Unternehmer als auch Manager – all diese Punkte erfüllt, kann sie ihren Führungsaufgaben gerecht werden.

Die Entwicklung eines visionären Zukunftsbilds der Unternehmung, mit dem den Mitarbeitern die großen Ziele des Unternehmens näher gebracht werden können und diese in der Folge begeistert für die Zielerreichung kämpfen, erfordert

- die Verankerung von Prozessen, die die Mitarbeiter dazu anspornen, Bestehendes zu hinterfragen und aus unterschiedlichen Blickwinkeln zu betrachten, um über wertsteigernde Veränderungen offen diskutieren zu können,

- die Initiierung von Prozessen, welche die Entwicklung und Etablierung von Kernkompetenzen garantieren und die Basis für die zukünftige Einzigartigkeit des Unternehmens ausmachen,

- das systematische Hinterfragen, auf welche Kernprodukte und Kerndienstleistungen man sich in Zukunft konzentrieren soll,

- das systematische Hinterfragen, inwieweit das Unternehmen imstande ist, eine nachhaltige Differenzierung vom Wettbewerb bzw. Erfolg versprechende Wettbewerbsvorteile im Wettbewerb zu erreichen, um die Kunden für sich zu nutzen,

- die Entwicklung und Initiierung von Prozessen, die sicherstellen, dass das Wissen über den Markt und das Wissen der Mitarbeiter optimal genutzt werden können,
- eine zukunftsorientierte Gestaltung der grundlegenden Strukturen, jener zentralen Strukturen, welche einen nachhaltigen Einfluss auf die Ausschöpfung der Unternehmenspotenziale haben.

Das sind natürlich große Aufgaben, die von Führenden viel verlangen. Nicht jeder kann sie meistern. Der Historiker Thomas Carlyler schrieb: „Die Weltgeschichte, sprich die Geschichte des vom Menschen auf der Erde Erreichten, ist im Kern nichts anderes als die Geschichte großer Männer[2], die hier wirkten."[3] „Great people built great companies", so Jack Welch[4]. Generell gilt – so zeigt die Leadership-Forschung –, dass die Führungsleistung an der Spitze des Unternehmens für den Erfolg umso wichtiger ist, je schwieriger die wirtschaftlichen und branchenspezifischen

Leadership

Entdecken neuer Möglichkeiten, verbunden mit der Fähigkeit, diese umzusetzen oder umsetzen zu lassen

Schaffen eines neuen Paradigmas
Arbeit am System

Mitarbeiter anregen und in die Lage versetzen, Spitzenleistungen zu erbringen

Ehrfurcht vor dem Menschen, Vertrauen

Einstellung des Dienens

Kreatives Lösen von Problemen

Arbeit innerhalb eines Paradigmas

Arbeit im System

"Dinge" und Menschen in Bewegung setzen, Methoden, Techniken, Kontrolle

Der Mensch als Hilfe

Einstellung des Machens

Management

Abbildung 8.1: Management versus Leadership[5]

Rahmenbedingungen des Unternehmens sind.[6] Leadership ist vor allem dann wichtig, wenn es darum geht, radikale Veränderungen durchzusetzen, um nachhaltige und signifikante Verbesserungen zu erreichen.[7]

Was ist aber Leadership? Ein guter Manager zu sein bedeutet noch lange nicht, ein guter „Leader" zu sein. Über Managementfähigkeiten zu verfügen ist eine notwendige, aber keine hinreichende Bedingung für den Führungserfolg. Leadership und Management sind zwei unterschiedliche – sich aber gegenseitig bedingende – Kompetenzen erfolgreicher Führungspersönlichkeiten (siehe Abbildung 8.1).[8]

„Leadership" – so schreibt Hans Hinterhuber – „heißt, neue Möglichkeiten zu entdecken und nutzen sowie die unternehmerischen Veränderungsprozesse so gestalten, dass Werte für alle ‚Stakeholder' ... geschaffen und gleichzeitig auch der Wert der Unternehmung erhöht werden.[9] Leadership schafft neue Paradigmas und arbeitet am System. Management heißt Probleme auf eine kreative Weise lösen. Management arbeitet innerhalb eines Paradigmas oder im System. Dafür gibt es eine Vielzahl von Instrumenten, Methoden und Einstellungen, mit denen die Unternehmung Wettbewerbsvorteile erzielen kann".[10] Leadership ist weiters „... die natürliche und spontane Fähigkeit, Mitarbeiter anzuregen, zu inspirieren und in die Lage zu versetzen, neue Möglichkeiten zu entdecken, selbstständig und kreativ Probleme zu lösen und sich freiwillig und begeistert für die Verwirklichung gemeinsamer Ziele einzusetzen. Dazu bedarf es einer großen Energie seitens des Unternehmers oder der obersten Führungskräfte, aber auch Respekt und Ehrfurcht vor den Menschen. Führung und aufrichtiges Interesse für die Menschen gehören zusammen. Die natürliche Autorität und Glaubwürdigkeit der Unternehmer und Führungskräfte hängt davon ab, ob ihre vorgelebte Vision, ihre Strategien und Einstellungen von den Mitarbeitern akzeptiert werden oder nicht. Die wirklichen Wurzeln von Führung liegen in Idealen und Werten sowie im selbstlosen Dienen und in einem Einsatz, der über den persönlichen Bereich hinausgeht[11] und auf die Zufriedenstellung aller ‚Stakeholder' gerichtet ist."[12]

Sokrates sagte in einem Gespräch mit Ischomachus: „Wenn sich der Herr während der Arbeit sehen lässt, der die schlechten Arbeiter hart strafen und die guten Arbeiter großzügig belohnen kann, und wenn die Arbeiter nicht mehr als das Übliche leisten, dann möchte ich ihn nicht bewundern. Wenn sie sich aber bei seinem Anblick in Bewegung setzen, wenn allein seine Anwesenheit in jedem Arbeiter Mut, Wetteifer untereinander und Ehrgeiz, sich hervorzutun, bewirkt, dann würde ich sagen, dass dieser Herr etwas vom Charakter eines Königs hat. Und das ist, wie mir scheint, das Wichtigste in allen menschlichen Tätigkeiten … Doch, bei Zeus, ich sage nicht, dass man das durch bloßes Zuschauen erlernen kann oder indem man es einmal gehört hat, ich behaupte aber, dass für den, der darin Erfolg haben will, Erziehung Not tut, eine gute körperliche Verfassung zu Gebote steht und, was am wichtigsten von allem ist, ein göttlicher Funke innewohnen muss. Denn mir scheint dieses Glück, Leute zu führen, die gerne gehorchen, durchaus nicht allein von menschlicher, sondern von göttlicher Art zu sein; es wird offenbar denen zuteil, die wahrhaft von vollendeter Weisheit sind."[13]

Leadership ist am ehesten vergleichbar mit dem Beruf eines Dirigenten[14], der als charismatischer Führer durch die Bewegung des Taktstocks die Aufmerksamkeit eines gesamten Orchesters auf sich richten und die einzelnen Mitglieder des Orchesters zu einer gemeinsamen Spitzenleistung führen kann.

Dazu muss, so Hans Hinterhuber[15], eine Führungskraft

- visionär sein, das heißt einen Siegeswillen anspornen, indem sie Mitarbeiter für Ideen begeistert, die Richtung angibt, Sinn vermittelt und das Unternehmen auf Resultate hinbewegt,
- Werte schaffen, das heißt kurzfristig positive Ergebnisse erzielen, aber auch in einer Langzeitperspektive „Wohlstand" für alle Stakeholder schaffen und
- Vorbild sein und Mut beweisen, das heißt Mitarbeiter anregen und sie positiv in Bewegung setzen und effizient kommunizieren, was nur dann funktioniert, wenn Führungskräfte selbst ein Beispiel geben und Risiken einzugehen bereit sind.

„Wenn es je eine einzelne Führungsidee gab," so Peter Senge in

seinem Buch „Die fünfte Disziplin", „die Organisationen seit ewi-
gen Zeiten inspiriert hat, so ist es die Fähigkeit, eine gemeinsame
Zukunftsvision zu schaffen und aufrechtzuerhalten. Man kann
sich nur schwer vorstellen, dass irgendeine große Organisation auf
Dauer ohne gemeinsame Ziele, Wertvorstellungen und Botschaften
erfolgreich sein kann. Für IBM war dies der Service und für Pola-
roid die Instantkamera, für Ford war es das Transportmittel für
die Massen und für Apple die Computermacht für jedermann.
Trotz enormer Unterschiede in Bezug auf Wesen und Inhalt dieser
Visionen ist es all diesen Organisationen gelungen, die Menschen
durch eine gemeinsame Unternehmensphilosophie und ein Gefühl
von gemeinsamer Bestimmung zusammenzubinden."[16]

Wenn eine echte Vision vorhanden ist, wachsen Menschen über
sich hinaus: Sie lernen aus eigenem Antrieb und nicht, weil man
es ihnen aufträgt. Aber viele Führungskräfte verfolgen persönliche
Visionen, die nicht in solche elektrisierenden gemeinsamen Visionen umgesetzt werden. Zur Disziplin der gemeinsamen Vision
gehört die Fähigkeit, gemeinsame Zukunftsbilder freizulegen, die
nicht nur auf die Einwilligung stoßen, sondern echtes Engagement
und wirkliche Teilnehmerschaft fördern.

Wenn also Wertsteigerung im Kern Innovation und „kreative
Zerstörung" voraussetzt, dann brauchen wir in Unternehmen einen
Geist und ein Umfeld, das Mitarbeiter begeistert, sich mit Neuem,
mit Veränderung zu beschäftigen. Wenn wir uns dann die Frage
stellen, was die Voraussetzung für diese Art von Begeisterung darstellt, dann müssen wir feststellen, dass diese Begeisterung nur dann
entstehen und langfristig wirken kann, wenn sich die Mitarbeiter
mit dem Unternehmen als solchem, mit dem Zweck des Unternehmens, seinen Zielvorstellungen und den Werten, für die das Unternehmen einsteht, inhaltlich und emotional identifizieren können.

Unweigerlich stellt sich die Frage, was denn aber die Voraussetzungen dafür sind, dass sich Mitarbeiter mit „ihrem" Unternehmen inhaltlich und emotional identifizieren können.

Eine mögliche Antwort finden wir bei Viktor Frankl[17]: Jeder ge-
sunde Mensch strebt explizit oder implizit nach einem erfüllten

Leben. Nach Frankl garantieren aber dem Menschen weder Bedürfnisbefriedigung noch Konzentration auf ausschließlich egoistische Ziele die angestrebte Erfüllung. Vielmehr stellt er fest, dass der Mensch immer wieder erfahren muss, dass sich jeder von uns nur in dem Maße verwirklichen kann, indem er einen Sinn erfüllt, der über ihn selbst hinausreicht. Doch wie können wir diese Erfüllung erreichen? Frankl geht davon aus, dass diese Erfüllung nur durch den Beitrag des Einzelnen zu einer sinnvollen Sache, einer sinnvollen Gemeinschaft, einem sinnvollen Werk oder in der Zuwendung zu anderen Menschen zu erreichen ist. Eine solche Dienstbereitschaft an Sinnstiftendem impliziert das höchste Maß an Motivation und Engagement.

Einen Beitrag zu etwas Sinnvollem leisten zu können löst dann jene Primärmotivation aus, die ungeahnte Kraft freizusetzen imstande ist. Demgegenüber münden Sinnlosigkeit und Sinnleere in Interesselosigkeit und Gleichgültigkeit, in der täglichen Arbeit in ein Burn-out-Syndrom.

Was bedeuten die Erkenntnisse von Viktor Frankl aber für ein Unternehmen? Bezogen auf Leadership bedeutet Sinnorientierung die ständige Auseinandersetzung mit der Frage, welche Visionen, Ziele und Werte das Unternehmen für und mit seinen Stakeholdern schaffen kann und will. Demnach ist Unternehmenserfolg im Sinne einer langfristigen und nachhaltigen Wertsteigerung immer nur die Folge von sinnvollem Handeln. Dementsprechend müssen sich die Führenden in Unternehmen unweigerlich mit „Sinngebung" und „Sinnstiftung" im und durch das Unternehmen beschäftigen.

Man kann sich nämlich nur dann inhaltlich und emotional mit einer Sache, mit einer Idee, mit einem Unternehmen identifizieren, wenn man selbst in der Sache, der Idee, dem Unternehmen oder auch der Gemeinschaft im Unternehmen einen Sinn erkennt.

- Je größer die Sinnhaftigkeit bzw. die Sinnstiftung ist, desto wertvoller wird das Ganze für uns.
- Je wertvoller etwas für uns ist, desto wichtiger wird es für uns.
- Je wichtiger etwas für uns ist, desto mehr beschäftigen wir uns emotional und inhaltlich mit dem Anliegen.

- Je mehr wir uns emotional und inhaltlich mit etwas befassen, desto eher wachsen wir über uns hinaus und sind imstande, etwas Besonderes zu leisten.

Dies bedeutet aber auch, dass falls es nicht gelingt, möglichst viele Mitarbeiter für etwas großes Sinnhaftes zu begeistern, es nur schwer gelingen wird, den Funken für Innovationen, Veränderung und Einzigartigkeit zu zünden.

Die Fähigkeit, Glück zu haben

Schließlich kommen wir zu einem letzten Punkt, den erfolgreiche Führungskräfte aus unserer Sicht gemeinsam haben: Sie besitzen die Fähigkeit, Glück zu haben. Sie haben das Talent, Zufälle zu nutzen. Zufall ist aber nicht immer etwas, was vollkommen außerhalb des Einflussbereichs liegt. Es gibt Menschen, die besser in der Lage sind, „zufällige" Chancen zu erkennen und sie im richtigen Augenblick zu ergreifen. Was dann den meisten Außenstehenden als Zufall erscheint, war in Wirklichkeit die Intuition und Fähigkeit, zum richtigen Zeitpunkt die richtigen Dinge zu tun. Diese Führungskräfte erkennen schwache Signale, die andere nicht wahrnehmen[18], sie erkennen Muster, wo andere noch keine Muster sehen.[19] Sie sind fähig, „aus der Vielzahl von mehrdeutigen, widersprüchlichen und häufig trügerischen Informationen die herauszufiltern, die für strategische Entscheidungen benötigt werden."[20] Vor allem aber haben sie eine Fähigkeit: intuitiv die richtigen Entscheidungen zu treffen.

Wenn man sie dann fragt, wie man sich das vorstellen muss, dann ähneln sich die Antworten ungemein. Man hat immer das große Ziel vor Augen und stellt sich nahezu täglich die Frage, wie man diesem Ziel denn wirklich näher kommen könnte. Man gibt Analysen in Auftrag, diskutiert mit Führungskräften, Kunden, Mitarbeitern, Beratern. Man zerbricht sich laufend den Kopf über das Wie, das Warum und das Wann und dann passiert es sehr häufig, dass gerade in einem ruhigen Moment, in dem man sich nicht wirklich mit dem Unternehmen beschäftigt, die einleuchtende Idee bzw. Lösung geradezu „eingegeben" wird. Alles ist auf einmal klar und logisch und genau so müsste es funktionieren. Man erlebt ein gewisses Glücksgefühl und würde es am liebsten möglichst allen mitteilen. Danach kommt aber doch oft wieder der Zweifel und man beginnt sich rational damit zu beschäftigen und checkt die Analysen usw., aber man bekommt die so gewünschte letzte Bestätigung nicht geliefert. Und dann trifft man die Entscheidung im Rahmen der für das Unternehmen vertretbaren Risiken.

Noch drastischer formulierte es der international anerkannte Wissenschaftler für experimentelle Physik, Professor Zeilinger. Zeilinger ist der internationalen Öffentlichkeit seit 1997 ein Begriff. Damals gelang seiner Forschungsgruppe die weltweit erste Quantenteleportation, eine direkte Übertragung des Zustands eines Lichtteilchens unter Überwindung von Zeit und Raum ohne die Zurücklegung eines Weges von A nach B. 1999 erfolgte eine weitere Premiere: die erste Verschlüsselung einer Geheimnachricht durch Quantenkryptographie. Die Sicherheit dieses Systems, das laut Zeilinger in absehbarer Zeit serienreif wird, sei durch Naturgesetze gewährleistet. Im Zuge der Einladung Zeilingers an die Siemens Academy of Life überraschte er in einem Interview mit seinen Aussagen, als er darüber reflektierte, nach welchen Kriterien er seine Projekte denn plane: „Am Beginn steht das Gefühl, dass sich etwas lohnt. Dann gibt es Vorexperimente, die alles immer deutlicher zeigen, was zu einem immer konkreter werdenden Zeitplan führt. Dann erfolgt die Durchführung. Ganz generell entscheide ich mich, wenn ich zwei oder mehrere Forschungswege vor mir habe, stets für den radikaleren Weg. Ich nehme sicherlich nicht den, von dem die Mehrheit der Kollegen sagt: ‚Ja, das ist ordentlich, das machen wir.' Da nehme ich grundsätzlich den anderen … Ich habe dabei immer das Glück gehabt, dass die Ziele, die ich mir gesetzt habe, zwar schwierig, aber immer gerade noch erreichbar waren. Mein primäres Motiv, mich für ein gewisses Ziel zu entscheiden, war letztlich immer die eigene Intuition. Ich

glaube, das Wichtigste ist, dass man nicht bloß dem eigenen Denken, sondern vor allem dem eigenen Gefühl, der eigenen Intuition
vertrauen soll und dann auch entsprechend handeln muss ... Über
meine Intuition habe ich nicht nachgedacht. Die nehme ich einfach
hin. Sie ist ein Teil meiner Person. Die Intuition zeigt mir, gibt
mir ein Gefühl, in welcher Richtung ich weitermachen soll. Ob
das tatsächlich der richtige Weg ist, kann man nie mit Sicherheit
wissen. Zumindest hat er mir Glück gebracht, sowohl in der Wissenschaft als auch in meinem persönlichen Leben. Bisher hat alles
funktioniert. Vielleicht geht es einmal schief, ich weiß es nicht ..."[21]
Garri Kasparov meinte in einem Interview für die Harvard Business Review: „Sobald ein Schachspieler nur drei Eröffnungszüge
gemacht hat, sind über neun Millionen Positionen möglich ... ein
großer Schachspieler zeichnet sich vor allem durch Intuition aus.
Der Grund liegt darin, dass Schach mathematisch gesehen ein un-
endliches Spiel ist. Die Menge der möglichen unterschiedlichen
Züge in einem einzigen Schachspiel übertrifft die Zahl der Sekunden, die vergangen sind, seit der Urknall das Universum hat entstehen lassen ... selbst auf den höchsten Ebenen ist es unmöglich,
sehr viele Züge vorauszudenken. Ich schaffe vielleicht fünfzehn,
und das ist ungefähr das Höchste, was Menschen bisher möglich
war."[22]

Schach ist vielleicht das beste Beispiel für intuitives Entscheiden.
Allgemein wird die Auffassung vertreten, dass das Schachspiel ein
höchstes Maß an kognitiven Fähigkeiten benötigt, da der Spieler
systematisch alle Züge und Gegenzüge analysiert und keinen Zug
ohne intensives Nachdenken macht. Tatsächlich aber sind Schachmeister in der Lage, mehrere Spiele gleichzeitig zu spielen – auch
gegen 50 Gegner – und zeigen eine relativ geringe kognitive Akti-
vierung. In solchen Wettbewerben haben sie schließlich kaum Zeit
– vielleicht eine Minute oder gar nur ein paar Sekunden –, um die
Züge zu durchdenken. Auch in Turnieren treffen Schachmeister
normalerweise nach ein paar Sekunden die Entscheidung zum Zug.
Die restliche Zeit wird damit verbracht, diesen Zug durchzuden-
ken und sich abzusichern, bevor er tatsächlich getätigt wird.[23]

Wie ist es möglich, bei einem so komplexen Spiel innerhalb von Sekunden die richtige Entscheidung zu treffen? Eine gute Antwort gibt ein Experiment[24]: Einem Nicht-Spieler werden die Positionen von etwa 25 Figuren für ein paar Sekunden gezeigt. Wird er dann gebeten, die Figuren wieder richtig aufzustellen, schafft er nicht mehr als durchschnittlich sechs richtige Positionen. Ein Schachmeister wird in der Lage sein, alle Figuren richtig zu positionieren. Das könnte natürlich auf eine außergewöhnliche Fähigkeit in der visuellen Informationsaufnahme und -speicherung zurückzuführen sein. Wiederholt man allerdings das Experiment, indem man die Figuren rein zufällig – ohne Sinn – auf dem Brett positioniert, wird der Nicht-Spieler wieder etwa sechs Figuren richtig aufstellen. Der Schachmeister auch. Warum? Der Schachmeister sieht hinter jeder Konstellation ein Muster. Sind die Figuren sinnlos aufgestellt, kann er auch kein Muster wahrnehmen. Insgesamt – so wird geschätzt – kann ein Schachprofi etwa 50.000 vertraute Konstellationen erkennen. Was als intuitive Entscheidung bezeichnet wird, ist in Wirklichkeit ein blitzschnelles Erkennen von Mustern, das teilweise völlig unbewusst passiert.[25]

Professor Gerald Hüther, ein renommierter Hirnforscher, der u. a. eine neurobiologische Forschungseinrichtung an der Universität Göttingen leitet, merkte in einem Gespräch mit uns an, dass das menschliche Gehirn nur bei sehr trivialen Entscheidungen wie ein Computer funktioniert, wo alle Vorteile und alle Nachteile scheinbar rational abgewogen werden und es so zu einer Entscheidung kommt. Bei komplexen Entscheidungen kommt es zu einer komplexen Vernetzung von Wissen, Erfahrungen und Emotionen, die zu einer völlig anderen Art von Rationalität führt als bei trivialen Entscheidungen. Er wies darauf hin, dass es die Intuition im landläufigen Sinn so nicht gibt. Vielmehr liegen hinter diesen „gefühlsmäßigen" Entscheidungen genau jene vernetzten Abläufe, die unterschiedlichstes Erfahrungswissen und aufgebautes theoretisches Wissen in einer besonderen Art und Weise nutzbar machen. Forschungsergebnisse belegen, dass Menschen, die sich durch ihre Neugierde, Offenheit und Chancenorientierung ein sehr hohes

Maß an Wissen angeeignet haben, wesentlich häufiger in der Lage sind, gute „intuitive" Entscheidungen zu treffen, als solche Menschen, die nur über einen relativ geringen Erfahrungsschatz verfügen.

Intuition ist dementsprechend weder ein magischer sechster Sinn noch ein paranormaler Prozess. Sie ist weder das Gegenteil von Rationalität noch Entscheiden nach dem Zufallsprinzip. Intuition ist eine hoch komplexe und hoch entwickelte Form des Schlussfolgerns, die auf langer Erfahrung und Lernen beruht und auf Fakten, Muster, Konzepten, Techniken, Abstraktionen und allem, was wir, als formales Wissen bezeichnet, in unserem Kopf abgespeichert haben.[26]

Intuition ist unbewusst, sie basiert auf unzähligen gespeicherten Erfahrungen. Sie ist schnell und verarbeitet Jahre von Erfahrungen innerhalb von Sekunden. Sie ist komplex und verarbeitet Informationen ganzheitlich und nicht nach linearen, rational-analytischen Entscheidungsprozessen. Intuition fußt auf Expertise, die sich in unbewussten Entscheidungsheuristiken niederschlägt und auf Emotionen, die mit einer bestimmten Situation, einem bestimmten Reiz einhergehen.[27]

Die Voraussetzungen für das „Zustandekommen" von Intuition und deren Nutzen sind in der Managementwissenschaft noch relativ neu und unerforscht.[28] Dennoch lassen sich erste Erkenntnisse aus den vorliegenden Untersuchungen ableiten.

- *Intuition braucht Erfahrung.* Intuition hat weder etwas mit Instinkt noch mit Hellseherei zu tun. Intuition ist „automatisierte Expertise"[29]. Je vielschichtiger und je umfangreicher die Erfahrung, umso mehr Muster sind dem Entscheider vertraut. Je mehr Muster ihm vertraut sind, umso besser ist seine Intuition. Erfahrungswissen ist oft als implizites Wissen abgespeichert. Es kann nicht artikuliert werden. Wenn daher eine erfahrene Führungskraft „aus dem Bauch" entscheidet, weil es ihr intuitiv richtig erscheint, ist es in Wahrheit die Mustererkennung aus der Erfahrung. Wenn diese Führungskraft dann nicht in der Lage ist, klar zu artikulieren, warum sie diese Entscheidung für richtig hält, muss das noch nicht heißen, dass die intuitive Entscheidung schlecht ist. Studien zeigen, dass Führungskräfte auf der obersten Ebene mehr intuitive Entscheidungen treffen als Führungskräfte auf der mittleren und unteren Ebene und dass Kleinunternehmer etwa gleich viel intuitiv entscheiden wie die obersten Führungskräfte von Top-Unternehmen.[30]

- *Führungskräfte brauchen Netzwerke.* Sie brauchen Netzwerke, um Erfahrungen auszutauschen und um ein gutes Feedback für ihre Entscheidungen zu bekommen. Nur durch ein gutes Feedback entsteht ein Lernklima, das den Aufbau von Erfahrungswissen unterstützt. Top-Führungskräfte sollten sich mit Leuten umgeben, die ihnen ebenbürtig sind und mit denen sie ein offenes Gesprächsklima pflegen. In der Führungspraxis passiert oft das Gegenteil: „Viele Manager versammeln Jasager und Kopfnicker um sich. Das ist das Verheerendste, was geschehen kann, und endet früher oder später in einem kollektiven Realitätsverlust."[31]

- *Führungskräfte brauchen emotionale Intelligenz.* Intuition geht meist mit Emotion einher. Der Neurowissenschaftler Joseph LeDoux[32] hat nachgewiesen, dass die Amygdala – unser emotionales Gedächtnis – in einem „quick and dirty"-Prozess Reize schneller kategorisiert und Verhalten auslöst als kognitive Prozesse. Mit anderen Worten: Emotion geht vor Kognition. Das „Bauchgefühl" kann uns nicht nur vor falschen Entscheidungen schützen, sondern uns auch auf Chancen aufmerksam machen. Daher meint Goleman auch, dass ein Hören auf die Gefühle zu besseren Entscheidungen führen kann.[33] Goleman fand zudem, dass 90 % der Unterschiede zwischen Top-Performern und durchschnittlich erfolgreichen Führungskräften auf oberster Ebene durch emotionale Intelligenz zu erklären sind.[34] Und hier sind es vor allem das Bewusstsein und die Kenntnis der eigenen Gefühle, das heißt die Fähigkeit, eigene Emotionen zu erkennen, sie zu verstehen und sie richtig zu interpretieren.

- *Lernen durch Fehler.* Da Intuition Erfahrung braucht, ist eine Umgebung notwendig, in der Erfahrungen – positive wie negative – gemacht werden können. Das erfordert auch ein gewisses Maß an Risikobereitschaft und Fehlertoleranz. Führungskräfte können solche Kulturen dadurch schaffen, dass sie öffentlich und kontinuierlich Führungskräfte unterstützen, die Risiken eingehen und auch Fehler machen, indem sie solchen Führungskräften auch Karrieren ermöglichen.[35]

- *Neugierig sein und Chancen statt Risiken sehen.* Führungskräfte müssen ihrer Neugierde auch und gerade im oft belastenden Beruf Freiraum geben. Diese Neugierde ist die Voraussetzung, dass man neue Möglichkeiten entdecken kann. Dies kann aber wiederum nur dann gelingen, wenn die gewonnenen Eindrücke „chancenorientiert" verarbeitet werden und nicht immer und überall nach Gründen für ein „Nichtgelingen" gesucht wird. Peter Drucker meint in einem Aufsatz in der Harvard Business Review: „Ein guter Manager richtet seinen Blick immer stärker auf Chancen als auf Risiken … sich nur um Probleme zu kümmern führt nicht wirklich weiter. Sie wenden damit lediglich Schaden vom Unternehmen ab. Positive Ergebnisse können erst entstehen, wenn Führungskräfte konsequent Chancen nutzen."[36] Chancenorientiertes Denken und Handeln sind Voraussetzung dafür, neue Wege zu gehen. Neue Wege zu gehen ist Voraussetzung dafür, Erfahrungen zu sammeln. Und Intuition braucht Erfahrung.

- *Der Intuition darf nicht freier Lauf gelassen werden.* Keine weise Führungskraft wird Entscheidungen aufgrund von Intuition treffen, die so schwerwiegend sind, dass sie das Unternehmen zerstören können. Eine weise Führungskraft wird vielmehr versuchen, Intuition durch Wissen und Fakten zu ergänzen. Oder wie es Peter Drucker formuliert: „I believe in intuition only if you discipline it. The ‚hunch' artists, the ones who make a diagnosis but don't check it out with facts, with what they observe, are the ones … who kill businesses."[37]

9

Was machen Top-Unternehmen anders?

Was machen Top-Unternehmen anders? Nach vierjähriger Forschungsarbeit sind wir der Beantwortung dieser Frage ein gutes Stück näher gekommen. Wir konnten wichtige Erfolgsfaktoren identifizieren und sichtbar machen, welche Rolle sie spielen. Wir haben versucht aufzuzeigen, mit welchen Herausforderungen sich Unternehmen beschäftigen müssen und worin wir die Stellhebel für den Erfolg sehen.

Innovationsfähigkeit, Kernkompetenzen und Marktorientierung sind zentrale Treiber. Letztendlich orten wir aber in der Innovationsorientierung des Top-Managements und dessen Leadership-Fähigkeiten die wahren Quellen von Wettbewerbsvorteilen und überdurchschnittlichem Erfolg. Diese wirken sich vielfältig aus:

- auf die Ausprägung der Unternehmenskultur oder besser Entrepreneurship-Kultur, die wir als Kultur verstehen, die durch Werte wie Dynamik, Unternehmertum und Risikobereitschaft geprägt ist, in der sich Führungskräfte als Unternehmer und risikofreudige Innovatoren sehen und wo Wachstum und Innovation zentrale Prioritäten sind,

- auf die Stärke der Unternehmenskultur, das heißt die Identität, die sie stiftet, und die Werte, die sie den Mitarbeitern vermittelt,
- auf die Innovationsfähigkeit des Unternehmens auf Ebene der Produkte, der Prozesse und der Geschäftsmodelle,
- auf die Investition in und den Aufbau von einzigartigen Ressourcen und Fähigkeiten, die als Kernkompetenzen zentrale strategische Entscheidungen steuern und die Grundlage für Innovationen bilden.

Diese Erfolgstreiber stehen nicht unabhängig voneinander. Erst in ihrer Kombination entfalten sie ihre Wirkung. Wir haben gezeigt, dass sich die Kultur und ihre Stärke vielschichtig auf die Marktorientierung, die Innovationsfähigkeit und die Kernkompetenzen auswirken. Wir haben auch gezeigt, dass die Marktorientierung die Innovationsfähigkeit, die Kernkompetenzen und den Erfolg direkt beeinflusst. Diese Faktoren mit ihren Ausprägungen und Zusammenhängen haben wir ausführlich diskutiert.

Wir möchten an dieser Stelle noch einmal den aus unserer Sicht zentralen Stellhebel betonen. So viel scheint festzustehen: Ohne die entsprechenden Einstellungen, Werte, Normen und auch Orientierungen des Top-Managements entwickelt sich kaum eine innovationsfördernde Kultur. Diese allein reicht aber mit Sicherheit nicht aus. Es bedarf an Methoden und Prozessen der marktorientierten Unternehmensführung sowie der Konzentration der Kräfte auf das, worin das Unternehmen einzigartig ist und zu den Klassenbesten zählt.

Wir konnten mit unseren Studien zeigen, dass die Erfolgswahrscheinlichkeit deutlich steigt, wenn diese Faktoren in den Unternehmen entsprechend ausgeprägt sind und zusammenspielen. Aus unseren Erkenntnissen können wir deshalb ein allgemeines Managementmodell ableiten (Abbildung 9.1).

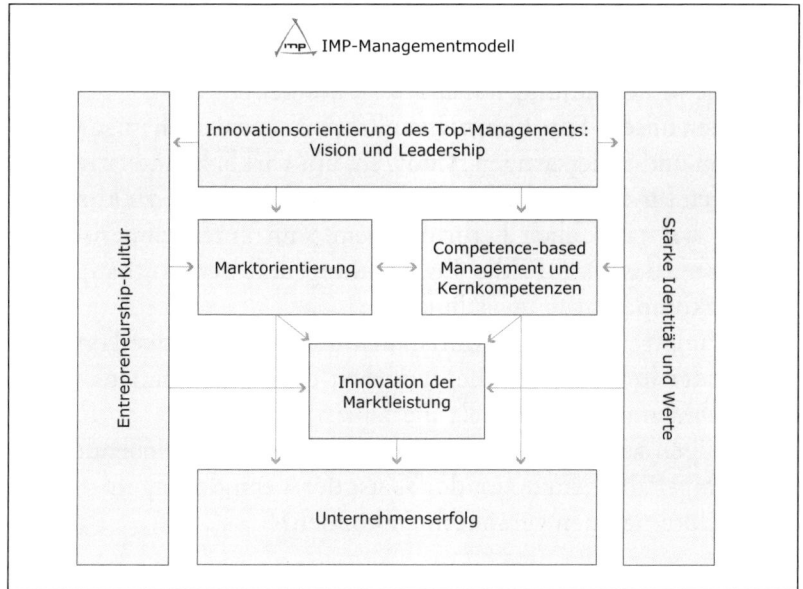

Abbildung 9.1: Das IMP-Managementmodell

Für jeden Baustein in diesem Modell gibt es Methoden und Instrumente. Diese im Detail darzustellen war nicht das Ziel dieses Buchs. Vielmehr war es das Ziel, Denkansätze zu liefern. Wir wollen an dieser Stelle noch einmal die zentralen Fragen formulieren, die sich Führungskräfte für ihr Unternehmen stellen sollten.

Innovationsorientierung des Top-Managements:
- Sind wir uns über den eigentlichen Kernauftrag des Unternehmens im Klaren und haben wir daraus wirklich visionäre Ziele für die nächsten zehn Jahre abgeleitet?
- Sind wir auf Top-Entscheidungsebene tatsächlich dazu bereit, das Morgen zu gestalten, und denken wir dabei über die bekannten Paradigmen hinaus?
- Verfügen wir auf Top-Entscheidungsebene über Wissensnetzwerke innerhalb und außerhalb des Unternehmens und nutzen

wir diese, um uns ein fundiertes Bild über die Veränderungen im Marktsystem, bei den Kundenproblemen und bei technologischen Entwicklungen machen zu können?
- Suchen unsere Top-Führungskräfte permanent nach ungewöhnlichen und andersartigen Ansätzen, um wirklich innovative Lösungen für die Kernherausforderungen entwickeln zu können?
- Sind wir tatsächlich bereit, in dem Sinn unternehmerisch zu denken, dass wir in die Entwicklung und den Aufbau neuer Kernkompetenzen investieren?
- Sind unsere Mitarbeiter durch die Führungsarbeit der Top-Entscheider imstande, die Besonderheit des Unternehmens wahrzunehmen und emotional zu erfahren?
- Verfügen wir in unserem Unternehmen über ausreichende Leadership-Fähigkeiten, um den Geist der Veränderung im gesamten Unternehmen verankern zu können?

Entrepreneurship-Kultur:
- Zeichnet sich die Kultur des Unternehmens durch Unternehmertum, Dynamik und Risikobereitschaft anstatt durch Standardisierung, Formalisierung und Risikominimierung aus?
- Sind die dominierenden Kräfte, die das Unternehmen maßgeblich zusammenhalten und ausrichten, Innovationsfreudigkeit, Flexibilität und Veränderungswille und nicht Regeln, Verfahren und Vorgaben?

Starke Identität und Werte:
- Sind unsere Mitarbeiter stolz darauf, für das Unternehmen und die Realisierung der Unternehmensziele zu arbeiten?
- Vertrauen die Mitarbeiter in die Kompetenzen des Managements und ihrer Kollegen?
- Fühlen und erfahren die Mitarbeiter, dass sie ein wichtiger Teil des Ganzen sind und dass ihr individueller Beitrag für die Erreichung der Ziele wichtig ist?
- Schaffen die Kultur, die gelebten Werte und der tägliche Umgang untereinander individuelles Wohlbefinden?

- Werden Fehler toleriert, solange sich Mitarbeiter an die Grundwerte des Unternehmens halten?

Marktorientierung:
- Nutzen wir auf allen Ebenen des Unternehmens die Möglichkeit, zukunftsrelevantes Wissen über Märkte, deren Spielregeln und die Kundenprobleme zu generieren, weiterzugeben und zu diskutieren?
- Verfügen wir über ein Netzwerk an Experten, Institutionen, Partnerunternehmen, Lead-Usern, um neues Wissen in das Unternehmen tragen können?
- Verfügen wir über Diskussionsplattformen im Unternehmen, bei denen über das generierte Marktwissen mit den Top-Entscheidern diskutiert wird?
- Sind wir in der Lage, dieses Wissen in zukunftsweisende Strategien, Produkte, Prozesse und neue Geschäftsmodelle zu transferieren?

Competence-based Management:
- Legen wir einen strategischen Fokus im Top-Management auf die Weiterentwicklung und den Aufbau neuer Kernkompetenzen?
- Verfügen wir über einen entsprechenden Plan für die Weiterentwicklung und den systematischen Aufbau von Kernkompetenzen?
- Verfügen wir über einen Prozess, mit dem wir versuchen, neue Märkte/Chancen für die bestehenden Kernkompetenzen zu finden?
- Schulen wir die Mitarbeiter gezielt in Richtung der aktuellen oder erwünschten zukünftigen Kompetenzen?

Kernkompetenzen:
- Verfügen wir über Fähigkeiten, Technologien, Ressourcen, Prozesse, Know-how usw., die

1. am Markt wertvoll sind, da sie dem Kunden einen besonderen Nutzen bieten,
2. einzigartig sind, das heißt, dass kein Konkurrent darüber verfügt,
3. nicht leicht imitiert werden können und
4. auch nicht durch andere Fähigkeiten, Technologien usw. ersetzt werden können?

• Sind wir in der Lage, diese Kernkompetenzen systematisch für Innovationen und die Erschließung neuer Marktfelder zu nutzen?

Innovationsfähigkeit:
• Ist der Anteil innovativer Produkte und Dienstleistungen am Gesamtumsatz höher als bei der Konkurrenz?
• Achten wir bei der Einführung neuer Produkte besonders darauf, dass der Produktlaunch auf Basis innovativer Einführungskonzepte erfolgt?
• Erreichen wir durch permanente Prozessinnovationen einen höheren Kundennutzen und bessere Kostenstrukturen?
• Haben wir ein innovatives Geschäftsmodell, das von den Konkurrenten nur schwer zu imitieren ist?

Die Datenbasis von mehr als 700 strategischen Geschäftseinheiten aus zehn europäischen Ländern lieferte nicht nur die wissenschaftliche Grundlage für unser Managementmodell. Mit diesem Forschungsprojekt konnten wir auch eine Datenbasis erstellen, die es Führungskräften ermöglichen sollte, konkrete Handlungsfelder für die Verbesserung der Performance des eigenen Unternehmens zu identifizieren. Daher haben wir ein Evaluationsmodell entwickelt, das es erlaubt, die Leistung des eigenen Unternehmens entlang der Erfolgsbausteine mit den Ergebnissen der Top-Performer und der durchschnittlichen Unternehmen zu vergleichen und daraus Maßnahmen abzuleiten.

Wir wollen nicht behaupten, dass die konsequente Umsetzung unseres Managementmodells Erfolg in jeder Situation garantiert.

Das wäre vermessen. Dazu sind die Märkte und die Probleme, mit denen Führungskräfte täglich konfrontiert werden, zu vielschichtig und zu komplex. Wir sind aber fest davon überzeugt, dass die Erfolgswahrscheinlichkeit steigt, wenn die Erkenntnisse aus diesem Buch in den Unternehmen Umsetzung finden.

Wir wollten „jene wenigen zentralen Stellhebel identifizieren, die für den Erfolg des Unternehmens wesentlich sind, und den Blick der obersten Führungskräfte dafür schärfen, was strategisch bedeutsam ist und daher deren uneingeschränkter Aufmerksamkeit bedarf." Es bleibt uns, zu hoffen, dass uns das gelungen ist.

Schließen wollen wir das Buch mit Ansichten von „Architekten des Erfolgs". Wir haben dafür mit einigen der erfolgreichsten Manager des deutschsprachigen Raums Gespräche geführt.

10

Gedanken großer Führungspersönlich- keiten

Peter Brabeck-Letmathe, Chairman & CEO, Nestlé S.A. Vevey, Schweiz

Eine Milliarde verkaufte Produkte pro Tag, mehr als 130.000 verschiedene Produkte, mehr als 250.000 Mitarbeiter, Produktionsstätten oder Niederlassungen in nahezu jedem Land der Erde, ein Jahresumsatz in der Höhe von 91 Milliarden Schweizer Franken, ein EBITDA von mehr als 11 Milliarden Dollar (2005) – Dimensionen, die uns in der Vorbereitung auf das Gespräch beeindruckten. Zumindest gleich beeindruckend sollte auch das Gespräch mit Peter Brabeck-Letmathe, Nestlé-CEO seit 1997, werden.

Es war kurz vor 9:00 Uhr. Herr Brabeck-Letmathe empfing uns freundlich, nahm die vorbereiteten Unterlagen von seinem Schreibtisch und eröffnete das Gespräch. Wir stellten ihm kurz die Konzeption und die zentralen Erkenntnisse unseres Forschungsprojekts vor. Er fragte interessierte nach, wollte mehr über die einzelnen Modellkomponenten wissen und notierte sich die eine oder andere Anmerkung. Er wies darauf hin, dass er die Erkenntnisse und unser Modell aus seinen Erfahrungen inhaltlich voll bestätigen könne, und war beeindruckt, wie es gelungen ist, jenes Kernwissen zu erfassen und darzustellen, das man sich ansonsten nur in vielen Jahren praktischer Führungsarbeit aneignet.

Wir wollten jetzt natürlich erfahren, worin Herr Brabeck-Letmathe die Hauptgründe für den nachhaltigen Erfolg von Nestlé sieht. Die Antwort war bezeichnend für das, was später folgen sollte: „Es geht nicht darum, nachzudenken, was uns bisher erfolgreich gemacht hat, sondern es geht primär um die Frage, was wir tun müssen, damit wir in Zukunft erfolgreich sind. Über die Ursachen des erreichten Erfolgs denke ich vielleicht nach, wenn ich im Ruhestand bin. Das klingt zunächst sehr einfach, aber es ist die vielleicht schwierigste Aufgabe in Unternehmen, insbesondere dann, wenn sie bereits sehr erfolgreich sind. Wenn sie nämlich bereits Erfolg haben, versucht die Organisation die Erfolgsmuster der Vergangenheit immer wieder abzurufen. Dies scheint auf den ersten Moment logisch und es vermittelt vor allem den Beteiligten ein Gefühl von Effizienz und Sicherheit. Genau dagegen müssen Sie mit allen Mitteln ankämpfen. Wirkliches Lernen kann nach meiner Erfahrung nur aus Krisen entstehen oder wenn wir uns ernsthaft gefordert fühlen, das Morgen neu zu gestalten. Wenn ich meine, eine gewisse Erstarrung zu spüren, kann es dann und wann schon vorkommen, dass ich bewusst ‚Steine‘ ins Wasser werfe, damit die dadurch ausgelösten ‚Wellen‘ unsere Führungskräfte und Mitarbeiter anspornen, radikal neue Lösungen anzudenken.“

Wir wollten wissen, was aus seiner Sicht die „Hebel" sind, um diese gewollte Dynamik in einem Unternehmen dieser Größe aufrechterhalten zu können:

„Lassen Sie mich dazu zunächst ein wenig ausholen. Bei meinem Antritt war ich aufgrund meiner Vorgeschichte bei Nestlé mit der enormen Komplexität an Marken, Produkten, Prozessen und Märkten vertraut. Ich war damals davon überzeugt – und ich bin darin im Laufe der Jahre weiter bestärkt worden – dass es trotz dieser enormen Vielfalt unumgänglich ist, bei Nestlé das höchstmögliche Niveau an Dezentralisierung zu erreichen. Wir müssen die Märkte in ihrer Verschiedenheit erfassen, verstehen und vor allem auch so bearbeiten. Dies stellte und stellt eine enorme organisatorische Herausforderung dar, die das Unternehmen auch und insbesondere in den Führungsprozessen bewältigen muss. Vor diesem Hintergrund sind es insbesondere drei Säulen, die aus meiner Sicht erfolgsentscheidend sind: die grundsätzliche Einstellung der Führungskräfte, die strategische Ausrichtung des Unternehmens und die dahinter liegende Innovationsleistung und die Art der gelebten Unternehmenskultur.

Sie brauchen Führungskräfte, die neben ihrer 100%igen Professionalität und dem notwendigen Commitment zu den Unternehmenszielen und Regeln auch über ein vernünftiges Maß an Risikobereitschaft verfügen. Als Herr Brabeck-Letmathe über dieses Thema zu sprechen begann, zog er aus dem Stapel an Unterlagen eine Broschüre mit dem Titel „The Nestlé Management and Leadership Principles" heraus. „Ich habe unmittelbar nach meinem Amtsantritt die für mich bedeutenden Management- und Leadership-Prinzipien für die Ausrichtung des Unternehmens erarbeitet. Eine zentrale Dimension nimmt darin u. a. die Risikobereitschaft von Führungskräften ein. Wenn sie etwas verändern wollen, müssen Führungskräfte insbesondere bereit sein, Risiken einzugehen. Genau das verlange ich auch von unseren Führungskräften. Um Ihnen zu verdeutlichen, was ich damit meine, möchte ich Ihnen kurz vor Augen führen, auf was wir bei der Auswahl unserer Führungskräfte besonders Wert legen. Natürlich schauen wir uns deren Performance und Professionalität im Detail an. Für mich ist es aber genauso wichtig, die Misserfolge oder Niederlagen dieser Führungskräfte zu durchleuchten. Eine Führungsposition zukunftsorientiert wahrnehmen kann aus meiner Sicht nur jemand, der in seiner Historie Misserfolge aufzuweisen hat. Nur dann war die Person nämlich bereit, Risiken einzugehen. Wenn jemand nur Erfolge hatte, hat er meist wenig bewegt. In der Konsequenz erhalten bei Nestlé nur jene Personen Top-Führungspositionen, die auch Misserfolge in ihrer Karriere aufweisen können. Bei Auswahlgesprächen, die ich selbst führe, sind die Personen dann vielfach auch sichtlich verwundert, wenn ich mich mit ihnen hauptsächlich über dieses Thema unterhalte."

Neben den in den Management- und Leadership-Prinzipien dargelegten Orientierungen wies Herr Brabeck-Letmathe in der Folge auf die zentrale Bedeutung der Innovationsleistung für den Unternehmenserfolg hin.

„Wenn wir über Innovationsleistungen sprechen, unterscheiden wir bei Nestlé drei grundsätzlich unterschiedliche Innovationsniveaus mit unterschiedlichen Innovationsprozessen. Zum einen bin ich davon überzeugt, dass wir sämtliche eingeführten Nestlé-Produkte innerhalb eines Zeitraums von fünf Jahren überarbeiten und verbessern müssen. Dazu haben wir einen konkreten Zeitplan ausgearbeitet, der die Mitarbeiter unabhängig von der Erfolgsgeschichte der Produkte dazu ‚zwingt', ca. 26.000 Einzelprodukte jährlich bezüglich ihres Nutzens, ihrer Qualität etc. zu überprüfen und zu verändern. Wir bezeichnen diesen Prozess als ‚Renovation'. Da es hierfür u.a. notwenig ist, mit dem Wissen der Mitarbeiter in den Märkten und konkreten Wettbewerbsvergleichen zu arbeiten, ist dieser Prozess sehr stark dezentral ausgelegt.

Das zweite Innovationsniveau betrifft die Technologieinnovationen. Diese werden zentral in den strategischen Business Units vorangetrieben. Hier geht es insbesondere um die Entwicklung neuer Produkt- und Produktionstechnologien für die einzelnen Produktkategorien.

Das dritte Innovationsniveau betrifft die Grundlagenforschung. Sie wird maßgeblich durch die strategische Ausrichtung des Unternehmens bestimmt und determiniert mit ihrem Output entscheidend den zukünftigen Unternehmenserfolg. Es ist dementsprechend unabdingbar, dass die Unternehmensleitung diesen Bereich aktiv lenkt, die notwendigen Ressourcen dafür bereitstellt und die strukturellen Voraussetzungen für eine erfolgreiche Entwicklungsarbeit schafft.

Nestlé ist seit geraumer Zeit gerade in diesem Bereich massiv gefordert. Wir haben einen Transformationsprozess eingeleitet, mit dem wir Nestlé von der weltweiten größten Food-Company zur weltweit bedeutendsten Food-Nutrition-Health & Wellness Company entwickeln wollen. Dies bedeutet u. a., dass wir neben unserem bisherigen Kerngeschäft herausragende Innovationsleistungen in den Bereichen Health & Wellness erbringen müssen. Dies stellt auch ein Unternehmen wie Nestlé vor massive Herausforderungen.

Auf oberster Ebene haben wir deshalb eine eigene Corporate Wellness Unit eingerichtet und mit entsprechenden Ressourcen ausgestattet. Diese Unit muss im Kern die Veränderung der internen und externen Denkhaltungen vorantreiben. Dazu ist es insbesondere notwendig, wissenschaftlich fundierte Wettbewerbsvorteile im Produktportfolio bezüglich Wellness und Gesundheit aufzubauen. Neben der internen Forschungs- und Entwicklungsarbeit hat man dazu bei Nestlé zwei Fonds gegründet.

Einen Venture Fund, bei dem eine Gruppe von Spezialisten das Ziel verfolgt, weltweit interessante Entwicklungen in den Bereichen Health & Wellness aufzuspüren und sich daran zu beteiligen. Die Spezialisten setzten sich dabei insbesondere mit den Entwicklungsarbeiten kleinerer Forschungsgruppen oder kleinerer Unternehmen auseinander. Erscheint dabei etwas als zukunftsfähig, versucht man sich daran zu beteiligen und die Forschungs- und Entwicklungsarbeiten mit Ressourcen zu unterstützen. Jene Entwicklungen, die tatsächlich interessante Produkte hervorbringen, werden in der Folge in den zweiten Fond transformiert. Dieser hat die Aufgabe, die Produktidee zu einem erfolgreichen Business zu entwickeln. All jene Produkte, mit denen es gelingt, ein bestimmtes Geschäftsvolumen zu realisieren, werden dann in die eigentliche Marktorganisation von Nestlé übernommen. Für Nestlé ist es dadurch möglich, zunächst sehr schnell und flexibel Ideen aufzuspüren und im Markt zu testen, und in der Folge nur die chancenträchtigsten Produkte in einem möglichst globalen Roll-out zu vermarkten."

Während Herr Brabeck-Letmathe über den eingeleiteten Transformationsprozess reflektierte, spürte man die besondere strategische Bedeutung, die er diesem beimisst. Die Art, mit welcher Überzeugung er uns die Entwicklungen auf den Märkten näher brachte, war beeindruckend und veranschaulichte gleichzeitig, wie intensiv er selbst sich mit den Marktentwicklungen beschäftigt. Auf die Frage angesprochen, wie viel Zeit er denn selbst in den Märkten verbringt, meinte er:

„Ich verbringe ca. 70 % meiner gesamten Zeit in den Märkten bei den Kunden und Mitarbeitern. Ich benötige diese Zeit, um ein Verständnis und ein Gefühl dafür zu bekommen, wo wir stehen und wo wir uns hinentwickeln müssen. Dieses Marktverständnis kann man nicht allein aus Berichten entnehmen, bzw. ist man sonst nicht in der Lage, die Berichte entsprechend zu interpretieren."

Die Betonung der strategischen Ausrichtung und der damit einhergehende Stellenwert grundlegender Innovationsleistung führten uns zu der Frage, welchen Einfluss die Kapitalmärkte auf die strategischen Entscheidungen aus seiner Sicht haben. Herr Brabeck-Letmathe lehnte sich zurück und man merkte, dass wir damit einen sehr sensiblen Punkt ansprachen. „Wenn Sie ein Unternehmen langfristig ausrichten und nachhaltig erfolgreich machen möchten, dann müssen sie sich vom klassischen Shareholder-Value-Denken verabschieden. Ich weigere mich, bei meinen Entscheidungen die Meinung der ‚Finanzfundamentalisten' zu berücksichtigen. Obwohl sie mich häufig dafür ‚abstrafen', darf und will ich mich nicht den Regeln der Kurzfristigkeit anschließen. Aus meiner Sicht geht es um den langfristigen Shared-Value, den ein Unternehmen anstreben sollte. Genau aus diesem Grund haben wir mit Michael Porter das Shared-Value-Konzept für Nestlé ausgearbeitet. Im Kern versuchten wir herauszuarbeiten, wie es Nestlé gelingen kann, einen ‚long-term Shareholder-Value' sicherzustellen. Wir kamen dabei zu dem Schluss, dass es notwendig ist, eine Unternehmung aufzubauen, die das nachhaltige Vertrauen der Öffentlichkeit genießt. Um dieses Vertrauen tatsächlich gewinnen zu können, ist es notwendig, dass das Unternehmen auch wirklich seine gesellschaftliche Verantwortung wahrnimmt. Dies kann ihm nur gelingen, wenn es diesen zentralen Aspekt in die Unternehmensstrategie integriert und dieser Strategie über einen langen Zeitraum folgt."

Die Zeit war mittlerweile weit fortgeschritten und wir wollten unbedingt noch etwas über die von Herrn Brabeck-Letmathe angesprochene Bedeutung der Unternehmenskultur erfahren.

„Die Art der Kultur eines Unternehmens ist letztlich entscheidend, ob es imstande ist, eine outstanding Performance zu erbringen. Gleichzeitig ist es ungemein schwierig, Unternehmenskultur greifbar und damit steuerbar zu machen. Ich bin mittlerweile zu der Überzeugung gekommen, dass die Kultur in einem Unternehmen maßgeblich durch die Beobachtungen der Mitarbeiter geprägt wird. Mitarbeiter schauen sehr genau, welche strategischen Entscheidungen getroffen werden, wer im Unternehmen was dafür tut oder insbesondere was nicht getan wird. Dementsprechend setzt eine aktive Kulturarbeit natürlich voraus, dass Kernwerte für das Unternehmen und für die Zusammenarbeit mit allen Stakeholdern definiert werden. Diese immer wieder zu präsentieren ist wichtig. Das Wichtigste ist aber, dass die Führungskräfte auf allen Ebenen diese Werte tatsächlich vorleben.

Wenn ich beispielsweise Risikobereitschaft von meinen Führungskräften fordere, dann muss ich höchstpersönlich meine Führungskräfte auch im Falle von Fehlschlägen schützen bzw. sie ermuntern wieder neues Risiko einzugehen. Tue ich das nicht, brauche ich mir keine Minute mehr Gedanken über die Veränderungsbereitschaft im Unternehmen zu machen.

Ähnlich verhält es sich mit der Forderung, dass möglichst alle Mitarbeiter unternehmerisch denken und handeln sollen. Will ich das erreichen, dann muss auch ich die Mitarbeiter wirklich in die großen strategischen Entscheidungen einbinden. Als ich auf Basis von Gesprächen mit meinen Kollegen begonnen habe über das Thema Health & Wellness nachzudenken, habe ich als Erstes einen Aufsatz zum Thema Wellness formuliert und ihn mit der Bitte um Feedback bzw. konkrete Meinungen an ausgewählte Gesprächspartner im Konzern verteilt.

Auf der Basis des konstruktiven und vielfältigen Feedbacks wurden etwa innerhalb eines Jahres erste Eckpfeiler der Vision mit schon relativ klaren Grenzen definiert. Innerhalb eines weiteren Jahres wurden immer mehr Mitarbeiter hinzugezogen, um die Details auszuarbeiten. Und so entstand die aktuelle Version der ‚Blueprints for the Future‘, welche in Form von Workshops bei jährlichen Treffen mit über 400 Nestlé-Führungskräften aus aller Welt diskutiert und alle 18 Monate überarbeitet werden. Diese strategischen Blueprints werden in der Folge allen Nestlé-Mitarbeitern ausgehändigt. Gleichzeitig nutze ich selbst die Zeit bei meinen Besuchen in den Ländern sehr intensiv, um mit den Mitarbeitern vor Ort über die strategischen Themen zu diskutieren.“

Wir waren am Ende eines beeindruckenden Gesprächs angelangt. Selbstverständlich hätten wir noch viele Fragen gehabt, aber Herr Brabeck-Letmathe hatte uns bereits deutlich mehr seiner Zeit gewidmet als vereinbart. Als wir uns verabschieden wollten, fragte er uns, ob wir noch ein wenig Zeit hätten. Er würde uns gerne noch etwas zeigen.

Während unseres Gesprächs hatte Herr Brabeck-Letmathe darauf hingewiesen, dass es für ihn ungemein wichtig ist, dass die Menschen in der Zentrale nie vergessen, dass der Erfolg von Nestlé primär auf den Produkten beruht, die Systeme sind lediglich Instrumente, um die notwendigen Prozesse abzusichern. Er hat deshalb entschieden, dass der oberste Stock der exklusiven Zentrale nicht das Top-Management beheimaten soll. Vielmehr sollen dort die Nestlé-Produkte ausgestellt sein, Verkostungsmöglichkeiten vorhanden sein und angenehme Aufenthaltsbereiche für die Mitarbeiter gestaltet werden, damit diese mit den Produkten in Kontakt kommen. Wir gingen über eine großzügige Treppe direkt von der obersten Schaltstelle der Nestlé AG in die „Nestlé-Ausstellung“. Wir bekamen vom CEO eines Unternehmens, das eine Milliarde Produkte pro Tag weltweit verkauft, eine persönliche Produktvorstellung.

Markus Langes-Swarovski, Mitglied der Geschäftsführung, Swarovski

Markus Langes-Swarovski, 32 Jahre jung, ist seit vier Jahren Mitglied der Geschäftsführung des Geschäftsbereichs Kristall des Familienunternehmens Swarovski mit mehr als 16.000 Mitarbeitern. Bekannte und Mitarbeiter charakterisieren ihn als Visionär und Querdenker, der über die Begabung verfügt, auf Menschen zuzugehen und sie für neue Dinge zu begeistern. Bezeichnend für ihn ist einer seiner Leitsätze: „Es geht letztlich darum, Blickwinkel jenseits der Parameter des Moments einzunehmen." Sein Zugang dabei ist diskursgeprägt – „erst der offene und kritische Dialog über das Morgen führt zum Perspektivenwechsel" –, sein Führungsverständnis fordernd – „ich habe es mir zur Aufgabe gemacht, den Kern des Unternehmens durch den Diskurs laufend zu stören, denn nur die Bereitschaft, mit Bestehendem zu brechen, eröffnet die Möglichkeit, sich zu entwickeln" – und seine „Inspirationsquellen" ein Netzwerk von Vor- und Querdenkern aus Philosophie, Kunst, Design, Wirtschaft.

Markus Langes-Swarovski über Innovationsfähigkeit und Geschichte:

„Zukunft braucht auch immer Herkunft, und zwar nicht im nostalgischen, sondern in einem zukunftsweisenden Sinn", so Markus Langes-Swarovski. Die eigene Geschichte ist für Swarovski eine wichtige Basis für das zukünftige Handeln eines Unternehmens. Die Auseinandersetzung mit der Historie des eigenen Unternehmens darf sich nicht auf die ledigliche Fortführung bewährter und alteingebrachter Muster fokussieren, sondern sie soll Chancen und Möglichkeiten in der Zukunft öffnen. „Wenn wir einen Diskurs über die Elemente der eigenen Geschichte führen, so kann man feststellen, dass Daniel Swarovski, der Gründer des Unternehmens, ein fortschrittlicher Avantgardist und ein mutiger Unternehmer gewesen ist. Das Erkennen und Nutzen von Chancen war damals schon ein wichtiges Element seiner Unternehmerphilosophie: ‚Jede Zeitperiode bietet Möglichkeiten, sich zu entfalten. Es heißt permanent wach zu bleiben und das sich Bietende recht zu nutzen.‘

Man kann sich im Hinblick auf dieses Denken zukunftsoffen auf die eigene Geschichte beziehen. Der Blick zurück lässt uns somit auch vorwärts schauen zum ‚Versuch‘, die eigene Geschichte weiterzuschreiben und aktiv zu gestalten, indem wir den zentralen ‚Erfolgsprinzipien‘ von Swarovski – Veränderung und Avantgardismus – folgen. Daraus entsteht eine Zukunftsorientiertheit aus der eigenen Vergangenheit heraus. In der Reflexion auf diese soll ein Denken im Sinne von ‚lass es uns noch einmal wagen‘ im Unternehmen entstehen.

Aufgabe der Unternehmensführung ist es, diesen Veränderungswillen im Unternehmen am Leben zu erhalten und zu fördern. Dabei ist es für jede Führungskraft wichtig, neue Dinge anzudenken und im Unternehmen zu diskutieren. Ausgangssituation jedes kreativen Prozesses ist die Unzufriedenheit mit der bestehenden Situation. In diesem Zusammenhang ist die interne Kommunikation neuer Ansätze und Ideen in der Form eines offenen Dialogs/Diskurses ein wichtiges Instrument der Führung. Diese Art von Kommunikation sorgt immer wieder für Verwirrung innerhalb unserer Organisation. In einem so großen Betrieb wie Swarovski ist das schon fast ‚störend‘. Dieses ständige Stören des Unternehmens in seinem Kern – bestehende Denk- und Handlungsweisen immer wieder infrage zu stellen – stellt die Manövrierfähigkeit des Unternehmens Swarovski erst sicher und ist eine wichtige Aufgabe der Führung. Damit sollen Mitarbeiter auf allen Ebenen aber vor allem verführt werden, immer wieder einen Schritt weiterzugehen. Der große Wurf kann immer nur dann entstehen, wenn Leute im eigenen Unternehmen bereit für Neues sind, also diesen einen Schritt weitergehen wollen.

Führungskräfte müssen die Rolle eines kulturellen ‚Veränderungsmotors‘ im Unternehmen übernehmen. Sie müssen, wie bereits erwähnt, das Unternehmen immer wieder im Kern stören, um Veränderungen anzuregen. Mitarbeiter müssen in einem bestimmten Maß permanent verwirrt sein, und das auf allen Ebenen bis hin zum After Sales. Auch mein Vater hat zu seiner Zeit die Mitarbeiter in unserem Unternehmen immer wieder herausgefordert.

Wesentlich ist es, die Beweglichkeit im Kopf aufrechtzuerhalten, den Blickwinkel immer wieder zu verändern und laufend mit kleinen Störungen zu intervenieren. Diese müssen allerdings wohl dosiert erfolgen, damit es nicht ein Zuviel an Dynamik im Unternehmen wird. Denn es gilt natürlich auch, die bestehende Basis weiterzuentwickeln.

Neben dieser Aufgabe des permanenten ‚Störens‘ ist es aber wichtig, dass Führungskräfte auch erkennen, dass sie ihre Leadership-Rolle im Unternehmen übernehmen müssen, denn gerade mit Veränderungen sind auch laufende Schwierigkeiten und Probleme verbunden. Dabei sehe ich den Dialog bzw. den Diskurs in einem Unternehmen als auslösendes Moment für die Manövrierfähigkeit einer Organisation. In diesem Zusammenhang gilt es, auch verschiedene Denkrichtungen im Unternehmen zuzulassen. Veränderung entsteht erst durch die Diskussion. Bestehendes muss flexibel bleiben und Neues muss sich in Zellen entwickeln können. Diese Auseinandersetzung mit der Zukunft des Unternehmens ist wichtiger, als einfach nur über die operative Exzellenz nachzudenken.

Hierbei gilt es für die Unternehmensführung, Plattformen zu schaffen bzw. zuzulassen, die den Diskurs im Unternehmen ermöglichen. Natürlich gehen wir hier auch ein großes Risiko ein, denn die Veränderung kann auch in die falsche Richtung führen. Nehmen wir hier das Beispiel unserer Kristallfiguren, die für manche Bereiche in unserem Unternehmen bereits als ‚Kitsch‘ abgetan wurden. Einer solchen Entwicklung gilt es dann gegenzusteuern. Bei mir hat dieses Denken aber eine ‚Jetzt-erst-recht-Reaktion‘ ausgelöst. Wir haben diesbezüglich dann eine komplette Ausgabe unseres Mitarbeitermagazins dem Thema Kitsch gewidmet, um eine neue Diskussion über die ‚Substanz jenseits von Mode‘ anzuregen. Ich rede hier aber nicht von einer Mitarbeiterzeitung im klassischen Sinn. Dieses Instrument muss bei uns eine ganz andere Qualität aufweisen und die Mitarbeiter zum Nachdenken über das

Unternehmen bewegen. Dabei ist die professionelle und aufwendige Gestaltung des Kommunikationsinstruments eine wichtige Voraussetzung für den Erfolg der Maßnahme."

Markus Langes-Swarovski über Kultur und Markenbildung von innen heraus:

„Für uns ist Kultur des Unternehmens, welche auf einer offenen und authentischen Kommunikation mit den Mitarbeitern basiert, ein zentraler Schlüssel zu unserem Unternehmenserfolg. Vor etwa drei Jahren, als wir im Rahmen des Generationenwechsels in der Unternehmensführung einen ganzheitlichen Strategieprozess angeregt haben, war es für uns wichtig, herausfordernde Ziele und Inhalte für die Zukunft des Unternehmens zu entwickeln. Dabei war es essenziell, möglichst tief in das Unternehmen vorzudringen und ein emotionales Commitment für die aktive Zukunftsgestaltung des Unternehmens auszulösen. Denn im Rahmen des normativen Managements ist es immer gefährlich, Leitsätze zu formulieren und diese den Mitarbeitern in Form von ein paar Zeilen Text vorzusetzen. Wichtig ist eine emotionale Verankerung dieser Werte und Gedanken in den Köpfen der Mitarbeiter.

Wir haben begonnen – zuerst in einem kleinen Kreis – herausfordernde Inhalte für das Unternehmen zu beschreiben. Von Anfang an war der Prozess der Implementierung dieser Grundgedanken von großer Bedeutung. Für uns stellte erst der Dialog/Diskurs das auslösende Moment für die Veränderung dar. Denn Veränderung entsteht erst durch Diskussion. Das Auseinandersetzen mit der Zukunft des Unternehmens kann eine große emotionale Bindung bei den Mitarbeitern auslösen und fördert somit die Entwicklung einer entsprechenden Unternehmenskultur und die Markenbildung bei Swarovski.

Die Markenbildung geht bei Swarovski von innen aus. Die Marke ist der ‚Aufhänger' für unsere Identität und unsere Kultur. Diesbezüglich haben wir sicherlich Glück mit unserem Produkt, denn das Produkt Kristall kann in seinem Spannungsfeld zwischen Technologie und Lyrik jeden berühren. Wir haben dies zu dem

Grundsatz ‚Poesie der Präzision' formuliert, der bei uns von der Technologie bis hin zum Management seine Anwendung findet.

Um diesen Prozess der internen Markenbildung anzuregen, haben wir eine Reihe von Instrumenten entwickelt, welche u. a. im Rahmen von inszenierten Events, mit ‚euphorischen Fernbildern' die zukünftigen Möglichkeiten des Unternehmens aufzeigen. Der Erfolg zeigt sich für mich auch darin, dass diese Bilder unsere Mitarbeiter bis hin zur Gerührtheit emotional bewegt haben. Diese Vorgehensweise führte sogar so weit, dass sich in unserem Unternehmen ein ganz spezielles Vokabular entwickelt hat.

Im Mittelpunkt davon stand immer, die von uns in Zusammenarbeit mit Künstlern entwickelte ‚Brand Romance', die mittels Poesie und Kunst unsere Markenwerte transportieren soll (Explosion of Expression). Eine professionelle Gestaltung dieser Kommunikationsinstrumente ist eine wichtige Voraussetzung für den Erfolg. Im Rahmen der Brand-Romance-Veranstaltungen bei Swarovski haben wir verschiedene Fernbilder des Unternehmens Swarovski von Regisseuren aus Los Angeles professionell verfilmen lassen. Das heißt, eine gute Umsetzung war für uns immer von großer Bedeutung.

Es reicht aber nicht, professionelle Drehbuchschreiber zu engagieren, wenn man diese Werte und die mögliche Zukunft des Unternehmens nicht ehrlich und emotional teilt. Mann darf nicht vergessen, dass wir diese sehr aufwendigen Instrumente nur für die interne Kommunikation mit den Mitarbeitern entwickelt haben. Aber wenn Inhalt und Form zusammenpassen und 16.000 Mitarbeiter die Marke Swarovski fühlen, kann man sich sehr viel an klassischer Werbung sparen.

Das Kristall stellt allerdings ein perfektes Medium dar, um Geschichten zu erzählen. Kristall ist allerdings nicht abgeschlossen, das heißt, die Leute können bzw. müssen sich diese Geschichten selbst zu Ende erzählen. Der Mitarbeiter bekommt somit keine fertige Antwort, sondern eine gute Basis, um über die Zukunft des Unternehmens nachzudenken.

Natürlich müssen solche Aktivitäten parallel zum ‚klassischen'

Strategieprozess laufen. Zudem ist eine offene Plattform für Diskussionen und für Diskurse wichtig, ohne die Marke in ihren gesamten Grundzügen zu ändern. Denn die Marke soll für uns die Richtung für Wachstum vorgeben und somit Gültigkeit behalten, denn kollektiver Besitz kann durch Wiederholung entstehen."

Welche Rolle spielen die Kunden, wenn man das Morgen gestalten will?

„Man darf nicht zu viel auf das hören, was der Kunde will. Nicht alles, was man über den Markt wissen muss, kann man von den Kunden lernen. Genau das zu tun, was der Kunde will, ist innovationsfeindlich und endet im Mittelmaß. Eine Fokusgruppe zeigte zum Beispiel die Problematik auf, dass unsere Produkte aus Sicht der Kunden zu teuer seien. Bei der Interpretation der Daten muss man sich dabei natürlich bewusst sein, dass jeder für sich selbst Vorteile sucht und dieses Ergebnis hier fast zu erwarten war. Jedes Produkt und jedes Detail in einer Unzahl an Pretests abzutesten, ist aber nicht unser Weg.

Natürlich führen wir sehr viel Marktforschung durch. Für mich haben Marktnähe bzw. gute Marktforschung allerdings zwei Dimensionen: Das erste Ohr hört dem Konsumenten zu, das zweite befindet sich allerdings außerhalb unserer Zielgruppe.

Ich bin hier sozusagen für einen ‚transkulturellen' Ansatz in der Marktorientierung. Es ist in der Marktorientierung sehr wichtig, auch außerhalb der derzeit relevanten Target-Groups zu blicken.

Mit dem Sammeln von Informationen ist es aber noch lange nicht getan. Die eigentliche Kunstform im Marketing ist die richtige oder besser gesagt ‚eine' richtige Interpretation der Informationen. Bei Swarovski suchen wir immer wieder den Diskurs mit Expertengruppen, Referenzgruppen, um zentrale Themen aus verschiedenen Aspekten zu beleuchten. Wichtig ist es, die Zukunft hierbei nicht eindimensional, sondern vielschichtig anzudenken. Aus diesem Grund versuchen wir, in unseren Referenzgruppen unterschiedliche Personen und Opinionleader zu integrieren. Dabei handelt es sich um Menschen, die es gewohnt sind, sich mit Trends und Entwicklungen auseinandersetzen. Gerade die Interpretation von Informationen ist sehr personenabhängig. Wichtig aus meiner Sicht ist es daher, unterschiedliche Personen auf die Daten schauen zu lassen. Nur so können verschiedene Möglichkeiten der ‚Zukunftsgestaltung‘ erkannt werden. Natürlich ist hierfür ein stabiles Fundament in Form einer aktuellen und umfassenden Datenbasis eine wichtige Voraussetzung.

Wir haben in diesem Sinne auch eine Veranstaltungsreihe ‚Denken von außen‘ bei Swarovski etabliert, in der wir bestimmte Themen zum Beispiel auch aus einer philosophischen Perspektive beleuchten. Die Kunst dabei ist es, in einem Unternehmen die größten Chancenpotenziale über eine weltweite Organisation hinweg zu entdecken. Dabei stellt sich für uns in Zukunft die Frage, wie man diese Informationen in ihrer gesamten Breite nutzen bzw. umsetzen kann.“

Markus Langes-Swarovski über die Kernkompetenzen:

„Unser gesamter Erfolg basiert letztlich auf einzigartigen Fähigkeiten, die wir über die Jahre aufgebaut, weiterentwickelt oder neu geschaffen haben. Diese Kompetenzen prägen unsere Strategieentwicklung entscheidend. Gleichzeitig wissen wir, dass wir gefordert sind, neue Kompetenzfelder rund um die Marke ‚Swarovski‘ aufzubauen.

Aus heutiger Sicht würde ich unsere Kompetenzen in folgenden Bereichen sehen: Eine wichtige Kernkompetenz ist sicher unsere Basisproduktion, in die wir substanziell investiert haben. Davon gehen wir auch nicht weg. Wir sind keine reine Marketingorganisation, die die Produktion und alle anderen Dinge outsourct.

Mittlerweile kann man sicher auch bei der Applikationstechnologie von einer Kernkompetenz reden. Dahinter verbirgt sich die Fähigkeit zu lernen, was man mit unseren Basisprodukten alles anfangen kann. Eine weitere Stärke von Swarovski ist sicherlich das Branding nach innen und nach außen, in das wir viele Ressourcen investieren. Da bin ich mir aber noch nicht ganz sicher, ob man hier bereits von einer Kernkompetenz sprechen kann. Im Vergleich zu unseren direkten Wettbewerbern sicherlich, ob das in einem branchenübergreifenden Vergleich auch hält, bin ich mir nicht ganz sicher.

Die Vollintegration unserer Wertschöpfungskette bietet uns große Optimierungspotenziale, da es simpel und einfach ohne schwierige Schnittstellen mit externen Partnern abläuft. Daraus ergibt sich auf Basis unserer Retailshops und der damit verbundenen Kundennähe eine hohe Marktkompetenz."

Prof. Dr. Michael Popp und Dr. Uwe Baumann, Bionorica AG

Seit über 70 Jahren entschlüsselt die Bionorica die Geheimnisse der Natur, um aus Pflanzen hochwirksame Arzneimittel zu entwickeln. Das Unternehmen zählt heute zu den weltweit führenden Anbietern im Phytopharmakabereich. 2005 wurden mit knapp 600 Mitarbeitern 1,7 Millionen Liter flüssige Arzneimittel und rund 700 Millionen Dragees, Kapseln und Tabletten hergestellt. Vermarktet werden die Produkte in allen Erdteilen.

Im Frühsommer 2006 trafen wir den Inhaber und Vorstandsvorsitzenden Prof. Dr. Michael A. Popp sowie seinen Vorstandskollegen Dr. Uwe Baumann zu einem Gespräch am Firmensitz in Neumarkt/Oberpfalz (D). Wir wollten den Erfolgs-„Rezepten" dieses inhabergeführten mittelständischen Unternehmens auf die Spur kommen.

Prof. Dr. Popp über die Entwicklung und Ausrichtung des Unternehmens:

„1987 übernahm ich das Unternehmen, das mein Großvater vor mehr als 70 Jahren gegründet hat. Die Bionorica hat seit dieser Zeit einen dramatischen Wandlungsprozess durchgemacht. Auf dem Fundament des Glaubens an die Natur und deren Möglichkeiten hatte ich schon früh meine Vorstellung, wohin ich das Unternehmen entwickeln wollte. Mein Ziel war es, die Bionorica zu einer ‚Phytoneering Company' zu machen, deren Arzneimittel auf allen wichtigen Märkten der Welt vertreten sind. Zum Zeitpunkt meines Eintritts in die Firma war die Wirksamkeit von pflanzlichen Arzneimitteln in der medizinischen Fachwelt aber noch stark umstritten, nur wenige Mitbewerber setzten auf dieses Feld. Mir war daher bewusst, dass wir viele Dinge komplett anders, um nicht zu sagen radikal verändern und neu gestalten mussten, um die Chancen der Natur und unser Wissen darüber besser zu verstehen und entsprechend zu vermarkten. Und dieser Prozess ist noch lange nicht zu Ende."

Die beiden Herren erzählen uns stolz, dass es heute gelungen ist, eine wirkliche „Phytonneering Company" zu etablieren. Prof. Dr. Popp: „Phytoneering ist leicht erklärt: Der Begriff steht einerseits für die Erschließung und Weiterentwicklung pflanzlicher Wirkstoffe zu Spezialextrakten, aber auch für die Entwicklung und Herstellung moderner Arzneimittel in neuen Qualitäts- und Wirkdimensionen. Dazu nutzen wir die innovativsten pharmazeutischen Verfahren, daher der Begriff ‚Engineering'.

Dr. Baumann weist zudem darauf hin, dass der Begriff „Phytoneering" auch für den einzigartigen und unverwechselbaren Weg der Bionorica steht. „Phytonneering ist zu einer Denkhaltung und zur Formel unseres Erfolgs geworden. Dieser Geist beflügelt unsere Führungskräfte und Mitarbeiter und diesen Geist spüren auch unsere Kunden und Partner."

Herr Prof. Dr. Popp beschreibt uns den oft nicht einfachen Weg zum Erfolg:

„Einerseits haben Sie in einem inhabergeführten Familienunternehmen natürlich alle Möglichkeiten der Gestaltung. Es können Projekte und Ideen vorangetrieben werden, die auf den ersten Blick nur schwer argumentierbar sind, wo aber das Gefühl und die Erfahrungen dem Entscheider sagen, dass das Projekt oder die Idee ein Erfolg werden könnte. Trotz meiner Vision sind wir lange Zeit nur sehr mühevoll meinen Zielen näher gekommen. Natürlich lief auch bei uns nicht immer alles rund und dann ist es besonders wichtig, dass die gesamte Führungsmannschaft von der Idee überzeugt ist und alles daran setzt, diese auch zu realisieren.

In einer für Bionorica kritischen Phase stimmte das damalige Managementteam dem eingeschlagenen Weg zwar immer kopfnickend zu, arbeitete aber in Wirklichkeit nie mit Herz, Verstand und Einsatz daran, diesen Weg tatsächlich umzusetzen. Als mir das in vollem Umfang bewusst wurde, habe ich an den entscheidenden Positionen auf neue Führungskräfte gesetzt, die den Weg mit mir gehen wollten und meine Vorstellungen auch umsetzten. Die neue Führungscrew war auf der einen Seite wesentlich kritischer in den

Diskussionen als die Manager, die ich davor vorgefunden hatte. Sie stellten vieles infrage. Es waren lange Diskussionen notwendig, um ein gemeinsames Verständnis über die Chancen, auf die sich die Bionorica konzentrieren sollte, zu entwickeln. Innerhalb kurzer Zeit spürte man aber, dass sich etwas im Unternehmen änderte. Dann kam auch der Erfolg."

Dr. Baumann bestätigt: „Sie brauchen einfach gute Führungskräfte. Sie sind die Stützen des Erfolgs und bestimmen maßgeblich, wofür das Unternehmen nach innen und nach außen steht."

Die Entscheidungsfindung in einem inhabergeführten Unternehmen ist nicht immer einfach:

„Natürlich bestimme ich maßgeblich, wohin die Reise gehen soll. Das ist auch meine Aufgabe und meine Verpflichtung. Dennoch versuche ich mit meinem Führungsteam in Grundsatzthemen eine gemeinsame Linie zu finden. Da kann es dann auch vorkommen, dass ich gewisse Dinge einfach nochmals überdenke, weil die Argumente meiner Führungskräfte mich überzeugen. Das ist das Korrektiv, das inhabergeführte Unternehmen auch brauchen, um erfolgreich zu sein. Und trotzdem kommt es immer wieder vor, dass ich Entscheidungen alleine durchsetzen muss. Oft sind das ‚radikale' Entscheidungen. Es gab Zeitpunkte, in denen das Team meine Überzeugungen nicht teilte und ich trotzdem daran festhielt. Irgendwie hatte ich einfach das Gefühl, dass es richtig war. Ich konnte es oft auch schwer beschreiben. Nennen Sie es Gefühl, Intuition oder wie auch immer. Das Bemerkenswerte war, dass mich das Team nach solchen ‚radikalen' Entscheidungen nicht hängen ließ. Vielmehr machten sie sich mit allen ihren Möglichkeiten und mit 100%prozentigem Einsatz daran, meine Vorstellungen und Ideen umzusetzen. Die Erfolge, die sich einstellten, waren nur durch die Qualität und den Einsatz dieser Mitarbeiter möglich. Heute sind wir mit unseren Ansätzen teilweise noch viel radikaler als damals und es funktioniert unglaublich gut.

Nehmen wir zum Beispiel unser Engagement in Osteuropa, wir hatten in diesen Fällen schlicht und einfach keine Grundlagen für eine Entscheidungsfindung. Anfangs sprach hier vieles gegen ein Engagement, aber mittlerweile bestätigen die Erfolge, dass damals die richtigen Entscheidungen getroffen wurden."

Als weiteres Beispiel führt Prof. Dr. Popp die Neuzulassung von Sinupret (ein Arzneimittel gegen Entzündungen der Nasennebenhöhlen) an. In den 1990er-Jahren wurde für das langjährig bewährte Mittel Sinupret aufgrund gesetzlicher Vorschriften erneut ein Arzneimittelprüfverfahren notwendig. Prof. Dr. Popp entschied sich in dieser Situation trotz erhöhtem Aufwand für ein Verfahren zur Neuzulassung von Sinupret – und dies entgegen der Meinung aller Mitglieder der Führungsmannschaft. Mit dieser Vorgehensweise erreichte Bionorica aber nicht nur die Neuzulassung von Sinupret, sondern die prinzipielle Zulassung für weitere Produkte. Mit diesem, über das notwendige Maß hinausgehenden Aufwand wurde bei Bionorica Kompetenz für die Herstellung von pflanzlichen Arzneimitteln geschaffen. Alles, was Bionorica im Rahmen dieses Zulassungsverfahrens gelernt hat, führte zur Stärkung der Position als „Pflanzenspezialist" unter den Pharmaherstellern. Heute ist Sinupret das meistverkaufte pflanzliche Arzneimittel in Deutschland.

Für Prof. Dr. Popp sind die wichtigsten Bausteine für den Unternehmenserfolg die Kompetenzen, die ein Unternehmen auszeichnen, es einzigartig machen. Nur dadurch ist es möglich, sich deutlich von der Konkurrenz zu differenzieren. Die Kompetenzen der Bionorica finden ihren Ausgangspunkt im Wissen um die Kräfte der Natur:

„Wir sind Pflanzenspezialist und beschäftigen uns seit Jahrzehnten intensiv mit der Natur. Die Kompetenz, die Natur zu verstehen, reicht über viele Bereiche des Unternehmens: beginnend bei der Forschung und Entwicklung, über den Anbau der Arzneipflanzen und die Herstellungsverfahren bis hin zur Vermarktung. Bionorica produziert Extrakte in Qualitäten, die bisher kaum vorstellbar waren. Beispielsweise unterhalten wir eigene Anbauflächen in Deutschland, Österreich, Spanien und Ungarn, um die Qualität der Rohstoffe zu sichern."

Eine zentrale Grundlage für das Ausbilden dieser Kompetenzen liegt, so Prof. Dr. Popp, „im Streben des Unternehmens, in ‚einem Feld' [Phytopharmaka] die führende Position einzunehmen. Dazu muss man aber auch bereit sein, entsprechend zu investieren. Es kann bei so einem Thema aber nicht nur ums Geld gehen. Wir fühlen uns einem Auftrag verpflichtet."

„Unsere Kompetenzen wollen wir auch nach außen vermitteln. Mit unserer Wortschöpfung Phytoneering zeigen wir, dass Bionorica andere Wege geht als die Mitbewerber", so Dr. Baumann.

Als einen weiteren Erfolgsbaustein sieht man bei Bionorica die Pflege der Kundenbeziehungen. Prof. Dr. Popp nimmt sich pro Jahr ca. hundert Tage für seine Kunden Zeit. Er möchte den Kunden einerseits einfach zuhören und verstehen, was sie bewegt, andererseits auch die Bionorica-Botschaft vermitteln. „Denn wenn die Kunden uns richtig verstehen", so Prof. Dr. Popp, „machen diese etwas für uns. Es entstehen immer wieder neue Ideen für die Zukunft." So haben zum Beispiel Kunden ohne Zutun der Bionorica für ein Präparat neue Studien erstellt. Im Jahr 2002 gelang dann damit der Durchbruch.

Auch Dr. Baumann bestätigt: „Nur wenn wir unsere Kunden und Märkte optimal verstehen, können wir erfolgreich sein. Zudem kann ein Unternehmen wie die Bionorica nur erfolgreich agieren, wenn es sich als Partner in einem Netzwerk versteht."

Insbesondere im Hinblick auf die Forschung hat der Netzwerkgedanke extrem an Bedeutung gewonnen. Prof. Dr. Popp dazu: „Allein in Deutschland sind derzeit rund 20 Universitäten eingebunden. International kommen ebenso viel weltweit renommierte Institute (von Schweden über USA bis Korea) hinzu."

Für einen nachhaltigen Unternehmenserfolg ist es für die beiden Vorstände notwendig, das Unternehmen und seine Mitarbeiter ständig herauszufordern:

„Die Firma Bionorica des Jahres 2000 sind wir schon lange nicht mehr. Es bedarf ständiger Veränderungen, um an der Spitze zu bleiben. Diese Veränderungen bedingen aber auch Veränderungen bei den Mitarbeitern. Es muss den Mitarbeitern erklärt werden, wie etwas Neues funktioniert. Das Management muss die neuen Ideen, die Veränderungen runtertragen, zum Beispiel durch Events, Ideenwettbewerbe. Die Mitarbeiter müssen mitgenommen werden auf dieser Reise. Nur mit ihrem Engagement können wir Spitzenleistungen auf allen Feldern erbringen", so Dr. Baumann.

Wesentlich für den Erfolg der Bionorica ist die intensiv betriebene Forschung. Die Forschungsausgaben von Bionorica belaufen sich auf ca. 15 % des Umsatzes. „Derartig hohe Investitionen in Forschung können sich in der Branche allerdings nur wenige leisten. Wer aber nicht forsch, hat auf dem Markt für Naturarzneimittel auf lange Sicht keine Chance", sagt Prof. Dr. Popp.

Zudem müsse man an neue Themen und Ideen glauben und sie konsequent vorantreiben. „Man muss eine Vision haben. Man muss zu 200 % hinter der Vision bzw. einem neuen Projekt stehen. Denken Sie nur an das Umdenken in der Medizin, das war so nicht vorhersehbar. Dass Phytopharmaka in der Therapie derart an Bedeutung gewinnen würden, haben viele große Hersteller unterschätzt. Wir haben uns frühzeitig positioniert."

Bei der Verfolgung von neuen Projekten beschreibt Prof. Dr. Popp sein Verhalten selbst mit den Worten: „Je weiter wir kommen, desto lästiger werde ich. Zum Beispiel konnten wir anfangs im Bereich Echinacin nicht richtig Fuß fassen. Aber wir bemühten uns hartnäckig weiter um Erfolge. Mittlerweile stellt Bionorica Echinacin-Produkte für namhafte Pharmaunternehmen her, bei Bedarf liefern wir auch die notwendigen Studien."

Die beiden Vorstände sehen es auch als eine ihrer zentralen Führungsaufgaben, Ideen zu generieren und zu initiieren. In der Folge ist es dann die Aufgabe des Managements, diese Ideen herunterzubrechen. Gerade in der Pharmaindustrie dauert jede Innovation u. a. aufgrund der geforderten Zulassungsprozeduren sehr lange. In dieser „Durchhaltephase, wo alle allein sind, in dieser Phase fehlt eine Erfolgsstory. Hier wird es schwierig, den Mitarbeitern den zukünftigen Erfolg näher zu bringen, hier bedarf es der persönlichen Überzeugung der Führungskräfte." Prof. Dr. Popp nennt hier als Beispiel das Engagement in Russland, das 1992 begonnen wurde. Der wirkliche Durchbruch erfolgte 2002.

Unsere abschließende Frage nach den zukünftigen Chancen für die Bionorica beantworteten die beiden Vorstände wie folgt:

„Wir sind überzeugt, dass das Bewusstsein um die Möglichkeiten und die Akzeptanz von pflanzlichen Arzneimitteln in der Therapie weiter zunehmen wird. Im Glauben an die Natur und deren Möglichkeiten sehen wir große Chancen, aber auch Herausforderungen für unser Unternehmen. Wir werden auch in Zukunft versuchen, der Genialität der Natur auf die Spur zu kommen, um die moderne Medizin zum Wohle der Gesundheit der Menschen jeden Tag ein Stück pflanzlicher zu machen." Diesem hehren Ziel bleibt nichts hinzuzufügen.

Stefan Pierer, CEO, KTM Sportmotorcycle AG

„Ready to Race" ist die alles prägende Grundphilosophie hinter sämtlichen Produktentwicklungen von KTM. Alle KTM-Fahrzeuge verfügen über ein großes Leistungspotenzial bei geringstem Gewicht – eine alltägliche Forderung im Rennsport, die unverändert in die Serienprodukte von KTM einfließt. „Ready to Race" zeichnet jedoch nicht nur die Produkte von KTM aus. „Ready to Race" charakterisiert laut Aussagen von Mitarbeitern und Kollegen auch Stefan Pierer, den CEO des Unternehmens. Ein Mitarbeiter von KTM beschrieb dies folgendermaßen: „Sie können ihn um 3:00 Uhr morgens anrufen und er wird ihnen zu einem geschilderten Problem mit einer Geschwindigkeit und Treffsicherheit eine Antwort geben bzw. einen Vorschlag liefern, dass sie immer wieder erstaunt sind. Wenn Sie mit ihm beruflich nach Übersee fliegen, steigt er nach zehn und mehr Stunden aus dem Flugzeug und startet in den Job, als ob er gerade von zu Hause ins Werk nach Mattighofen gefahren wäre. Dabei können Sie sicher sein, dass er während des Flugs gearbeitet hat. Das kann schon ganz schön anstrengend sein."

Wir trafen Stefan Pierer gemeinsam mit Gerald Kiska, von KISKA, der Designwerkstatt von KTM, zum Mittagessen. Zeitplanung laut Herrn Pierer: „Solange wir eben brauchen."

Stefan Pierer kaufte 1992 aus der Konkursmasse der damaligen KTM Motorfahrzeugbau AG die Motorradsparte des Unternehmens. Innerhalb von wenigen Jahren gelang es ihm und seinem Team, die neu gegründete KTM Sportmotorcycle GmbH nicht nur zu einem profitablen Unternehmen, sondern auch zu einem der größten europäischen Motorradhersteller zu entwickeln.

Zu Beginn des Gesprächs wollten wir erfahren, was seiner Meinung nach gute Führungskräfte auszeichnet.

Eine der wichtigsten Voraussetzungen, um gute Führungsarbeit leisten zu können, ist aus Pierers Sicht eine gewisse Eigenmotorik. „Manchmal glaube ich, dass man das nicht lernen kann. Man muss diesen inneren Antrieb in sich tragen, eine wirklich große Aufgabe erfolgreich lösen zu wollen. Dabei bedarf es auch einer gewissen Leidensfähigkeit. Sie können meiner Meinung nicht wirklich erfolgreich sein, wenn sie nicht auch bereit und in der Lage sind, mit Niederlagen umzugehen. Es kommt nicht von ungefähr, dass viele erfolgreiche Menschen sagen, dass sie gerade von Niederlagen am meisten profitiert haben. Ich bin der festen Überzeugung, dass in jeder Niederlage auch eine Chance steckt – man muss sie aber sehen wollen."

In großen, etablierten und erfolgreichen Unternehmen gehen diese Eigenschaften laut Pierer oft verloren. Diese Unternehmen sind saturiert und nicht mehr gewohnt, mit Niederlagen zu leben und für den Erfolg zu kämpfen. Dies führt dann oftmals dazu, dass erfolgreiche Unternehmen enorm schnell in die Krise schlittern.

„Gleichzeitig bedarf es etwas, über was man selten redet, nämlich Fleiß. Sie können eine wirklich große Aufgabe nicht lösen, wenn sie nicht auch bereit sind, ihr gesamtes Engagement hinter diese Sache zu stellen. Ich vergleiche dies gerne mit unserem Engagement im Motorsport. Wenn man die Profis dort erlebt, dann sieht man, dass die Besten nicht nur über besondere fahrerische Fähigkeiten verfügen, sie sind auch jene, die am härtesten arbeiten."

Neben seinem persönlichen Engagement und der Geschwindigkeit, die er an den Tag legt, ist Pierer auch dafür bekannt, dass er sein Team mit seinen strategischen Entscheidungen immer wieder fordert. Wir wollten wissen, welchen Mustern seine Entscheidungsfindung folgt.

„Das Vorhandensein der oben beschriebenen Eigenmotorik bedeutet noch lange nicht, dass man die richtigen Entscheidungen trifft. Das Treffen von richtigen Entscheidungen nimmt mit den gemachten Erfahrungen eines Managers zu. Aus diesem Erfahrungsschatz leite ich einen bestimmten Entscheidungskorridor ab, in dem ich mich dann bewege. Mit zunehmender Erfahrung nimmt folglich auch das Risiko, falsche Entscheidungen zu treffen, ab.

Wenn ich so darüber nachdenke, muss ich aber auch feststellen, dass ich mich bei wirklich schwerwiegenden unternehmerischen Entscheidungen letztlich auf mein Gefühl verlasse. Da kommt es schon vor, dass die rationalen Argumente für oder gegen eine Sache sprechen. Irgendwie lässt mir die Entscheidung dann doch keine Ruhe. Ich wache nachts auf und habe das Gefühl, es doch eben anders machen zu müssen.

Diese Intuition oder ‚Bauchgefühl' ist aber keine rein emotionale Entscheidung aus einer momentanen Gefühlslage heraus. Vielmehr glaube ich, dass hier letztlich auch die Erfahrung eine zentrale Rolle spielt. Es gehen dir nämlich so viele Gedanken durch den Kopf, die vielleicht gerade in den Ruhephasen erst so richtig verarbeitet werden können.

Prinzipiell schwierig beim Treffen von strategischen Entscheidungen ist das richtige Timing, das heißt herauszufinden bzw. zu erahnen, wann der Markt und das Unternehmen bereit für eine Sache sind. Dies setzt voraus, dass sich Führungskräfte laufend intensiv mit dem Markt und den Prozessen im Unternehmen auseinandersetzen und auch bereit sind, ein unternehmerisches Risiko einzugehen.

Wir kauften die Motorradsparte von KTM. Dahinter verbarg sich das Know-how, ausgezeichnete Geländemotorräder zu bauen. Wir fokussierten uns zu nächst darauf, dieses Geschäft neu aufzusetzen und sahen bald, dass wir damit gut unterwegs sind. Danach kamen zehn intensive Jahre, in denen wir Stück für Stück die einzelnen Marktsegmente im Offroad-Bereich für uns eroberten. Als der Erfolg im Offroad-Markt gesichert war, traf ich die Entscheidung, in das Geschäft mit Straßenmotorrädern einzusteigen. Ein völlig anderes Geschäft, von dem wir bei KTM damals nicht wirklich eine Vorstellung hatten, wie es tatsächlich funktionierte. Viele erklärten mich mehr oder weniger für verrückt. Es fehlte an Know-how, wir hatten keine Marktzugänge etc., mir war aber klar, dass das für KTM notwendige Wachstumspotenzial nur im Straßenbereich liegen konnte. Wir gingen einen anderen Weg als die etablierten Wettbewerber. Wir entschieden uns, eine neue Kategorie von Straßenmotorrädern, Motorräder mit außergewöhnlicher Technik und außergewöhnlichem Design, zu bauen, und es funktionierte."

Die bisherige Erfolgsstory ist imponierend, der strategische Ausblick, den uns Stefan Pierer mitgibt, wirkte für uns radikal und risikoreich.

„Heute stehen wir vor einer neuen Herausforderung. Der Markt für Motorräder wird in Zukunft vermutlich nicht mehr über diese Wachstumsraten verfügen, wie wir uns das wünschen. Wenn man allein beobachtet, dass heute viele 18-Jährige keinen Motorradführerschein mehr machen, weil von allen Seiten – leider zu Recht – darauf hingewiesen wird, wie gefährlich Motorradfahren ist, dann müssen wir bei KTM uns fragen, wie wir damit umgehen. Wir werden ein Auto bauen. Es wird wieder ein völlig neues Konzept sein und wieder sagen alle, ich bin verrückt. Auch ich bin mir darüber im Klaren, dass dieses Unterfangen risikobehaftet ist. Wir müssen deshalb mit allen Maßnahmen versuchen, das Risiko zu minimieren, ohne dabei langsam zu werden."

Wir wollten wissen, wie er mit der Unsicherheit, die seine radikalen Entscheidungen beinhalten, umgeht.

„Wenn ich irgendwann sehe, dass wir es nicht schaffen, werde ich den Prozess stoppen, bevor er uns vernichtet. Es aber aus heutiger Sicht nicht zu probieren, wäre langfristig mindestens ebenso riskant. Ich bin grundsätzlich davon überzeugt, dass es notwendig ist, ein gewisses unternehmerisches Risiko einzugehen. Ansonsten ist es verdammt schwer, zu den Gewinnern zu zählen. Es kann aber vorkommen, dass man trotz intensiver Vorarbeiten die Lage zum Zeitpunkt der Entscheidung falsch eingeschätzt hat. Man muss dann auch die Konsequenz und den Mut haben, eine getroffene Entscheidung rückgängig zu machen, will man sein Unternehmen nicht gefährden. Sich getrauen, ‚stopp!' zu sagen, bedarf meistens mehr Mut als an einer Sache dranzubleiben.

Wir haben uns beispielsweise vor vier Jahren dazu entschieden, in die Königsklasse des Straßenmotorradrennsports einzusteigen. Wir begannen mit vollem Einsatz einen Moto-GP-Motor zu bauen – dies hat uns 3 bis 4 Millionen Euro gekostet. Ich habe das Projekt dann allerdings gestoppt. Es zeigte sich nämlich, dass wir bei allem Einsatz noch nicht so weit sind. Wir konnten das Projekt mit den zur Verfügung stehenden Ressourcen nicht so vorantreiben, dass wir auch dort in kürzest möglicher Zeit zu den Gewinnern zählen. Alle haben gesagt, dass wir das nicht tun können, weil wir unser Image ruinieren. Mir war das zu diesem Zeitpunkt aber egal, weil ich mir sicher war, dass uns das Projekt trotzdem weitergebracht hat. Die Entwicklung dieses Motors hat unsere Kernkompetenz im Bereich Motorenbau nämlich fundamental erweitert und gute Mitarbeiter zu KTM gebracht. So war die Moto-GP-Initiative ein weiterer Schritt im Ausbau unserer Kernkompetenzen im Motorenbau.

Grundsätzlich bin ich davon überzeugt, dass Sie für den nachhaltigen Unternehmenserfolg eine langfristige strategische Ausrichtung brauchen. Auf dem Weg zum anvisierten Ziel muss man meiner Meinung nach aber bereit sein, sich über die Logik des kalkulierten ‚Trial and Error' diesem Ziel anzunähern. Will man wirklich große Schritte machen, dann kann man einfach nicht alles analysieren und absichern."

Wir wollten jetzt im Modell eine Stufe weiter gehen und erfahren, welche Bedeutung der Aufbau und die Entwicklung der Kernkompetenzen für den Erfolg von KTM spielen:

„Kernkompetenzen zu besitzen, zu pflegen und neue zu entwickeln ist die fundamentale Voraussetzung, dass man sich überhaupt mit marktverändernden Strategien beschäftigen kann. Wir investieren deshalb auch ständig in die Weiterentwicklung unserer Kernkompetenzen. Man muss sich bewusst sein, dass sich bestimmte Investitionen in die zukünftigen Kernkompetenzen erst in fünf Jahren auszahlen. Das ist einer anonymen Eigentümerstruktur an der Börse gegenüber kaum argumentierbar. Aus diesem Grund ist der personifizierte Eigentümer eine wichtige Grundlage für unsere langfristige Strategie."

Wo liegen die Kernkompetenzen bei KTM?
„Letztlich sind dies alle Fähigkeiten, die es uns erlauben, die Philosophie ‚Ready to Race' mit Leben zu füllen. Bereits bei der Übernahme der Motorradsparte waren wir uns darüber einig, dass wir die Marke KTM über das Rennsportfeeling im Markt positi-

onieren wollen. Seither tun wir alles dafür, dieser Positionierung gerecht zu werden. Vom Motorenbau beginnend, über die Fahrwerksentwicklungen bis hin zu den Federungssystemen werden das Wissen und die Erfahrungen aus unserer Rennsportabteilung direkt in die Serienprodukte übertragen.

Die Rennsportabteilung selbst ist gefordert, in allen Einsatzbereichen, in denen KTM vertreten ist, zu den Siegern zu zählen. Dies gelingt uns nur deshalb, weil wir die besten und erfahrensten Insider aus den verschiedensten Bereichen für KTM gewinnen konnten. Heute dominieren wir nicht nur die Motocross- und Enduro-Szene. Wir haben siebenmal in Folge Paris-Dakar und die letzten Jahre alle wichtigen Wüstenrallyes gewonnen. Der Weg dorthin war mühsam, aber ungemein wichtig für unsere Markterfolge. Erst nach fünf Niederlagen gelang uns der erste Sieg bei Paris-Dakar. Seit diesem Zeitpunkt dominieren wir diese Serie. Durch diesen Einstieg eigneten wir uns nicht nur völlig neue Kompetenzen im Motorradbau an, es ermöglichte uns insbesondere auch, neue Zielgruppen durch eine andere Darstellung unserer Marke anzusprechen. Ein Motorrad, welches im Sonnenuntergang der Wüste unterwegs ist, versprüht Emotionen und Lebensträume. Wir hatten jetzt eine zusätzliche emotionale Kompetenz.

Im Straßenrennsport stehen wir erst am Anfang. Nichtsdestotrotz haben wir zwei Jahre nach unserem Einstieg 2005 den Konstrukteurs-WM-Titel in der 125-ccm-Rennserie gewonnen. 2006 haben wir das erste Rennen in der 250-ccm-Rennserie gewonnen und mehrere Plätze auf dem Podium eingefahren.

Gleichzeitig setzten wir von Anfang an auf Designkompetenz. Wir wollten, dass unsere Produkte nicht nur einzigartig funktionieren, wir wollten auch Motorräder bauen, die über ein einzigartiges Design verfügen. Die Zusammenarbeit mit KISKA war dabei erfolgsentscheidend. Mit ihrem Integrated Design Development Prozess gelang es uns, einen einzigartigen Markenauftritt zu entwickeln. Die Eigenständigkeit der Marke KTM zieht sich seither wie ein ‚roter Faden‘ von der Produktgestaltung über den Messeauftritt bis hin zur POS-Gestaltung.

Neben der Produkt- und Designkompetenz verfügen wir heute aber auch über eine einzigartige Vertriebskompetenz. Wir haben derzeit in 18 Ländern eigene Vertriebsniederlassungen. Darum beneiden uns sogar Automobilkonzerne. In Nordamerika verkaufen wir bereits 23.000 Motorräder, womit wir vor BMW die größte europäische Motorradmarke sind. Das gibt uns Recht."

Wie gelingt es KTM, die richtigen Ideen für den Innovationsprozess zu generieren?

„Aus meiner Sicht sind dafür zwei Voraussetzungen essenziell. Zum einen muss man sich insbesondere auch auf Top-Führungsebene intensiv mit dem Markt beschäftigen. Nur dann ist es möglich, jene Trends zu antizipieren, auf die man in der Folge strategisch setzen muss. Ich selbst beschäftige mich in etwa 50 % meiner Zeit mit dem Markt, weil ich mir gerade auf diesem Feld um die Bedeutung ungefilterter Informationen bewusst bin.

Zum anderen brauchen Sie ‚besessene' Entwickler, die alles daran setzen, die Ideen auch Wirklichkeit werden zu lassen. Die strategische Richtung wird zwar maßgeblich von mir eingebracht. Die Ideen für konkrete neue Produkte entstehen dann in einer Vielzahl von Gesprächen mit produktaffinen Personen. Diesbezüglich haben wir bei KTM den Vorteil, dass 250 dieser ‚Besessenen' bei uns arbeiten. Diese Leute leben für den Rennsport und das Motorradfahren und alles, was damit verbunden ist. Ich werde daher permanent mit neuen Produktideen konfrontiert. Aus diesen Ideen wird dann eine Reihung entwickelt.

Neue Produkte oder Produktideen müssen in der Folge vier Kriterien erfüllen: Übereinstimmung mit der strategischen Ausrichtung von KTM – „Ready to Race"; Differenzierung vom Mitbewerb; das Potenzial haben, den Kunden etwas zu geben, was sie von anderen unterscheidet und mit Stolz erfüllt; höchsten Qualitätsanforderungen gerecht werden.

Bei der Einführung von neuen Produkten wählen wir, wenn immer es möglich ist, einen radikalen Weg. Nach unserer Entscheidung, auch in das Segment der Straßenmotorräder einzusteigen, wählten wir beispielsweise eine sehr vorwärts orientierte Markt-strategie. Uns war eine weltweite PR-Coverage sehr wichtig. Aus diesem Grund haben wir uns in die ‚Höhle des Löwen' nach Tokio begeben und unsere erste Konzeptstudie vorgestellt. Auch mit dem Risiko, dass es bis zur endgültigen Marktreife des Produkts noch einige Zeit dauerte. Dies hat aber zu enormem Aufsehen und guter Verbreitung geführt. Auch bei unserer Entscheidung, auf vier Rä-der zu gehen, ist eine frühzeitige PR-Arbeit entscheidend. Denn wenn das Produkt da ist, dann ist bereits jeder mit dem Produkt bzw. mit der Idee vertraut."

Aus den Schilderungen von Herrn Pierer wurde die gesamte Dynamik offensichtlich, die hinter den Erfolgen von KTM steckt. Wir wollten folglich wissen, welche Elemente die Kultur bei KTM maßgeblich prägen.

„Ich bin davon überzeugt, dass der Rennsport ein besonders prägendes Element unserer Kultur ist. Dies ist ein starker Kleb-stoff, der die ‚KTM Familie' verbindet. Die Rennteams befinden sich in Mattighofen. Sie sind für die Mitarbeiter greifbar. Auch die Top-Stars unserer Teams schauen immer wieder im Werk vorbei. Das ist wichtig und vermittelt auch das Gefühl, ‚Das hab ich für diesen oder jenen Star zusammengeschraubt.'

Gleichzeitig veranschaulicht der Rennsport aber auch die hohe Einsatzbereitschaft, die für den Erfolg notwendig ist. Du musst bis zu einem bestimmten Zeitpunkt fertig werden, sonst darfst du nicht mitfahren. Das ist keine Frage eines Achtstundenarbeitstages.

Das angesprochene Zusammengehörigkeitsgefühl wird meiner Meinung nach bei KTM aber auch dadurch verstärkt, dass wir nicht nur sagen, dass jeder Mitarbeiter einen wichtigen Beitrag für den Erfolg des Unternehmens leistet. Bei einem guten Ergebnis erhält jeder Mitarbeiter die gleiche Prämie. Wir machen keinen Unter-schied zwischen Führungskräften und allen anderen Mitarbeitern. Hierarchisches Denken stört mich prinzipiell.

Generell sind wir gefordert, die aufgebaute Flexibilität im Un-ternehmen weiterzuentwickeln. Das ist allerdings nicht jedermanns

Sache. Denn Menschen suchen auch Stabilität und Sicherheit. Dies zeigt sich auch daran, dass neue Strategien und Ideen anfangs immer innerhalb des Unternehmens auf die größten Widerstände stießen. Dies war auch beim Gang von KTM auf die Straße zu spüren. Je weiter man vom Unternehmen wegging, desto leichter war es, Personen von dieser Idee zu überzeugen. Ich bin mir dessen bewusst, dass die Veränderungsbereitschaft auch in Zukunft wesentlich von mir selbst angetrieben werden muss. Mittlerweile sind es die Mitarbeiter bei KTM allerdings gewohnt, dass sich ständig etwas ändert. Zudem sind wir mit einem Altersschnitt von knapp 32 Jahren ein junges Team, welches allerdings optimal von ‚alten Hasen' ergänzt wird."

René Obermann, CEO, T-Mobile international

Unternehmerisches Denken zeichnete René Obermann schon immer aus. Unmittelbar nach seiner kaufmännischen Ausbildung zum Industriekaufmann bei der BMW AG in München gründet René Obermann die ABC Telekom in Münster. „Am Anfang verkaufte ich Telefaxgeräte, aber schon damals war ich von der digitalen Kommunikationstechnologie fasziniert. Ich erarbeitete mir mit viel Einsatz das notwendige Wissen und wollte daraus unbedingt etwas machen." Sein Einsatz und Unternehmergeist haben sich gelohnt. Aus der ABC Telekom entstand die Hutchinson Mobilfunk GmbH, die René Obermann als geschäftsführender Gesellschafter von 1994 bis 1998 leitete. 1998 wechselte er zu T-Mobile, 2002 wurde er zum Vorstandsvorsitzenden der T-Mobile international AG & Co ernannt sowie in den Vorstand der Deutschen Telekom AG berufen.

Von seiner Neugierde, seiner Einsatzbereitschaft und seinem Unternehmergeist hat René Obermann nichts verloren. Sein Wissen beeindruckt ebenso wie die Intensität, mit der er über Veränderungen spricht, die das Unternehmen für den Erfolg von morgen notwendigerweise vollziehen muss.

Termin in Bonn, im Headquarter der T-Mobile. Wir warteten auf René Obermann. Elegant, aber doch leger gekleidet betrat er fünf Minuten vor dem vereinbarten Termin das Büro. Innerhalb weniger Augenblicke entwickelte sich ein angeregtes Gespräch mit einem ungemein sympathisch wirkenden Menschen.

Einige der in unserem Modell untersuchten Komponenten, wie zum Beispiel die Unternehmenskultur, beschäftigten ihn gerade aktuell in seiner täglichen Führungsarbeit. So wollte er beispielsweise genau wissen, was wir konkret unter Unternehmenskultur verstehen und ob man nicht auch diese oder jene Dimension berücksichtigen müsste, um im Unternehmen Entwicklungen auslösen zu können.

Unsere zentrale Frage war es, wie es einem Unternehmen in einem dermaßen dynamischen und kompetitiven Markt wie der

Telekommunikation gleichzeitig gelingen kann, Innovationsführer zu sein, die höchste Servicequalität der Branche anbieten zu können und dabei auch noch über eine wettbewerbsfähige Kostenstruktur zu verfügen.

„Die Dynamik und der Wettbewerbsdruck sind in diesem Markt wirklich dramatisch. Verschnaufpausen kann man sich keine leisten. Unser Erfolg basiert im Wesentlichen darauf, dass wir uns seit der Gründung des Unternehmens niemals ausgeruht und mit dem Erfolg von heute zufrieden gegeben haben. Nicht alles ist nach Wunsch verlaufen, aber insgesamt haben wir immer auf das richtige Pferd gesetzt. Als sich international die ersten Erfolge abzuzeichnen begannen, starteten wir ein konsequentes Integrationsprogramm mit dem Fokus auf Europa. Wir setzten alles daran, die bis dahin weitgehend selbstständig agierenden Tochtergesellschaften tatsächlich zu einem Unternehmen zu verschmelzen. Wir waren uns im Klaren, dass wir unsere Stärke nur dann wirklich ausbauen können, wenn es uns gelingt, die Synergien optimal zu nutzen. Global haben wir auf diese Weise jährlich seit 2003 mehr als 1,3 Milliarden Euro an messbaren Skalenerträgen realisiert, gleichzeitig unsere Servicequalität deutlich verbessert."

2004 wurde bei T-Mobile die nächste Großinitiative gestartet. „Die Marktentwicklung verdeutlichte uns, dass wir nach Beendigung der ersten Wachstumsphase unserer Industrie unsere Kostenstrukturen optimieren müssen, gleichzeitig aber auch mit der steigenden Innovationsdynamik Schritt halten müssen. Wir konnten erkennen, dass sich der Wettbewerb dramatisch verschärfen wird, sich vor allem in Folge von Überkapazitäten im Markt der aggressive Preiswettbewerb intensivieren wird."

Unter dem Titel „Save4Growth" wurde ein Projekt mit den 40 wichtigsten Führungskräften von T-Mobile initiiert. „Mir war dabei insbesondere wichtig, dass wir die Effizienz- und Wachstumspotenziale aus unseren eigenen Reihen heraus identifizieren und nutzen. Denn nur so kann unser Wissen und unsere Erfahrung genutzt werden und auf diese Art erzeugen wir auch das für die Umsetzung notwendige Commitment. Wir entschieden uns dazu, diese 40 Top-Manager für sechs Wochen jeden Tag von 8:00 bis 16:00 Uhr zusammenzuspannen, um gemeinsam Erfahrungen auszutauschen, zu analysieren, zu diskutieren und natürlich Ideen und Vorschläge für sinnvolle Kosteneinsparungen auszuarbeiten. Von 16:00 bis 19:00 Uhr – vielfach wurde es natürlich auch deutlich später – erledigte jedes Projektteammitglied dann seine ‚eigentlichen‘ Managementaufgaben. Es war ein radikales Projekt, das uns insbesondere auf zwei Ebenen gewaltig voranbrachte.

Nach sechs Wochen hatten wir mehr als 120 Einzelbausteine ausgearbeitet, manche mit großen, andere mit kleineren Einsparungspotenzialen. Beispielsweise war uns klar geworden, dass wir unser Modellsortiment an Handys radikal reduzieren sollten. Wir entschieden, nur noch 40 Modelle zu subventionieren anstatt wie bisher über 80. Dadurch sollte es uns nicht nur möglich sein, der Verhandlungsmacht der Lieferanten effektiver zu begegnen, wir wollten damit auch erreichen, dass die Lieferanten für uns bestimmte technologische Entwicklungen forcierten, die wir für die erfolgreiche Vermarktung unserer Innovationen unbedingt brauchten.

Es war beeindruckend, welche Möglichkeiten das Team durch innovatives Denken gefunden hatte, um T-Mobile auch bei den Kosten nach vorne zu bringen. Zugleich war in diesem Team etwas entstanden, was für die Umsetzung der mehr als 120 Projekte von ungemeiner Bedeutung war. Wir alle waren stolz auf die Ergebnisse und begriffen, dass wir gemeinsam diese Thematik voller Emotionen in das Unternehmen tragen müssen. Es war uns klar, dass uns die Belegschaft nicht mit offenen Armen empfangen würde und dass wir gerade deshalb alles daran setzen mussten, um sie von ‚Save4Growth‘ zu überzeugen.

Bei den Präsentationen unseres Programms vor Mitarbeitern und den übrigen Stakeholdern stießen die zum Teil entscheidenden Veränderungen – natürlich – auf Kritik und Widerstand. Das Team ließ sich aber nicht beirren. Wir blieben sehr konsequent in Umsetzung und Kommunikation und die Mitarbeiter begannen, sich mit dem Programm abzufinden und die Sinnhaftigkeit nachzuvollziehen. ‚Nur abzufinden' war uns aber nicht genug und wir erhöhten unser persönliches Engagement weiter. Nach zirka einem Jahr stellte sich der angestrebte Erfolg ein. Immer mehr Mitarbeiter erkannten die Chancen hinter dem Programm und man spürte das wachsende emotionale Commitment. Unser internes, von allen Mitarbeitern gespeistes monatliches Stimmungsbarometer weist heute höhere Werte auf als vor ‚Save4Growth'. Heute wage ich zu behaupten, dass die Mitarbeiter im Unternehmen größtenteils stolz auf das Erreichte sind, dass sie sich mit unserer ‚Sparsamkeit' gut für die zukünftigen Herausforderungen gerüstet fühlen. Ich glaube, auch insbesondere deshalb, weil Teile der eingesparten Mittel in neue Entwicklungen und Wachstum investiert werden. Nur ein Beispiel: Unser offener mobiler Internetzugangsdienst ‚Web'n'walk' ist Teil von ‚Save4Growth' und damit sind wir in der Branche Innovationsführer.

Heute würde ich zu behaupten wagen, dass die Kostenstrukturen ‚Best in Class' sind, ohne dass wir dabei unsere Innovations- und Qualitätsführerschaft gefährdet haben. 2005 haben wir beispielsweise von den 686 Millionen Euro, die wir eingespart haben, 424 Millionen Euro in Vertrieb, Marketing, Netze und Services reinvestiert. 2006 werden wir deutlich mehr als ein Milliarde Euro einsparen und nach demselben Prinzip agieren.“

Wir wollten wissen, wie T-Mobile dieses Projekt in Zukunft verfolgt. „Die Weiterführung des ‚Save4Growth'-Programms stellt natürlich auch eine zentrale Voraussetzung für die Absicherung des zukünftigen Erfolgs dar. Es geht hier nicht um ein temporäres ‚Gürtel enger schnallen', sondern um einen Wandel der Unternehmenskultur, die doch bisher sehr von dem ungebremsten Wachstum der Aufbruchphase im Mobilfunk geprägt war. Gleichzeitig ist uns aber bewusst, dass wir uns nicht über unsere Kostenstruktur am Markt differenzieren können und wollen. Wir legen deshalb in den nächsten Jahren unseren strategischen Fokus noch stärker auf die Kundenorientierung, als wir das bisher schon getan haben. Wir haben im letzten Jahr die Strategie darauf fokussiert, T-Mobile zur ‚most highly regarded service company' zu entwickeln. Wir wollen den Kunden einen Mehrwert anbieten, zu dem sonst kein Telekomunternehmen imstande ist und der nicht leicht kopiert werden kann. Uns muss es gelingen, nicht nur innovative Produkte und Services zu entwickeln, wir müssen es auch schaffen, bei jedem Kundenkontakt eine Servicequalität zu bieten, die den Kunden überzeugt. In erster Linie Impulse aus unserer amerikanischen Tochter aufgreifend – die TM US wird seit Jahren für den besten Service in der Branche ausgezeichnet –, haben wir ein europaweites Service-Kultur-Programm aufgelegt, welches erneut von den Topführungskräften nach unten getragen wird. Sie – und dazu zähle ich mich selbst natürlich auch – müssen die dahinterliegende Grundphilosophie genauso vermitteln, wie wir beispielsweise konkrete Verkaufstrainings durchführen. Für mich ist es selbstverständlich, dass ich auch tageweise in unseren Shops mitarbeite. Ich folge hier konsequent dem Leitgedanken: ‚People don't follow what you say, they follow what you do.'

Wir haben diese strategische Ausrichtung als führende Service-Company auch in unserem variablen Gehaltssystem abgebildet. Dies betrifft die obersten Führungskräfte genauso wie jeden anderen Mitarbeiter im Unternehmen. Die Steuergröße liefert uns dazu der monatlich mit Kunden- und Mitarbeiterbefragungen gemessene Net Promotor Score. Es interessiert uns dabei weniger die erreichte Kundenzufriedenheit, denn einen Kunden zufrieden zu stellen heißt noch lange nicht, dass wir ihn dadurch halten können oder dass wir dadurch neue Kunden gewinnen können. Aus meiner Sicht ist es viel aussagekräftiger, zu messen, wie viele Kunden uns weiterempfehlen wollen. Es kommt damit nicht nur die Zufriedenheit zum Ausdruck, sondern auch die tatsächliche Markenstärke im Vergleich zu den Wettbewerbern. Sie müssen schon wirklich von den Leistungen überzeugt sein, damit sie etwas weiterempfehlen."

Natürlich wollten wir in diesem Zusammenhang auch wissen, was auf dem Bereich der direkten Produktinnovationen passiert. „Die Innovationsleistung hat auf einem Markt wie dem unseren logischerweise eine zentrale Bedeutung. Wir haben aber auch erkannt, dass es nicht darum gehen kann, den Markt jeden Monat mit neuen, innovativen Angebotsbündeln zuzuschütten. Die Kunden sind nämlich nicht mehr in der Lage, die enorme Informationsvielfalt zu verarbeiten. Eine Innovation ist es aus unserer Sicht deshalb auch, wenige große Themen zu identifizieren und diese langfristig zu forcieren.

Neben der Entwicklung innovativer Preise oder Angebotsbündel bedeutet Innovationsleistung in unserer Branche aber insbesondere die Entwicklung völlig neuer Services. In diesem Zusammenhang bin ich davon überzeugt, dass wir das Potenzial von den Produkten für morgen nicht aus der quantitativen Marktforschung erhalten können. Beispielsweise prognostizierte die klassische Marktforschung dem SMS-Dienst keinen Markterfolg. Wir alle kennen die Erfolgsgeschichte. Ähnlich verhielt es sich mit dem Blackberry-e-mail-Service. Die Marktforschung prognostizierte nur geringe Potenziale für das Produkt. Der Pocket-PC ist ein weiteres dieser Beispiele. Es herrschte die Meinung vor, dass es keinen Markt für diese Produkte gibt. Innerhalb eines halben Jahres sind in Deutschland mehr als 250.000 Stück davon verkauft worden. Aufgrund dieser Erfahrungen verlassen wir uns im Entwicklungsprozess sehr stark auf die Ergebnisse qualitativer Marktforschung und auf die eigenen Intuitionen. Das gesamte Führungs- und Entwicklungsteam verfügt über große Markterfahrungen und ist meiner Meinung nach in der Lage, sehr genau abzuschätzen, was zu forcieren ist."

Bereits beim Einstieg in das Gespräch konnten wir erfahren, welch große Bedeutung René Obermann der Unternehmenskultur beimisst. Er wies darauf hin, dass es seiner Meinung nach neben den zentralen Werten zusätzlich strategischer Kernthemen bedarf, die die ganze Organisation letztlich emotional bewegen. Nur dadurch erhält man nämlich die Ausrichtung der Kultur an den Unternehmensstrategien. Es bedarf einer „Kulturarbeit", die massiv von den Entscheidungen und Verhaltensweisen der obersten Führungskräfte geprägt sein muss. Der Leitsatz von René Obermann – „People don't follow what you say, they follow what you do" – veranschaulicht exzellent, was er damit meint. Doch wie kommt diese Sichtweise in seiner täglichen Arbeit tatsächlich zum Ausdruck?

„Zum einen überlegen wir uns sehr genau, wie es gelingen kann, die strategischen Kernthemen in das Unternehmen hineinzutragen. Wir investieren für diese Transferprozesse sehr viel unserer Managementkapazität. Gleichzeitig versuche ich, einen sehr intensiven Kontakt zu den Mitarbeitern aus den verschiedenen Hierarchieebenen und Funktionen zu pflegen. 10 bis 15 % meiner Zeit bewege ich mich sehr informell im Unternehmen. Ich spreche mit vielen Mitarbeitern auf den Gängen, in den Büros etc. über die unterschiedlichsten Dinge. 15 bis 20 Tage pro Jahr arbeite ich direkt im Außendienst oder helfe in den Shops mit. Weitere 15 Tage sind für interne Präsentationen verbucht. Last but not least besuche ich gemeinsam mit meinen Vorstandskollegen regelmäßig unsere Tochtergesellschaften im In- und Ausland. Dabei diskutieren wir mit den Führungskräften und Mitarbeitern vor Ort intensiv die verschiedensten Themen."

Zum Abschluss betrachtete Herr René Obermann nochmals unser Erfolgsmodell, mit dem wir knapp 50 % des aus unserer Sicht direkt beeinflussbaren Unternehmenserfolgs erklären können. „Am Beginn meiner Managementtätigkeit war ich davon überzeugt, dass man 80 % des Erfolgs direkt beeinflussen kann. Heute würde ich dies aufgrund meiner Erfahrungen bei höchstens 50 % ansetzen. Die restlichen 50 % sind Entwicklungen im Umfeld, die man selbst nicht direkt beeinflussen kann. Aber: Man muss imstande sein, die Chancen, die sich aus diesen Entwicklungen ergeben könnten, zu erkennen, und alles daran setzen, sie für das Unternehmen zu nutzen."

Michael Mirow, ehem. Leiter Strategische Planung, Siemens AG

Professor Michael Mirow leitete bis zu seinem Ausscheiden 2001 mehr als zehn Jahre die Strategieabteilung von Siemens. Heute ist er Honorarprofessor für Strategische Unternehmensführung an der Technischen Universität Berlin. Wir trafen Michael Mirow in einem Künstlercafé in München.

Michael Mirow zu Leadership:
„Ich hatte während meiner beruflichen Tätigkeit das Glück, mit sehr vielen verschiedenen Führungskräften der Top-Unternehmen immer wieder in einem intensiven Gedankenaustausch stehen zu können. Aufgrund meiner Erfahrungen kann ich die Ergebnisse des Forschungsprojekts nur bestätigen. Die obersten Führungskräfte haben einen maßgeblichen Einfluss auf den Erfolg von Unternehmen. Mit ihren Entscheidungen, ihrer Art zu kommunizieren, aber auch durch ihr Verhalten beeinflussen sie nicht nur die strategische Ausrichtung des Unternehmens, sie beeinflussen damit auch bewusst, aber insbesondere unbewusst, die Kultur eines Unternehmens.

Wenn man so wie ich die Chance hatte, bei diversen Unternehmen tatsächlich hinter die Kulissen zu sehen, konnte man in diesem Zusammenhang sehr gut beobachten, wie Fehlbesetzungen an der Unternehmensspitze ein erfolgreiches Unternehmen nahezu in den Ruin getrieben haben. Bei anderen Unternehmen zweifelte man an deren Überlebensmöglichkeiten und eine richtige Besetzung löste in kurzer Zeit einen Wandel aus, den niemand diesen Unternehmen zugetraut hatte."

Michael Mirow zu den zentralen strategischen Herausforderungen von heute:
„Die strategische Herausforderung von heute ist darin zu sehen, dass Unternehmen bestrebt sein müssen, eine Kombination von Kosten-, Leistungs- und Technologieführerschaft anzustreben.

Der Schlüssel dazu ist Innovation. Innovation kann zu Zeitvor-
teilen, Preisprämien und Kostenvorteilen führen. Innovative Unternehmen sichern sich eine Preisprämie aufgrund ihres differen-
zierten Nutzenangebots für die Kunden. Sie können als Erste den
Erfahrungskurveneffekt nutzen und aus dieser Führungsposition
Kostenvorteile erzielen. Hoch innovative Unternehmen steigen
frühzeitig in attraktive Märkte ein und sichern ihren Innovations-
vorsprung durch immer wieder neue bzw. weiterentwickelte Produkte, die auf ihrem Erfahrungsvorsprung basieren. Firmen wie
Intel, Cisco oder auch – in vielen Bereichen – Siemens sind gute
Beispiele für solche Strategien. Für mich zählt das Management
von Innovationen gerade in der heutigen Zeit zu den Kernleistungen eines jeden Unternehmens. Die Top-Entscheider müssen erkennen, dass Innovationen die elementaren Voraussetzungen zur
langfristigen Sicherung der Ertragskraft und Wertschaffung eines
Unternehmens sind. Letztlich ist die Innovationsleistung der einzige Garant für das langfristige Überleben. Es muss uns jedoch klar
sein, dass eine Innovation nur dann ein Erfolg sein kann, wenn sie
dem Kunden eine Lösung bietet, die besser ist als die bisher auf dem
Markt befindliche. Der Impuls dafür kann technisch bedingt sein,
er kann aber auch aus dem Markt, aus einem Kundenbedarf selbst
abgeleitet werden. Auf jeden Fall ist die konsequente Orientierung
am Kundennutzen die entscheidende Erfolgsvoraussetzung."

Michael Mirow zur Gefahr des Erfolgs:

„Aus meiner Erfahrung stellt der Erfolg von heute eine der
größten Gefahren für etablierte Unternehmen dar. Es darf den Unternehmen nämlich nicht passieren, dass sie im Erfolg von heute
erstarren und sich nicht mehr den Kopf darüber zerbrechen, was
sie für den Erfolg von Morgen brauchen. Ich bin davon überzeugt
und das zeigt mir meine Erfahrung, dass das Morgen immer anders
funktioniert als das Heute. Damit es gelingt, das Morgen erfolgreich zu meistern, müssen Unternehmen aber im Heute bereits alles dafür tun, dass sie vorbereitet sind. Ich meine damit, dass sich
das gesamte Führungsteam auch im Jetzt mit radikalen Überle-

gungen befassen muss. Wer kann denn garantieren, dass der Erfolg mit heutigen Produkten und Technologien noch die nächsten zehn bis zwanzig Jahre tatsächlich anhält. Auch bei Siemens ist es vorgekommen, dass gerade sehr erfolgreiche Business Units radikale Technologiesprünge versäumt haben. Sie waren dermaßen vom Jetzt begeistert, dass sie immer wieder Gründe aufzeigen konnten, die gegen eine Veränderung sprachen. Irgendwann hatten sich aber der Markt und die Anforderungen doch verändert und es war de facto keine Zeit mehr vorhanden, um sinnvoll agieren zu können."

Michael Mirow zur Planung von Innovationen:

„Neue Ideen setzen Freiräume voraus und entspringen einem Akt der Kreativität. Sie keimen in der Regel eher dort, wo nicht oder nur wenig geplant wird. Andererseits führt totale Freiheit im Extremfall in ein ungezieltes Chaos. Nach meiner Erfahrung ist ein neues Verständnis von Innovationsplanung notwendig, das dem Spannungsfeld zwischen Freiheit und Bindung gerecht werden kann. Eine solche Planung muss sich auf die Schaffung von Rahmenbedingungen beschränken. Die Bewegungsfreiheit der Einheiten bleibt dann erhalten und damit auch die für Innovation so wichtigen kreativen Freiräume. Unsicherheit und Komplexität werden damit im Unternehmen nicht nur geduldet, sie werden sogar gefördert und es darf nicht versucht werden, sie durch ausgeklügelte Planungssysteme klassischer Art zu absorbieren. Gleichzeitig müssen über die Festlegung von Rahmenbedingungen Richtungen oder mögliche Entwicklungspfade vorgegeben werden. Damit werden Risiken reduziert, die Trefferquote von Innovationen wird erhöht. So gesehen kann Innovation in einem Unternehmen, wenn auch nicht in Bezug auf das Ergebnis, so aber doch in Bezug auf die Richtung durchaus geplant werden.

Wesentlich erscheint mir in diesem Zusammenhang, dass neben einem evolutionären Innovationszugang auch Freiräume für Durchbruchsinnovationen geschaffen werden.

Evolutionäre Innovationen werden im Allgemeinen bottom-up

auf der Basis bestehender Produkte und Technologien generiert. Dazu werden häufig so genannte Produkt- und Technologieroadmaps entwickelt, bei denen man sich primär innerhalb bestehender technologischer Paradigmen bewegt. Wenn es aber darum geht, die Grundlage für so genannte Durchbruchsinnovationen zu schaffen, dann ist aus meiner Sicht ein anderer Innovationszugang erforderlich. Bei Siemens kommt beispielsweise das Instrument des Strategic Visioning zum Einsatz. Dabei setzt man sich mit den formenden Kräften der Gesellschaft auseinander und versucht zunächst ‚Zukunftsbilder‘, die zehn und mehr Jahre vom Heute entfernt sind, zu generieren. Letztlich geht es darum, zu erahnen, wohin sich die Gesellschaft im Allgemeinen, das Zusammenleben, die Arbeitswelt etc. hinentwickeln könnten. Daraus werden in der Folge die neuen bzw. veränderten technischen Anwendungsfelder abgeleitet und bildhaft beschrieben. Diese Anwendungsfelder werden in einem nächsten Schritt mit den existenten Produkt- und Technologieroadmaps abgeglichen. Dieser Abgleichprozess, bei dem u. a. die F&E-Experten mit zum Teil radikalen ‚Zukunftsbildern‘ konfrontiert werden, eröffnet die Chance, Ideen für radikale Durchbruchsinnovationen auf der Produkt- und Systemebene zu generieren. Dieser Zugang erscheint mir bei technologiegetriebenen Unternehmen besonders wichtig. Nur wenn es frühzeitig gelingt, die sich abzeichnenden oder notwendigen Technologiebrüche zu erkennen, gewinnt man in den Unternehmen die notwendige Zeit für einen proaktiven Umgang mit dem Neuen.“

Michael Mirow zum Kernkompetenzmanagement:

„Gemeinsam mit Heinrich von Pierer haben wir in einem Aufsatz im Harvard Business Manager 2004 darauf hingewiesen, dass sich aus unserer Sicht die Bedingungen, unter denen Unternehmen Werte schaffen müssen, dramatisch gewandelt haben. Die Wertschöpfung ist immer weniger durch einen integrierten und sequenziellen Prozess beschreibbar, der mit dem Beschaffen von Rohstoffen beginnt und mit dem Bereitstellen des fertigen Produkts endet. Sie entsteht bereits heute vielfach in komplexen Netzwerken. Der

Konzern klassischer Prägung – breit aufgestellt, geschlossen, hoch integriert und hierarchisch tief strukturiert – wird zunehmend durch die fokussierte, offene und vernetzte Hochleistungsorganisation ersetzt. Unter diesen Voraussetzungen können Entscheidungsträger ihre Strategien nicht mehr unabhängig formulieren und verfolgen. Das Unternehmen muss vielschichtig über die eigenen Grenzen hinaus denken, planen und agieren. Strategien müssen abgestimmt, Kapazitäten gemeinsam geplant, Technologieentwicklungen verabredet und Risiken geteilt werden. Das alles reicht weit über eine herkömmliche Kunden-Lieferanten-Beziehung hinaus. Jedes Unternehmen muss sich eindringlicher als bisher fragen, was die wirklichen Kernkompetenzen seines Erfolgs sind, die es im Netzwerk weiterzuentwickeln gilt. Hier schließt sich für mich auch der Kreis zum Innovationsmanagement. Sie können in solchen Netzwerken nur dann erfolgreich agieren, wenn das Unternehmen imstande ist, in seinen Feldern neue, Nutzen stiftende Lösungen für das Netzwerk anzubieten."

Peter Lorange, President of IMD Business School

Peter Lorange zählt sowohl in der Managementwissenschaft als auch in der Managementpraxis weltweit zu den anerkanntesten Experten. Mehr als zwanzig Jahre forschte und unterrichtete er an den renommiertesten Universitäten. Er war u. a. mehrere Jahre Direktor des Joseph H. Lauder Institute of Management and International Studies an der Wharton School der Universität von Pennsylvania. An der Sloan School of Management (M.I.T.) in Harvard unterrichtete er über acht Jahre. Er verfasste 15 Bücher und publizierte mehr als 110 Artikel in den angesehensten Managementzeitschriften. Seit 1993 leitet er die IMD Business School in Lausanne. Das IMD ist seit Jahren weltweit unter den bestbeurteilten Managementausbildungszentren. Rund 5.500 Manager aus über 70 verschiedenen Ländern nutzen jährlich das Ausbildungsangebot von IMD.

Für uns war es nur logisch, dass wir unbedingt auch mit Peter Lorange über unsere Forschungsergebnisse diskutieren mussten. Als wir ihn in Lausanne besuchten, hatte er sämtliche Unterlagen, die wir ihm im Vorfeld hatten zukommen lassen, bereits durchgearbeitet und mit Anmerkungen versehen. Der Einstieg in die Diskussion erfolgte – wie konnte es anders sein – über die gewählte Forschungskonzeption und die Art der Modellberechnung. „Ich bin von der gewählten Methodik und den Ergebnissen beeindruckt. Für mich liefert nämlich die zweite Generation der multivariaten Verfahren der Pfadmodellierung eine fundierte Möglichkeit, komplexe Zusammenhänge zu analysieren, auszuwerten und darzustellen. Die aufgezeigten Zusammenhänge zwischen den eruierten Erfolgsbausteinen liefern genau jenes Wissen, das für die erfolgreiche Ausrichtung von Unternehmen entscheidend ist." Diesen wertschätzenden Worten folgte ein intensiver Diskurs über die einzelnen Bausteine des Modells. Peter Lorange strich dabei zunächst den aus seiner Sicht zentralen Zusammenhang von Marktorientierung und Innovationsleistung heraus.

„Unternehmen können nur dann an zukunftsweisenden Innovationen arbeiten, wenn es ihnen gelingt, die Herausforderungen auf den Märkten zu antizipieren. Dazu ist es insbesondere notwendig, die Rolle des Marketings in den Unternehmen zu überdenken. Die Marketingabteilungen müssen die Herausforderung annehmen, wirklich neue Marktchancen identifizieren zu wollen, bevor diese offensichtlich werden. Nur so ist es möglich, den Markt aktiv zu gestalten und nicht immer dem Markt hinterherlaufen zu müssen. Dies erfordert aber, dass auch das Marketing von visionärem Denken geprägt ist und sich nicht von einer ‚Copycat Mentality' leiten lässt. Heute ist es aber vielfach so, dass in den Marketingabteilungen von jungen, zum Teil sehr unerfahrenen Marketingleuten Unmengen von quantitativen Marktforschungsdaten ausgewertet und aufbereitet werden. Dies hilft den Unternehmen ohne Zweifel maßgeblich, risikominimierende Innovationsstrategien zu entwickeln. Häufig verbirgt sich dahinter aber die Gefahr, dass endlose statistische Analysen den Blick auf das Wesentliche, nämlich die Zukunft, verschließen. Das Marketing kann dann niemals die ihm eigentlich zukommende Rolle des Innovationstreibers übernehmen.

Die Marketingabteilungen sind aus ihren ‚Silos' herauszuholen und wesentlich stärker als bisher in die strategischen Entscheidungsprozesse auf Top-Ebene einzubinden. Nur durch diese Einbindung kann es gelingen, dass das Marketing unternehmensübergreifend denkt und in seiner Arbeit gezwungen wird, laufend den strategischen Dialog mit den anderen Funktionen zu pflegen. Heute werden vom Marketing vielfach hinter verschlossenen Türen Daten ausgewertet und interpretiert, ohne das Erfahrungswissen interner und externer Experten miteinfließen zu lassen.

Damit das Marketing die oben skizzierte Aufgabe aber tatsächlich wahrnehmen kann, muss es einen wesentlich breiteren und offeneren Zugang im Rahmen der Marktforschungsaktivitäten verfolgen. Dazu gehören beispielsweise verstärkte Aktivitäten bezüglich qualitativer Marktforschungen, aktive Marktbeobachtungen vor Ort, das Einholen von Meinungen interner Entscheidungsträger, die tatsächlich im Markt operieren, oder die Suche nach Informationsquellen, die völlig außerhalb des eigenen Markts liegen.

Gleichzeitig müssen die obersten Entscheidungsträger sicherstellen, dass die gewonnenen Informationen nicht isoliert in den Marketingabteilungen ausgewertet werden, sondern dass sie gemeinsam mit unterschiedlichsten Entscheidungsträgern im Unternehmen diskutiert und gemeinsam verarbeitet werden. In diesen Diskussionsrunden müssen die obersten Führungskräfte selbst eine zentrale Rolle einnehmen, denn nur dann ist es möglich, dass Forschungs- und Entwicklungsabteilungen einen klaren Entwicklungsauftrag im Sinne dieser Chancen erhalten. Dies zur erarbeiten und freizugeben ist Aufgabe des Top-Managements. Die gesamte strategische Ausrichtung und die Umsetzung in den Markt können nur im Rahmen konzertierter Aktionen des gesamten Unternehmens wirklich funktionieren."

Die Entwicklung neuer Produkte ist eine Sache, die erfolgreiche Vermarktung eine andere. Wir wollten wissen, was aus der Sicht von Peter Lorange für die erfolgreiche Vermarktung der „neuen" Produkte entscheidend ist.

Drei Punkte sind aus der Sicht von Peter Lorange für die erfolgreiche Einführung von Innovationen entscheidend:

Der Markt muss bereits vor der tatsächlichen Einführung auf die Innovation vorbereitet werden. Denn jede Neuentwicklung führt auf den Märkten auch zu Unsicherheiten, weil mit Innovationen immer auch Risiken verbunden sind. Durch kommunikative Maßnahmen gilt es, alles dafür zu tun, dass der Markt offen gegenüber den Neuheiten wird und sich frühzeitig dafür zu interessieren beginnt. Dies kann beispielsweise dadurch gelingen, dass man bereits in der Entwicklungsphase wichtige Kunden in den Prozess mit einbindet oder man die Neugierde beim Endkunden bereits einige Zeit vor der Produkteinführung mit innovativen Werbekampagnen weckt.

Der Nutzen der Innovation muss klar herausgearbeitet und durch eine sehr fokussierte Form der Kommunikationsarbeit in den Markt getragen werden. Dies stellt in der heutigen Zeit laut Peter Lorange eine besondere Herausforderung dar, denn „die Kunden werden tagtäglich mit vielfältigsten Informationen zugeschüttet. Vielfach gelingt es dadurch nicht, mit der Neuheit wirklich zu den Kunden vorzudringen. Die Kunden sind heute aufgrund der Informationsüberlastung nicht mehr bereit „lange" Auflistungen zu lesen. Aus meiner Sicht erfordert dieser Umstand eine radikale Reduzierung auf das Wesentliche. Dies muss dabei auf die Kunden dermaßen aktivierend wirken, dass sie sich in der Folge mit dem notwendigen Interesse dem neuen Produkt zuwenden."

Fundamental ist laut Peter Lorange aber, dass die Top-Entscheider die Experimentierfreudigkeit bei der Umsetzung der generierten Lösungen massiv unterstützen. Nur so können die Unternehmen ihre Ansätze frühzeitig real am Markt testen. Oder wie „jemand sagte: öfter Fehler machen, um schneller erfolgreich zu werden". Ein Schlüssel dazu ist die Bereitschaft, systematisch zu lernen und die auftretenden Fehler als notwendigen Teil dieses Prozesses anzusehen. Wenn sich die Mitarbeiter aber vor jeder Art von Misserfolgen fürchten, dann werden sie sich immer wieder hinter endlosen Datenanalysen verstecken und niemals den Markt bewegen.

"Die Erfahrungen von Nestlé mit ihrem Joghurtprodukt LC1 veranschaulichen diese Vorgehensweise. LC1 wurde anfänglich in Frankreich eingeführt. Dabei fokussierte man sich in der Kommunikation auf eine zentrale und neue Produkteigenschaft: ‚Hilft dem Körper, sich selbst zu schützen.' Ein einzigartiges Produkt und eine kurze zentrale Botschaft. Die Kunden wollten aber kein ‚medizinisches' Produkt. Sie wollten ein gutes und gesundes Produkt, das ausgezeichnet schmeckt. Der ‚Misserfolg' in Frankreich erforderte, dass die Kerneigenschaft (gesundheitsfördernd) anders vermarktet wird. Das Nestlé-Management erlaubte genau jenem Team, das diesen „Fehler" produziert hatte, davon zu lernen. Das gleiche Team konnte LC1 auf Basis der in Frankreich gewonnenen Erkenntnisse in Deutschland einführen. Es wurde in Deutschland und später auch in anderen Märkten zu einem Erfolg."

Die Diskussion ging in der Folge nahtlos auf die Thematik des Kompetenzmanagements über. „Kernkompetenzen sind die eigentlichen Assets eines Unternehmens und ich meine damit nicht die Stärken eines Unternehmens. Ich verstehe darunter vielmehr das Bündel an Eigenschaften, Fähigkeiten und Ressourcen, das einem Unternehmen erlaubt, einzigartige Leistungen hervorzubringen. Die zentrale Herausforderung ist es, laufend in diese Assets zu investieren. Leider sehe ich gerade in Europa, dass kurzfristiges Denken und Kostendenken dieser Sichtweise im Wege stehen. Wenn Unternehmen aber nicht bereit sind, laufend in den Aufbau und die Weiterentwicklung von Kompetenzen zu investieren, werden sie mittelfristig im globalen Wettbewerb zu den großen Verlierern zählen. Kontinuität erscheint mir aber in diesem Bereich besonders entscheidend zu sein. Der Aufbau von Wissen und Fähigkeiten kann nur in einem permanenten Dialog erfolgen, dem man auch den dazu notwendigen strategischen Stellenwert einräumt. Für mich schließt sich hier auch der Kreis zu meinen Aussagen bezüglich der ‚neuen‘ Form der Marktorientierung. Unternehmen können ihre Kompetenzen letztlich nur dann zielführend entwickeln, wenn sie sich mit dem Markt von morgen beschäftigen. Zukunftsweisendes Kernkompetenzmanagement setzt den Diskurs mit dem Markt von Morgen voraus.

Dieser Zugang erfordert jedoch, dass die Top-Entscheider den strategischen Zusammenhang zwischen Marktorientierung, Kernkompetenzmanagement und Innovationsleistung in seiner gesamten Bedeutung verstehen und auch als Gesamtheit steuern.“

Wir wollten in der Folge wissen, was die Voraussetzungen für das von ihm geforderte „interne Wachstum“ sind.

„Wachstum durch Mergers & Acquisitions war und ist in vielen Bereichen wichtig. Insgesamt bin ich aber davon überzeugt, dass diese ‚Wachstumsstrategie‘ in Zukunft an Bedeutung verlieren wird. Unternehmen müssen meiner Meinung nach in Zukunft wieder stärker aus sich selbst heraus wachsen. Diese Art des Wachstums setzt eine entsprechende Innovationsleistung voraus, die wesentlich im angesprochenen Zusammenspiel von Marktorientierung und Kompetenzmanagement begründet ist. Entscheidend ist aber das grundsätzliche Strategieverständnis der obersten Führungskräfte. Mit ihren Entscheidungen determinieren sie nämlich maßgeblich die eingeschlagene Richtung, der die Unternehmung folgt. Wenn Unternehmen auf internes Wachstum setzen, müssen sie auch die finanziellen Ressourcen dafür einsetzen und insbesondere in anderen Zeitdimensionen denken. Dies erfordert die Rückkehr zu der ursprünglichen Form unternehmerischen Denkens: Wir wollen die Besten am Markt sein und nicht um jeden Preis die Größten. Nachhaltige Größe entsteht im Kern nämlich aus der Fähigkeit, immer wieder einzigartige Produkte und Leistungen für die Märkte zu entwickeln.

Nach meinen Erfahrungen delegieren Entscheidungsträger, die ihre Unternehmen in dieser Richtung bewegen, die Suche nach zukünftigen Wachstumspotenzialen nicht an ihre Mitarbeiter. Sie beschäftigen sich selbst intensiv mit den Märkten und wissen genau, wer ihnen im und außerhalb des Unternehmens helfen kann, diese Chancen zu lokalisieren. Gleichzeitig verfügen sie neben der notwendigen Risikobereitschaft auch über das entsprechende Fingerspitzengefühl, tendenziell auf wirklich potenzialträchtige Chancen zu setzen. Manchmal mag dies fast den Anschein erwecken, als ob sie ihre Entscheidungen nur aus ihrer Intuition heraus treffen. Ist die Entscheidung getroffen, treiben sie selbst den Entwicklungsprozess voran und geben den verantwortlichen Teams nicht nur die notwendigen Ressourcen, sondern auch den entsprechenden Rückhalt im und außerhalb des Unternehmens."

Hans-Joachim Reck, Partner Heidrick & Struggles, Deutschland

Hans-Joachim Reck, Partner von Heidrick & Struggles, eines der weltweit führenden Executive-Search- und Leadership-Consulting-Unternehmen. Hans-Joachim Reck blickt auf eine steile Karriere im öffentlichen Sektor, in der Politik und in der Privatwirtschaft zurück: Bundesgeschäftsführer der CDU, Leiter des Zentralbereiches Top-Management-Personal Deutsche Telekom, Leiter des Zentralbereiches Konzernsteuerung Vertriebskontakte Deutsche Telekom, Mitglied des Landtags Nordrhein-Westfalen usw. Wir nutzten die Gelegenheit, mit ihm über Führungspersönlichkeiten zu diskutieren.

Hans-Joachim Reck kennt viele Top-Manager in vielen Bereichen, in der Wirtschaft und in der Politik. Er hat viele Stars begleitet, aber auch einige scheitern sehen. Was zeichnet aus seiner Sicht eine erfolgreiche Führungspersönlichkeit aus?

„Es sind natürlich viele Dinge. Viele davon sind Selbstverständlichkeiten. Über die will ich hier gar nicht diskutieren. Mir ist aber immer wieder aufgefallen, dass es ein paar Dinge sind, die große Führungspersönlichkeiten gemeinsam haben. Dazu gehören folgende: Sie beherrschen das Handwerk, sie sind balancierte Persönlichkeiten, sie haben emotionale Intelligenz, sie können an fast allem Interesse finden und sie sprechen die Sprache aller, mit denen sie es zu tun haben."

Ist Management ein Handwerk?

„Ja und nein. Natürlich muss eine Führungskraft das Managementhandwerk beherrschen. Manager sind Macher. Ohne bestimmte Methoden und Techniken zu beherrschen, kann man nicht effizient und effektiv führen. Es ist aber mehr. Instrumente und Methoden sind dazu da, Dinge effizient umzusetzen. Top-Manager sind aber auch permanent auf der Suche nach neuen Möglichkeiten, sie geben sich mit der jetzigen Situation selten zufrieden.

Ein Top-Manager, so wie es Peter Drucker einmal formuliert hat, richtet seinen Blick immer stärker auf Chancen als auf Risiken. Wenn man sich nur um Probleme kümmert, kommt man nicht weiter. Top-Führungskräfte sehen in jedem Wandel zunächst eine Chance. Die Balanced Scorecard ist eine gute Analogie für die Einstellung und Fähigkeiten, die ein Top-Manager mitbringen muss. Ein Top-Manager muss die Idee der BSC verinnerlicht haben. Er muss in der Lage sein, Chancen zu erkennen. Er muss dann auch in der Lage sein, Visionen in Strategien zu verwandeln und Strategien in Aktionen umzusetzen – oder umsetzen zu lassen. Das heißt, eine Führungskraft muss Leader und Manager gleichzeitig sein. Er muss große Ziele und Visionen haben, er muss aber auch das Werkzeug beherrschen, diese umzusetzen. Wenn er nicht in der Lage ist, Strategien ‚herunterzubrechen‘, sie mit Kennzahlen zu füllen und damit effektiv zu kommunizieren, wird er scheitern, selbst wenn die Vision und die Strategie gut waren. Dafür gibt es drei Erklärungen: Er hat die Strategie selbst nicht verstanden, die Strategie ist nicht durchdacht und lässt sich nicht kommunizieren und umsetzen oder er ist nicht in der Lage, Dinge auf den Boden zu bringen.

Schließlich müssen Top-Manager über die Fähigkeit verfügen, neue Paradigmen zu schaffen und sie auch umzusetzen. Sie müssen mehr tun, als Dinge kontinuierlich zu verbessern. Sie müssen in der Lage sein, Bestehendes kontinuierlich infrage zu stellen und, wenn es nötig ist, radikal zu verändern. Nur dadurch kann die Innovationsfähigkeit des Unternehmens nachhaltig gesichert werden.“

Was heißt „balancierte“ Persönlichkeiten?

„Top-Manager stehen permanent unter Druck, man sieht es ihnen aber nicht an. Auch wenn sie innerlich bewegt und gestresst sind, strahlen sie Ruhe aus und erwecken den Eindruck, als hätten sie alles unter Kontrolle – meistens haben sie es ja auch. Diese Fähigkeit zur Ruhe und Gelassenheit ist wichtig. Nur dadurch ist es möglich, Abstand zu nehmen und Dinge aus der Vogelperspektive zu sehen. Viele Fehlentscheidungen werden getroffen, weil man sich mit Dingen zu stark identifiziert und nicht mehr in der Lage ist, sie objektiv zu betrachten. Zweitens sind Ruhe und Gelassenheit wichtig, um Kompetenz auszustrahlen. Hektik ist meist ein Zeichen schlechter Selbstorganisation. Wer sich nicht selbst organisieren kann, wird andere nicht erfolgreich führen können. Wer nicht als kompetent und organisiert wahrgenommen wird, wird sich das Vertrauen der Mitarbeiter nur schwer verdienen.

Top-Führungskräfte sind balancierte Persönlichkeiten und holen sich die Ruhe aus der Familie, von Freunden usw. Sie betreiben oft auch ein Hobby bis zur Perfektion. Sie spielen ein Instrument, laufen Marathon oder betätigen sich künstlerisch. Dahinter stecken zwei Dinge: Vielseitigkeit und Streben nach Spitzenleistungen. Beides sind Eigenschaften, die ich für sehr wichtig halte. Top-Leute interessieren sich für viele Dinge – auch außerhalb des Berufs – und sind neugierig. Interesse an allem und unersättliche Neugier scheinen zwei Grundeigenschaften zu sein."

Welche Rolle spielt die emotionale Intelligenz?

„Top-Führungskräfte können mit Emotionen umgehen. Sind in der Lage die Emotionalität des Gegenübers zu erfassen und sich darauf einzustellen. Sie kennen aber auch sich selbst und wissen, wie sie ihre eigenen Gefühle interpretieren und kontrollieren können. Das ist wichtiger, als man allgemein glaubt. Je höher die Managementebene, umso wichtiger ist Fingerspitzengefühl, Gespür, Intuition, wie immer man es nennen mag. Intuition geht immer mit einem ‚Bauchgefühl' einher. Gute Manager wissen, ob sie ihrer Intuition trauen können oder nicht, weil sie wissen, wann und wie sie sich auf ihr Gefühl verlassen können.

Ich halte es auch für ganz wesentlich, dass Führungskräfte über Einfühlungsvermögen verfügen. Sie sind in der Lage, in heiklen Situationen die Gefühle der anderen zu verstehen, auch wenn diese sie nicht zeigen. Sie können emotionale Signale der anderen wahrnehmen, interpretieren und darauf reagieren. Das ist nicht nur in Verhandlungen wichtig, das ist auch wichtig in der Mitarbeiterführung. Nur wenn man diese Fähigkeit hat, kann man gut führen und ein loyales Team um sich herum aufbauen. Ein Top-Manager weiß, dass er sein Team braucht. Daniel Goleman bringt es gut auf den Punkt, wenn er sagt: ‚Wer gute Mitarbeiter anziehen und behalten will, muss zur emotional intelligenten Führungskraft heranreifen. Denn die Mitarbeiter trennen sich nicht von Unternehmen, sondern von schlechten Vorgesetzten.‘ Eine Führungskraft muss sich das Vertrauen und die Glaubwürdigkeit der Mitarbeiter, aber auch der breiten Öffentlichkeit erst verdienen. Das gelingt nur, wenn sie absolut integer und authentisch ist".

Welche Rolle spielt die Sprache?

„Top-Führungskräfte erkennt man an ihrer Sprache. Sie beherrschen die Sprache ihrer Branche, ihrer Kunden, ihrer Geschäftspartner und ihrer Mitarbeiter. Sie sind in der Lage, mit ihnen effektiv zu kommunizieren. An der Sprache, die sie verwenden, erkennt man drei Dinge. Erstens, ob sie die Fachkompetenz haben. Ein Top-Manager hat keine Chance, wenn er nicht die Sprache seines Geschäfts spricht. Er wird nie Glaubwürdigkeit gewinnen können. Zweitens erkennt man an der Sprache, die jemand wählt, ob er ein tiefes Verständnis für die Probleme des Gegenübers hat und ob er in der Lage ist, sich rasch darauf einzustellen. Drittens erkennt man einen Top-Manager daran, ob er auf ‚gleicher Augenhöhe‘ mit allen Menschen kommunizieren kann, mit seinen Vortandskollegen ebenso wie mit dem Pförtner oder der Reinigungskraft in der Firma. Hinter dieser Fähigkeit steckt etwas sehr Wichtiges: der Respekt und das Interesse für den Menschen. Denn letztendlich ist Management auch eine Einstellung des Dienens. Es ist die Aufgabe der Führungskräfte, Mitarbeiter erfolgreich zu machen. Sie müssen sie in die Lage versetzen, Spitzenleistungen zu erbringen – am besten Leistungen, die sich die Mitarbeiter selbst gar nicht zugetraut hätten. Eine Führungskraft, die das nicht beherrscht, wird bestenfalls durchschnittlich sein."

Literatur

Abfalter, D. & Hinterhuber, H. H. (2006). Was Führungskräfte von Orchester-dirigenten lernen können. In: K. Götz (Hg.), Führung und Kunst (in Druck). Mering: Hampp Verlag

Abfalter, D., Hinterhuber, H. H. & Raich, M. (2005). Die Auswahl und Beurteilung der Mitarbeiter und Führungskräfte. In: H. Pechlaner, P. Tschurtschenthaler, M. Peters & B. Pikkemaat (Hg.), Erfolg durch Innovation. Perspektiven für den Tourismus- und Dienstleistungssektor (S. 137-157). Wiesbaden: DUV

Achleitner, A.-K. & Bassen, A. (2002). Entwicklungsstand des Shareholder-Value-Ansatzes in Deutschland – Empirische Befunde. In: H. Siegwart & J. Mahari (Hg.), Meilensteine im Management, Band XI: Corporate Governance, Shareholder Value & Finance. Zürich

Argyris, C. (1998). Empowerment – nur eine Illusion? *Harvard Business Manager* (6), S. 9-16

Bailom, F., Anschober, M., Matzler, K. & Kausl, A. (2006). Preis- und Innovationswettbewerb: Ergebnisse einer Führungskräftebefragung. In: H. H. Hinterhuber & K. Matzler (Hg.), Kundenorientierte Unternehmensführung (5. Aufl., S. 523-542). Wiesbaden: Gabler Verlag

Bailom, F., Hinterhuber, H. H., Matzler, K. & Sauerwein, E. (1996). Das Kano-Modell der Kundenzufriedenheit. *Marketing-ZFP, 18* (2), S. 117-126

Bailom, F., Matzler, K., Anschober, M. & Tschemernjak, D. (2006). Einsatz für Innovationen. *Harvard Business Manager* (März), S. 11-13

Bailom, F., Tschemernjak, D., Matzler, K. & Hinterhuber, H. H. (1998). Durch strikte Kundennähe die Abnehmer begeistern. *Harvard Business Manager* (1), S. 47-56

Bain, J. S. (1956). Barriers to new competition. Cambridge

Barney, J. (1991). Firm Resources and Sustained Competitive Advantage. *Journal of Management, 17* (1), S. 99-120

Barney, J. B. & Hesterly, W. S. (2006). Strategic Management and Competitive Advantage. Upper Saddle River, New Jersey: Pearson Education

Baron, R. M. & Kenny, D. A. (1986). The moderator-mediator variable distinction in social psychological research: conceptual, strategic, and statistical considerations. *Journal of Personality and Social Psychology, 51* (6), S. 1173-1182

Bartlett, C. A., Cornebise, J. & McLean, A. N. (2002). Global wine wars: New world challenges old. *Harvard Business School Case*

Bartlett, C. A. & Ghoshal, S. (2000). Going global: Lessons from late movers. *Harvard Business Review, 78* (2), S. 132-142

Bartlett, C. A. & Wozny, M. (1999). GE's two-decade transformation: Jack Welch's leadership. *Harvard Business School Case 9-399-150*

Berger, C. (1993). Kano's Methods for Understanding Customer Defined Quality. *Center for Quality Management Journal* (Fall), S. 3-35

Bliemel, F., Eggert, A. & Fassot, G. (Hg.) (2005). Handbuch PLS-Pfadmodellierung. Methoden – Anwendung – Praxisbeispiele. Stuttgart: Schäffer-Poeschel Verlag

Bourdieu, P. (1986). The forms of capital. In: J. G. Richardson (Hg.), Handbook of theory and research for the sociology of education (S. 241-258). New York: Greenwood

Bruhn, J. G. & Wolf, S. (1979). The Roseto Story. Norman: University of Oklahoma Press

Budros, A. (1999). A Conceptual Framework for Analyzing Why Organizations Downsize. *Organization Science, 10*, S. 69-82

Buzzell, R. D. & Gale, B. T. (1987). The PIMS Principles. Linking Strategy to Performance. New York et al.: The Free Press

Cameron, J. P. & Freeman, S. J. (1991). Cultural congruence, strength and type: Relationships of effectiveness. In: R. W. Woodman & A. Passmore (Hg.), Research in organizational change and development (S. 23-58). San Francisco: Joessey-Bass

Cascio, W. F., Young, E. E. & Morris, J. R. (1997). Financial Consequences of Employment-Change Decisions in Major U.S. Corporations. *Academy of Management Journal, 40*, S. 1175-1189

Chakravorti, B. (2004). Neue Regeln für Innovationen. *Harvard Business Manager* (Juni), S. 23-37

Chesbrough, H. W. (2003a). The era of open innovation. *MIT Sloan Management Review, 44* (3), S. 35-41

Chesbrough, H. W. (2003b). Open Innovation. Boston, MA: Harvard Business School Press

Christensen, C. M. (1997). The Innovator's Dilemma. Boston: Harvard Business Press

Christensen, C. M., Cook, S. & Hall, T. (2006). Wünsche erfüllen statt Produkte verkaufen. *Harvard Business Manager, 28* (März), S. 71-86

Christensen, C. M. & Raynor, M. E. (2003). *The Innovator's solution*. Boston: Harvard Business School Press

Coenenberg, A. G. & Salfeld, R. (2003). Wertorientierte Unternehmensführung. Stuttgart: Schäffer-Poeschel Verlag

Collins, J. & Porras, J. I. (1998). Built to Last: Successful Habits of Visionary Companies. London

Coutu, D. L. (2005). Das Ego des Gegners zerschmettern. *Harvard Business Manager, 27* (Juli), S. 115-119

D'Aveni, R. A. (1994). Hyper Competition. Managing the Dynamics of Strategic Maneuvering. New York: The Free Press

D'Aveni, R. A. (1995). Coping with hypercompetition: Utilizing the new 7S's framework. *Academy of Management Executive, 9* (3), S. 45-57

Davenport, T. H. (2005). The Coming Commoditization of Processes. *Harvard Business Review* (June), S. 101-108

Denrell, J. (2005). Selection bias and the perils of benchmarking. *Harvard Business Review, 83* (4), S. 114-119

Desphandé, R. & Farley, J. U. (2004). Organizational culture, market orientation, innovativeness, and firm performance: An international research odyssey. *International Journal of Research in Marketing, 21* (1), S. 3-22

Desphandé, R., Farley, J. U. & Webster, F. E. (1993). Corporate culture, customer orientation, and innovativeness in Japanese firms: A quadrat analysis. *Journal of Marketing, 57* (January), S. 23-27

Diamantopoulos, A. & Winkelhofer, H. M. (2001). Index construction with formative indicators: An alternative to scale development. *Journal of Marketing Research, 38*, S. 269-277

Dierickx, I. & K., C. (1989). Asset stock accumulation and sustainability of competitive advantage. *Management Science, 35*, S. 1504-1511

Donnithorne, L. R. (1994). The Westpoint Way of Leadership. New York

Dougherty, D. & Bowman, E. H. (1995). The Effects of Organizational Downsizing on Product Innovation. *California Management Review, 37*, S. 28-44

Douglas, M. (1991). Wie Institutionen denken. Frankfurt/Main: Suhrkamp

Drucker, P. (2004). Das Geheimnis effizienter Führung. *Harvard Business Manager, 26* (August), S. 27-35

Drucker, P. (1998). Wissen – die Trumpfkarte der entwickelten Länder. *Harvard Business Manager, 20* (4), S. 9-11

Dyer, J. H. & Singh, H. (1998). The Relational View – Cooperative Strategy and Sources of Interorganizational Competitive Advantage. *Academy of Management Review, 23* (4), S. 660-679

Edvinsson, L. (2004). The new knowledge landscape. In: S. Crainer & D. Dearlove (Hg.), Financial Times handbook of management (S. 19-23). London: McGraw Hill

Ernst, H. (2004). Unternehmenskultur und Innovationserfolg. *Zeitschrift für betriebswirtschaftliche Forschung und Praxis, 55* (Februar), S. 23-44

Farhoomand, A. & Tao, Z. (2005). Shanghai Volkswagen: Time for radical shift of gears. *Asia Case Research Center*

Fischer, G. (2005). Was ist ein Unternehmer? *Brand Eins* (4)

Fornell, C. & Larcker, D. F. (1981). Evaluating structural equation models with unobservable variables and measurement error. *Journal of Marketing Research, 18* (February), S. 39-50

Frenzel, K., Müller, M. & Sottong, H. (2004). Storytelling. Das Harun-al-Raschid-Prinzip. München/Wien: Hanser Verlag

Füller, J., Bartl, M., Ernst, H. & Mühlbacher, H. (2006). Community based innovation: How to integrate members of virtual communities into new product development. *Electronic Commerce Research, 6*, S. 57-73

Füller, J., Jawecki, G. & Bartl, M. (2006). Produkt- und Serviceentwicklung in Kooperation mit Online Communities. In: H. H. Hinterhuber & K. Matzler (Hg.), Kundenorientierte Unternehmensführung (5 Aufl., S. 435-454). Wiesbaden: Gabler Verlag

Füller, J., Jawecki, G. & Mühlbacher, H. (2006). Equipment-Related knowledge creation in innovative online basketball communities. In: B. Renzl, K. Matzler & H. H. Hinterhuber (Hg.), The future of knowledge management (S. 161-183). Houndmills, Basingstoke, Hamsphire and New York: Palgrave Macmillan

Füller, J. & Matzler, K. (2006a). Customer delight and market segmentation: An application of the three-factor theory of customer satisfaction on lifestyle groups. *Tourism Management* (in Druck)

Füller, J. & Matzler, K. (2006b). Virtual Product Development and Customer Participation – a Chance for Customer Centred, Real New Products. *Technovation* (in Druck)

Füller, J., Rieder, B. & Mühlbacher, H. (2003). An die Arbeit, lieber Kunde! *Harvard Business Manager* (August), S. 36-45

Gale, B. T. (1994). Managing Customer Value. New York

Goleman, D. (1996). Emotional Intelligence: Why it can matter more than IQ. London: Bloomsbury

Goleman, D. (2004). What makes a leader? *Harvard Business Review* (January), S. 1-11

Grant, R. M. (1996). Toward a Knowledge-Based Theory of the Firm. *Strategic Management Journal, 17* (Winter Special Issue), S. 109-122

Grant, R. M. (2005). Contemporary strategic analysis (5th). Malden, Oxford, Carlton: Blackwell Publishing

Greenberg, J. (1978). The Americanization of Roseto. *Science News, 113* (23), S. 378-381

Grötker, R. (2003). Das neue Spiel. Die Sache mit dem Shareholder Value: Wo er herkommt. Und wo er hinführt. *Brand Eins* (Nr. 3), S. 73-79

Hamel, G. & Getz, G. (2004). Erfindungen in Zeiten der Sparsamkeit. *Harvard Business Manager* (November), S. 10-24

Hammer, M. (1990). Reengineering: Don't Automate, Obliterate. *Harvard Business Review, 68* (July-August), S. 104-112

Hammer, M. & Stanton, S. (2000). Prozessunternehmen – wie sie wirklich funktionieren. *Harvard Business Manager, 22* (3), S. 68-81

Hansmann, K.-W. & Ringle, C. M. (2004). SmartPLS manual. Hamburg

Hawawini, G., Subramanian, V. & Verdin, P. (2003). Is performance driven by industry – or firm-specific factors? A new look at the evidence. *Strategic Management Journal, 24*, S. 1-16

Hegele-Raih, C. (2006). Was ist Isomorphismus? *Harvard Business Manager, 28* (August), S. 43

Hemetsberger, A. & Füller, J. (2006). Qual der Wahl – Welche Methode führt zu kundenorientierten Innovationen? In: H. H. Hinterhuber & K. Matzler (Hg.), Kundenorientierte Unternehmensführung (5. Aufl., S. 399-433). Wiesbaden: Gabler Verlag

Hemetsberger, A. & Reinhardt, C. (2006). Learning and knowledge-building in open-source communities. *Management Learning, 37* (2), S. 187-206

Herstatt, C., Lüthje, C. & Lettl, C. (2002). Wie fortschrittliche Kunden zu Innovationen stimulieren. *Harvard Business Manager* (1), S. 60-68

Hess, T. & Schuller, D. (2005). Business Process Reengeneering als nachhaltiger Trend? Eine Analyse der Praxis in deutschen Großunternehmen nach einer Dekade. *Zeitschrift für betriebswirtschaftliche Forschung und Praxis, 57* (Juni), S. 355-373

Heuer, S. (2002). Economy Class. *Brand Eins* (1), 28-33

Hinterhuber, H. H. (2000). Maßstäbe für die Unternehmer und Führungskräfte von morgen: Mit Leadership neue Pionierphasen einleiten. In: H. H. Hinterhuber, S. A. Friedrich, A. Al-Ani & G. Handlbauer (Hg.), Das Neue Strategische Management – Perspektiven und Elemente einer zeitgemäßen Unternehmensführung (2. Aufl., S. 33-60). Wiesbaden: Gabler Verlag

Hinterhuber, H. H. (2002). Leadership als Dienst an der Gemeinschaft. *Zeitschrift Führung + Organisation, 71* (1), S. 40-52

Hinterhuber, H. H. (2003a). Die Bedeutung von Leadership für die strategische Unternehmensführung. In: M. Ringlstetter, H. Henzler & M. Mirow (Hg.), Perspektiven der Strategischen Unternehmensführung. Theorien – Konzepte – Anwendungen (S. 255-276). Wiesbaden: Gabler Verlag

Hinterhuber, H. H. (2003b). Leadership. Frankfurt am Main: FAZ Institut für Management

Hinterhuber, H. H. (2004a). Strategische Unternehmensführung, Band 1: Strategisches Denken (7. Aufl.). Berlin, New York: De Gruyter

Hinterhuber, H. H. (2004b). Strategische Unternehmensführung, Band 2, Strategisches Handeln (7. Aufl.). Berlin, New York: Walter deGruyter Verlag

Hinterhuber, H. H., Friedrich, S. A. & Krauthammer, E. (2001). Leadership als Weltanschauung? Aufgeschlossene Führungskräfte schaffen offene Unternehmen. In: H. H. Hinterhuber & H. K. Stahl (Hg.), Fallen die Unternehmensgrenzen? Beiträge zur Außenorientierung der Unternehmensführung (Band 3, S. 129-143). Renningen-Malmsheim: Expert-Verlag

Hinterhuber, H. H., Handlbauer, G. & Matzler, K. (2003). Kundenzufriedenheit durch Kernkompetenzen. Eigene Potentiale erkennen, entwickeln, umsetzen (2. Aufl.). Wiesbaden: Gabler Verlag

Hinterhuber, H. H. & Krauthammer, E. (1998). The Leadership Wheel: The Tasks Entrepreneurs and Senior Executives Cannot Delegate. *Strategic Change, 7* (3), S. 149-162

Hinterhuber, H. H. & Krauthammer, E. (2002). Leadership – mehr als Management (3). Wiesbaden: Gabler Verlag

Hinterhuber, H. H. & Raich, M. (2006). Leadership als zentrale Kompetenz von und in Unternehmen. In: H. Bruch, S. Krummaker & B. Vogel (Hg.), Leadership – Best Practices und Trends (S. 49-56). Wiesbaden: Gabler Verlag

Hinterhuber, H. H. & Renzl, B. (2004). Der Unternehmer als Innovator und Erkenntnistheoretiker. In: E. Schwarz (Hg.), Nachhaltiges Innovationsmanagement (S. 3-28). Wiesbaden: Gabler Verlag

Hinterhuber, H. H., Renzl, B & Matzler, K. (2006). The Leadership Company – Leadership as Core Competency in the Firm of the Future. In: T. del Val (Hg.), Economy, Entrepreneurship, Science and Society in the XXI Century (in Druck): Díaz de Santos, Piramide oder die Universität

Hinterhuber, H. H. & Rothenberger, S. (2006). Führung und Strategie verbinden. *Frankfurter Allgemeine Zeitung* (06.02.2006)

Hinterhuber, H. H. & Stadler, C. (2006). Leadership and strategy as intangible assets. In: B. Renzl, K. Matzler & H. H. Hinterhuber (Hg.), The future of knowledge management (S. 237-253). Houndmills, Basingstoke, Hampshire, New York: Palgrave Macmillan

Hitt, M. A., Ireland, R. D. & Hoskisson, R. E. (2005). Strategic management. Competitiveness and globalization. Mason, Ohio: Thompson South-Western

Hollensen, J. (2003). Marketing Management. A relationship approach. Edinburgh Gate: Pearson Education Limited

Hulland, J. (1999). Use of partial least squares (PLS) in strategic management research: A review of four recent studies. *Strategic Management Journal, 20* (2), S. 195-204

Hunt, S. D. & Morgan, R. M. (1995). The comparative advantage theory of competition. *Journal of Marketing, 59* (2), S. 1-15

Huston, L. & Sakkab, N. (2006). Wie Procter & Gamble zu neuer Kreativität fand. *Harvard Business Manager* (August), S. 21-31

Hutzschenreuter, T. (2005). Wachstum ist kein Allheilmittel. *Harvard Business Manager* (November), S. 104-111

Inkpen, A. & Tsang, E. W. K. (2005). Social capital, networks, and knowledge transfer. *Academy of Management Review, 30* (1), S. 146-165

Jarvis, C. B., MackKenzie, S. B. & Podsakoff, P. M. (2003). A critical review of construct indicators and measurement model misspecification in marketing and consumer research. *Journal of Consumer Research, 30* (September), S. 199-218

Kajüter, P. (2005). Kostenmanagement in der deutschen Unternehmenspraxis. *Zeitschrift für betriebswirtschaftliche Forschung und Praxis, 57* (Februar), S. 79-100

Kano, N. (1984). Attractive Quality and Must Be Quality. *Hinshitsu (Quality), 14* (2), S. 147-156 (in Japanisch)

Kaplan, R. S. & Norton, D. P. (1997). Balanced Scorecard. Strategien erfolgreich umsetzen. Stuttgart: Schäffer-Poeschel Verlag

Kelley, R. (1990). The Gold Collar Worker – Harnessing the Brainpower of the New Workforce. Reading, Mass.: Addison-Wesley

Khatri, N. & Ng, H. A. (2000). The role of intuition in strategic decision making. *Human Relations, 53* (1), S. 57-86

Kieser, A. (2002). Downsizing – eine vernünftige Strategie. *Harvard Business Manager, 24* (2), S. 30-39

Kirby, J. (2005). Auf der Suche nach der Weltformel. *Harvard Business Manager* (November), S. 92-103

Kirzner, I. M. (1980). The Primacy of Entrepreneurial Discovery. In: I. o. E. Affairs (Hg.), Prime Mover of Progress (Readings 23, S. 3-30). London: I.E.A.

Koch, J. (2006). Der gefährliche Pfad des Erfolges. *Harvard Business Manager, 28* (1), S. 97-102

Koen, C. I. (2005). Comparative International Management. London: McGrawHill

Kohli, A. K., Jaworksi, B. J. & Kumar, A. (1993). MARKOR: A measure of market orientation. *Journal of Marketing Research, 30* (November), S. 467-477

Kohli, A. K. & Jaworski, B. J. (1990). Market orientation. The construct, research propositions, and managerial implications. *Journal of Marketing, 54*, S. 1-18

Kordupleski, R. E., Rust, R. T. & Zahorik, A. (1994). Qualitätsmanager vergessen zu oft den Kunden. *Harvard Business Manager* (1), S. 65-72

LeDoux, J. (1996). The emotional brain: the mysterious underpinning of emotional life. New York: Simon & Schuster

Leonard-Barton, D. (1992). Core capabilities and core rigidities: A paradox in managing new product development. *Strategic Management Journal, 13* (Summer), S. 111-125

Lev, B. (1999). Seeing is believing. *CFO Magazine* (February)

Loppow, B. (1997). Skifahren: Die neuen Carver sollen den Skifahrern völlig neue

Kurvengefühle vermitteln. Der Kniff mit der Kante. *Die Zeit online*, http://www.zeit.de/archiv/1997/1907/carver.txt.19970207.xml?page=all

Lorange, P. (1998). Strategy implementation: The new realities. *Long Range Planning, 31* (1), S. 18-29

Lorange, P. (2005). Memo to marketing. *Sloan Management Review, 46* (2), S. 16-20

Magretta, J. (2002). Basic Management. München: dtv

Malik, F. (2002). Die neue Corporate Governance (3. Aufl.). Frankfurt: Frankfurter Allgemeine Buch

Malik, F. (2005). Management. Das A und O des Handwerks. Band 1. Frankfurt am Main: Frankfurter Allgemeine Buch

Matzler, K. (2000). Customer Value Management. *Die Unternehmung, 54* (4), S. 289-307

Matzler, K. (2001). Konsequente Kundenorientierung von Bankdienstleistungen durch Customer Value-Strategien. *Österreichisches BankArchiv* (4), S. 285-294

Matzler, K. (2003). Preiszufriedenheit. In: H. Diller & A. Herrmann (Hg.), Handbuch Preismanagement (S. 303-328). Wiesbaden: Gabler Verlag

Matzler, K. & Bailom, F. (2006). Messung von Kundenzufriedenheit. In: H. H. Hinterhuber & K. Matzler (Hg.), Kundenorientierte Unternehmensführung (5. Aufl., S. 241-270). Wiesbaden: Gabler Verlag

Matzler, K., Bailom, F., Hinterhuber, H. H., Renzl, B. & Pichler, J. (2004). The Asymmetric Relationship between Attribute Level Performance and Overall Customer Satisfaction: A Reconsideration of the Importance-Performance Analyses. *Industrial Marketing Management, 33* (4), S. 271-277

Matzler, K., Bailom, F., Tschemernjak, D., Anschober, M. & Hinterhuber, H. H. (2005). Kostensenkungsprogramme in der Praxis: Ergebnisse einer Managerbefragung. *Der Controlling-Berater, 11* (5), S. 723-738

Matzler, K. & Fässler, R. (2004). Kundenorientierung: Steigerung der Kundenzufriedenheit durch Prozess-Controlling. *Der Controlling-Berater* (5), S. 627-649

Matzler, K., Fuchs, M., Binder, H. J. & Leihs, H. (2005). Asymmetrische Effekte bei der Entstehung von Kundenzufriedenheit: Konsequenzen für die Importance-Performance Analyse. *Zeitschrift für Betriebswirtschaft* (3), S. 299-317

Matzler, K., Fuchs, M. & Schubert, A. K. (2004). Employee Satisfaction: Does Kano's Model Apply? *Total Quality Management and Business Excellence, 15* (9-10), S. 1179-1198

Matzler, K. & Hinterhuber, H. H. (1998). How to Make Product Development Projects More Successful by Integrating Kano's Model of Customer Satisfaction into Quality Function Deployment. *Technovation, 18* (1), S. 25-38

Matzler, K., Hinterhuber, H. H., Bailom, F. & Sauerwein, E. (1996). How to Delight Your Customers. *Journal of Product and Band Management, 5* (2), S. 6-18

Matzler, K., Pechlaner, H. & Kohl, M. (2000). Formulierung von Servicestandards für touristische Dienstleistungen und Überprüfung durch den Einsatz von „Mystery Guests". *Tourismus Journal, 4* (2), S. 157-176

Matzler, K. & Renzl, B. (2006). Assessing asymmetric effects in the formation of employee satifaction. *Tourism Management* (in Druck)

Matzler, K., Renzl, B. & Rothenberger, S. (2004). Unternehmenskultur und Innovationserfolg in Klein- und Mittelunternehmen: Ergebnisse einer empirischen Studie. In: P. Tschurtschenthaler, H. Pechlaner, M. Peters, B. Pikkemaat & M. Fuchs (Hg.), *Erfolg durch Innovation* (S. 277-290). Wiesbaden: Gabler Verlag

Matzler, K., Rier, M., Hinterhuber, H. H., Renzl, B. & Stadler, C. (2005). Methods and concepts in management: Significance, satisfaction and suggestions for further research – perspective from Germany, Austria and Switzerland. *Strategic Change, 14*, S. 1-13

Matzler, K. & Sauerwein, E. (2002). The Factor Structure of Customer Satisfaction: An Empirical Test of the Importance Grid and the Penalty-Reward-Contrast Analysis. *International Journal of Service Industry Management, 13* (4), S. 314-332

Matzler, K., Sauerwein, E. & Heischmidt, K. A. (2003). Importance-Performance Analysis Revisited: The Role of the Factor Structure of Customer Satisfaction. *The Service Industries Journal, 23* (2), S. 112-129

Matzler, K., Sauerwein, E. & Stark, C. (2005). Methoden zur Identifikation von Basis-, Leistungs- und Begeisterungsfaktoren. In: H. H. Hinterhuber & K. Matzler (Hg.), Kundenorientierte Unternehmensführung (5. Aufl., S. 289-213). Wiesbaden: Gabler Verlag

Matzler, K., Stahl, H. K. & Hinterhuber, H. H. (2006). Die Customer-based View der Unternehmung. In: H. H. Hinterhuber & K. Matzler (Hg.), Kundenorientierte Unternehmensführung: Kundenorientierung – Kundenzufriedenheit – Kundenbindung (5. Aufl., 3-31). Wiesbaden: Gabler Verlag

McCarthy, D. J. (2000). View from the top: Henry Mintzberg on strategy and management. *Academy of Management Executive, 14* (3), S. 31-42

McGahan, A. M. & Porter, M. (1997). How much does industry matter, really? *Strategic Management Journal, 18* (1), S. 15-30

Miller, C. C. & Ireland, R. D. (2005). Intuition in strategic decision making. Friend or foe in the fast-pased 21st century? *Academy of Management Executive, 19* (1), S. 19-30

Mintzberg, H., Simons, R. & Basul, K. (2002). Beyond Selfishness. *Sloan Management Review, 44* (1), S. 67-74

Mirow, M. (1999). Innovation als strategische Chance. In: N. Franke & C.-F. von Braun (Hg.), Innovationsforschung und Technologiemanagement (S. 481-492). Berlin/Heidelberg

Mirow, M. (2003). Wertsteigerung durch Innovation. In: H. Henzler, M. Mirow & M. Ringlstetter (Hg.), Perspektiven der strategischen Unternehmensführung – Theorien, Konzepte, Anwendungen (S. 331-346). Wiesbaden: Gabler Verlag

Müller-Stevens, G. & Lechner, C. (2005). Strategisches Management – Wie strategische Initiativen zum Wandel führen (3. Aufl.). Stuttgart: Schäffer-Poeschel

Nahapiet, J. & Goshal, S. (1998). Social Capital, Intellectual Capital and the Organizational Advantage. *Academy of Management Review, 23* (2), S. 242-266

Nicolai, A. & Kieser, A. (2002). Trotz eklatanter Erfolglosigkeit: Die Erfolgsfaktorenforschung weiter auf Erfolgskurs. *Die Betriebswirtschaft, 62*, S. 579-596

Nohria, N., Joyce, W. F. & Roberson, B. (2003). What really Works: The 4+2 formula for sustained business success. New York: Harper Collins Publishers

o.V. (2002). Aktienoptionen werden integraler Vergütungsbestandteil. *Frankfurter Allgemeine Zeitung* (April, Nr. 92), S. 25

Peters, T. J. & Waterman, R. H. J. (1982). In Search of Excellence. New York: Harper Business Essentials

Pfeffer, J. & Sutton, R. I. (2006). Management by Fakten. *Harvard Business Manager* (April), S. 44-63

Pircher-Friedrich, A. (2001). Sinn-orientierte Führung in Dienstleistungsunternehmen. Augsburg: Ziel Hochschulschriften

Porter, M. (1997). Nur Strategie sichert auf Dauer hohe Erträge. *Harvard Business Manager* (3), S. 42-58

Porter, M. E. (1980). Competitive Strategy – Techniques for Analyzing Industries and Competitors. New York: The Free Press

Porter, M. E. (1985). Competitive Advantage – Creating and Sustaining Superior Performance (2. print.). New York: Free Press

Prahalad, C. K. & Hamel, G. (1990). The Core Competence of the Corporation. *Harvard Business Review, 68* (3), S. 79-91

Prietula, M. J. & Simon, H. A. (1989). The expert in your midst. *Harvard Business Review, 67* (1), S. 120-124

Priewe, J. (1998). Wein. Die neue große Schule. München: Verlag Zabert Sandmann

Putnam, R. (1993). Making democracy work: Civic traditions in modern Italy. Princeton: Princeton University Press

Putnam, R. (2000). Bowling alone: the collapse and revival of the American Community. New York: Simon & Schuster

Quinn, R. E. (1988). Beyond Rational Management. San Francisco: Joessey-Bass

Rachman, G. (1999). The globe in the glass. *Economist* (December 18), S. 91

Raich, M. (2005). Führungsprozesse. Eine ganzheitliche Sicht von Führung. Wiesbaden: DUV

Rappaport, A. (1981). Selecting strategies that create shareholder value. *Harvard Business Review* (May-June), S. 139-149

Rappaport, A. (1986). Creating Shareholder Value: The New Standard for Business Performance. New York: The Free Press

Reichwald, R. & Piller, F. (2006). Interaktive Wertschöpfung. Wiesbaden: Gabler Verlag

Renzl, B. (2003a). Mitarbeiter als Wissensressource. In: K. Matzler, H. Pechlaner & B. Renzl (Hg.), Werte schaffen – Perspektiven einer stakeholderorientierten Unternehmensführung (S. 319-334). Wiesbaden: Gabler Verlag

Renzl, B. (2003b). Wissensbasierte Interaktion – Selbst-evolvierende Wissensströme in Unternehmen. Wiesbaden: Deutscher Universitäts-Verlag

Rigby, D. K., Reichheld, F. F. & Schefter, P. (2002). Customer Relationship Management – Wie Sie die vier größten Fehler vermeiden. *Harvard Business Manager, 24* (4), S. 55-63

Rogers, E. M. (1962). Diffusion of Innovations. New York: Free Press

Rumelt, R. P. (1991). Does industry matter much? *Strategic Management Journal, 12* (1), S. 167-185

Sadler-Smith, E. & Shefy, E. (2004). The intuitive executive: Understanding and applying "gut feel" in decision-making. *Academy of Management Executive, 18* (4), S. 76-91

Sawhney, M., Prandelli, E. & Verona, G. (2003). The power of innomediation. *MIT Sloan Management Review, 44* (2), S. 77-82

Schein, E. (1992). Organizational Culture and Leadership (2. Aufl.). San Francisco: Joessey-Bass

Schmid, F. W. (2005). Der Manager-Macher. *Harvard Business Manager, 27* (April), S. 101-106

Schredelseker, K. (2003). Zwölf Missverständnisse zum Shareholder Value aus finanzwirtschaftlicher Sicht. In: K. Matzler, H. Pechlaner & B. Renzl (Hg.), Werte schaffen. Perspektiven einer stakeholderorientierten Unternehmensführung (S. 99-123). Wiesbaden: Gabler Verlag

Schumpeter, J. (1987). Theorie der wirtschaftlichen Entwicklung (7. Aufl., unveränderter Nachdruck der 1934 erschienenen 4. Aufl.). Berlin: Duncker & Humblot

Scott, B. R. & Matthews, J. L. (2002). "One country, two systems?" Italy and the Mezzogiorno (B). *Harvard Business School Case,* 9-702-097

Senge, P. M. (1996). Die fünfte Disziplin – Kunst und Praxis der lernenden Organisation (3. Aufl.). Stuttgart: Klett-Cotta

Siemens, W. v. (1966). Lebenserinnerungen. München: Piper-Verlag

Simon, H. (1996). Die heimlichen Gewinner. Frankfurt: Campus Verlag

Simon, H. A. (1987). Making management decision: the role of intuition and emotion. *Academy of Management Executive* (February), S. 57-64

Sinclair, M. & Askhanasy, N. M. (2005). Intuition. Myth or decision-making tool? *Management Learning, 36* (3), S. 353-370

Sirisha, D. & Dutta, S. (2002). GE and Jack Welch. *ICFAI Center for Management Research Case*

Sitkin, S. B. (1992). Learning through failure: The strategy of small losses. *Research in organizational behavior, 14*, S. 231-266

Sommer, C. (2005). Zeichen am Himmel. *Brand Eins* (3), S. 24-36

Stadler, C. & Hinterhuber, H. H. (2005). Shell, Siemens and DaimlerChrysler: Leading change in companies with strong value. *Long Range Planning, 38* (5), S. 467-484

Tallman, S. & Fladmore-Lindquist, K. (2002). Internationalization, globalization, and capability-based strategy. *California Management Review, 45* (1), S. 116-135

Taylor, B. (1995). The New Strategic Leadership – Driving Change, Getting Results. *Long Range Planning, 28* (5), S. 71-81

Teece, D. J., Pisano, G. & Shuen, A. (1997). Dynamic Capabilities and Strategic Management. *Strategic Management Journal, 18* (7), S. 509-533

Tellis, G. J. & Golder, P. N. (1996). First to market, first to fail? Real causes of enduring market leadership. *Sloan Management Review* (Winter), S. 65-75

Ullrich, C. (2000). Objektiv betrachtet. *Brand Eins* (4)

von Hippel, E. (1988). The sources of innovation. New York: Oxford University Press von Hippel, E. (2005). Democratizing Innovation. Cambridge, London: The MIT Press

von Krogh, G. (2003). Open-source software development. *MIT Sloan Management Review, 44* (3), S. 14-18

Waldman, D. A., Ramirez, G. G., House, R. & Puranam, P. (2001). Does leadership matter? CEO leadership attributes and profitability under conditions of perceived environmental uncertainty. *Academy of Management Journal, 44* (1), S. 134-143

Wang, C. L. & Ahmed, P. K. (2004). The development and validation of the organizational innovativeness construct using confirmatory factor analysis. *European Journal of Innovation Management, 7* (4), S. 303-313

Wernerfelt, B. (1984). A Resource-based View of the Firm. *Strategic Management Journal, 5* (2), S. 171-180

Wesselhöft, P. (2006). Achtung, Baustelle! *McK Wissen 06* (17), S. 8-11

Willenbrock, H. (2005). Die Spur der Steine. *Brand Eins, 6* (3), S. 102-106

Wozny, M. (1999). GE's tow-decade transformation: Jack Welch's leadership. *Harvard Business School Case*, S. 399-150

Xenophon. (1992). *Ökonomische Schriften*. Berlin

Zeilinger, A. (2002). Dinge, die ohne Grund geschehen. Protokoll der Academy of Life, veröffentlicht in der *Wiener Zeitung* (12./13. Juli)

Anmerkungen

KAPITEL 1
1   Peters & Waterman, 1982
2   Peters & Waterman, 1982
3   Simon, 1996
4   Buzzell & Gale, 1987; Nohria, Joyce & Roberson, 2003
5   Collins & Porras, 1998
6   Kirby, 2005
7   Nicolai & Kieser, 2002
8   Denrell, 2005
9   D'Aveni, 1994; D'Aveni, 1995
10 Pfeffer & Sutton, 2006

KAPITEL 2
1   D'Aveni, 1994; D'Aveni, 1995
2   Gale, 1994; Matzler, 2000; Matzler, Stahl & Hinterhuber, 2006
3   D'Aveni, 1994
4   Matzler, Bailom, Tschemernjak, Anschober & Hinterhuber, 2005
5   Schumpeter, 1987
6   Kieser, 2002
7   Hinterhuber, 2003
8   Hinterhuber, 2003
9   Hinterhuber, 2003
10 Grötker, 2003
11 Grötker, 2003
12 Rappaport, 1981; Rappaport, 1986
13 Schredelseker, 2003
14 Matzler, Rier, Hinterhuber, Renzl & Stadler, 2005
15 Malik, 2002
16 Coenenberg & Salfeld, 2003
17 Achleitner & Bassen, 2002
18 Mintzberg, Simons & Basul, 2002
19 o.V., 2002
20 McCarthy, 2000
21 Koen, 2005
22 Malik, 2002
23 Malik, 2002
24 Coenenberg & Salfeld, 2003
25 Coenenberg & Salfeld, 2003
26 Christensen & Raynor, 2003

KAPITEL 3
1   Der PLS-Ansatz wurde gewählt, weil drei unserer Konstrukte formativen Charakter aufwiesen (Unternehmenskultur, Marktorientierung und Kernkompetenzen). Die Items dieser Konstrukte decken jeweils unterschiedliche Facetten

des Konstrukts ab, daher ist die Wirkungsrichtung vom Indikator zum Konstrukt zu verstehen, die einzelnen Indikatoren sind auch nicht austauschbar und korrelieren nicht notwendigerweise miteinander und müssen nicht unbedingt die gleichen Antezedenten und Konsequenzen haben. Wie in der Literatur empfohlen, wurde die Multikollinearität getestet und stellte kein Problem dar (siehe hierzu: Jarvis, MackKenzie & Podsakoff, 2003; Diamantopoulos & Winkelhofer, 2001).

2 Hansmann & Ringle, 2004

3 Interessierten Lesern empfehlen wir: Bliemel, Eggert & Fassot, 2005. Um sicherzustellen, dass nur reliable und valide Skalen verwendet werden, bevor das Strukturmodell geschätzt wird, orientierten wir uns an dem von Hulland vorgeschlagenen Analyseprozess (siehe Hulland, 1999).

4 Die interne Konsistenz jedes reflektiven Konstrukts liegt über 0,80, die durchschnittliche Varianz liegt immer über 0,50 (mit der Ausnahme Unternehmenserfolg, wo die durchschnittlich erfasste Varianz bei 0,48 liegt), die Diskriminanzvalidität wurde über das Fornell-Larcker-Ratio (Wurzel der durchschnittlich erfassten Varianz/Interkorrelationen der Faktoren) ermittelt und liegt jeweils weit unter 1, damit zeigen die einzelnen verwendeten Skalen eine gute Reliabilität und Validität (siehe Fornell & Larcker, 1981).

5 Kohli, Jaworksi & Kumar, 1993; Kohli & Jaworski, 1990. Die Führungskräfte gaben dabei an, ob ihr Unternehmen hinsichtlich der Generierung von Marktwissen, internen Weitergabe von Marktwissen und Verwendung von Marktwissen als Grundlage für Entscheidungen besser, gleich oder schlechter waren als ihre stärksten Konkurrenten.

6 Wang & Ahmed, 2004. Sie messen Statements, ob (1) Produkte und Dienstleistungen vom Kunden oft als neuartig empfunden werden, (2) die Produkte und Dienstleistungen das Unternehmen im Vergleich zu den Konkurrenten nach vorne bringen, (3) das Unternehmen bei der Neueinführung von Produkten und Dienstleistungen eine höhere Erfolgsrate hat als die Konkurrenz und (4) das Unternehmen im Vergleich zu den Konkurrenten oft revolutionäre Marketingprogramme hat.

7 Tallman & Fladmore-Lindquist, 2002. Dieser Faktor wurde gemessen mit den Fragen: (1) Wir verfügen über einen klaren Plan für den systematischen Aufbau von Kernkompetenzen, d.h. wir analysieren, planen und entwickeln sie langfristig. (2) Wir haben einen systematischen Prozess zur Identifikation neuer Märkte/Chancen für die bestehenden Kernkompetenzen. (3) Die Mitarbeiter werden gezielt in Richtung der aktuellen oder erwünschten zukünftigen Kompetenzen geschult.

8 Barney, 1991; Hinterhuber, 2004a

9 Desphandé, Farley & Webster, 1993

10 Aufbauend auf: Collins & Porras, 1998

11 Wang & Ahmed, 2004

12 Prahalad & Hamel, 1990

13 Buzzell & Gale, 1987

14 Tellis & Golder, 1996

15 Tellis & Golder, 1996

16 Tellis & Golder, 1996

17 Tellis & Golder, 1996

18 Hinterhuber, 2004b
19 Hinterhuber & Krauthammer, 2002; Hinterhuber, 2000; Hinterhuber, 2003
20 Willenbrock, 2005
21 Siemens, 1966
22 Hamel & Getz, 2004
23 Matzler, Bailom, Tschemernjak, Anschober & Hinterhuber, 2005
24 Sirisha & Dutta, 2002
25 Einige Jahre später wurde dieses Konzept von ihm erweitert in ein Drei-Kre-ise-Modell mit Kerngeschäft („reinvesting in productivity and quality"), High-Technology („stay on the leading edge") und Services („add outstanding people and make contiguous acquisitions"). (Bartlett & Wozny, 1999)
26 PIMS=Profit Impact of Market Strategies, (Buzzell & Gale, 1987)
27 Christensen, 1997
28 Farhoomand & Tao, 2005
29 Malik, 2005
30 Christensen, 1997
31 Hutzschenreuter, 2005
32 Douglas, 1991
33 Frenzel, Müller & Sottong, 2004
34 Desphandé et al., 1993; Ernst, 2004; Matzler, Renzl & Rothenberger, 2004

KAPITEL 4
1   Chesbrough, 2003a
2   In Anlehnung an: Chesbrough, 2003b
3   Huston & Sakkab, 2006; Chesbrough, 2003a
4   von Hippel, 1988
5   Wesselhöft, 2006
6   Chesbrough, 2003b
7   Chesbrough, 2003a
8   Sawhney, Prandelli & Verona, 2003
9   Sawhney et al., 2003
10 Huston & Sakkab, 2006
11 Herstatt, Lüthje, & Lettl, 2002
12 Quelle: in Anlehnung an: Herstatt et al., 2002
13 von Hippel, 2005
14 Quelle: in Anlehnung an: von Hippel, 2005
15 Füller & Matzler, 2006
16 Füller, Mühlbacher & Riedler, 2003
17 Füller, Jawecki & Mühlbacher, 2006
18 von Krogh, 2003
19 Füller, Jawecki & Bartl, 2006
20 Füller, Bartl, Ernst & Mühlbacher, 2006
21 Chakravorti, 2004
22 Chakravorti, 2004
23 Rachman, 1999
24 Bartlett, Cornebise & McLean, 2002
25 Bartlett & Ghoshal, 2000

26 Priewe, 1998
27 Priewe, 1998
28 Bartlett et al., 2002
29 Lorange, 2005
30 Christensen, Cook & Hall, 2006
31 Matzler & Bailom, 2006
32 Christensen et al., 2006
33 Lorange, 1998
34 Rogers, 1962
35 Reichwald & Piller, 2006
36 Füller & Matzler, 2006

KAPITEL 5
1 Vgl.: Müller-Stewens & Lechner, 2005
2 Porter, 1980
3 Siehe hierzu: Hinterhuber, Handlbauer, & Matzler, 2003
4 Hitt, Ireland, & Hoskisson, 2005
5 Bain, 1956
6 Hitt et al., 2005; Hunt & Morgan, 1995
7 Wernerfelt, 1984
8 J. Barney, 1991
9 Prahalad & Hamel, 1990
10 McGahan & Porter, 1997
11 Rumelt, 1991
12 Hawawini, Subramanian, & Verdin, 2003
13 In Anlehnung an: Hitt et al., 2005
14 Dierickx & K., 1989; J. B. Barney & Hesterly, 2006
15 Das ist die Annahme des klassischen Resource-based View, z. B. Wernerfelt, 1984
16 Das ist die Sichtweise der Capability-based View, z. B. Teece, Pisano, & Shuen, 1997
17 Hier spricht die Wissenschaft von einer Knowledge-Based View, z. B. Grant, 1996
18 Hier spricht man von einer Relational View of the Firm, z. B. Dyer & Singh, 1998
19 Porter, 1985
20 In Anlehnung an: Grant, 2005
21 In Anlehnung an: Grant, 2005
22 In Anlehnung an: J. B. Barney & Hesterly, 2006
23 http://www.hitech.at/archiv/1_00/flug1.htm
24 Hollensen, 2003
25 Ullrich, 2000
26 Koch, 2006
27 Leonard-Barton, 1992
28 Mirow, 1999; Mirow, 2003
29 Mirow, 2003
30 Mirow, 2003

KAPITEL 6
1   Drucker, 1998
2   Grant, 1996
3   Renzl, 2003b
4   Kelley, 1990
5   Renzl, 2003a
6   Drucker, 1998
7   Argyris, 1998
8   Bruhn & Wolf, 1979
9   Greenberg, 1978
10 Bruhn & Wolf, 1979
11 Greenberg, 1978
12 Scott & Matthews, 2002
13 Putnam, 1993
14 Putnam, 2000
15 Bourdieu, 1986
16 Putnam, 2000
17 In Anlehnung an: Nahapiet & Goshal, 1998; Inkpen & Tsang, 2005
18 Fischer, 2005
19 R. Desphandé, J. U. Farley & F. E. J. Webster, 1993; Ernst, 2004; Matzler,
Renzl & Rothenberger, 2004; Desphandé & Farley, 2004
20 In Anlehnung an: Cameron & Freeman, 1991; R. Desphandé, J. U. Farley & J.
F. E. Webster, 1993; Quinn, 1988
21 Schein, 1992
22 Magretta, 2002
23 Douglas, 1991
24 Douglas, 1991
25 Schein, 1992
26 In Anlehnung an: Schein, 1992
27 Magretta, 2002
28 Magretta, 2002
29 Siehe Hinterhuber, 2003; Abfalter, Hinterhuber & Raich, 2005
30 Magretta, 2002
31 Wozny, 1999
32 Schein, 1992

KAPITEL 7
1   Hegele-Raih, 2006
2   M. Porter, 1997
3   Bailom, Hinterhuber, Matzler & Sauerwein, 1996; Matzler & Hinterhuber,
1998; Matzler, Hinterhuber, Bailom & Sauerwein, 1996
4   Loppow, 1997
5   Kano, 1984; Bailom, Tschemernjak, Matzler & Hinterhuber, 1998
6   ,Kano, 1984; Berger, 1993; Bailom et al., 1996
7   Bailom et al., 1996
8   Matzler & Sauerwein, 2002; Matzler, Sauerwein & Heischmidt, 2003; Matzler,
Fuchs, Binder & Leihs, 2005

9 Matzler, Bailom, Hinterhuber, Renzl & Pichler, 2004
10 Matzler, 2003
11 Matzler, Fuchs & Schubert, 2004; Matzler & Renzl, 2006
12 Matzler, Sauerwein & Stark, 2005
13 Füller & Matzler, 2006a
14 Matzler, Bailom et al., 2005
15 Hess & Schuller, 2005
16 Hammer, 1990
17 Hess & Schuller, 2005
18 Hess & Schuller, 2005
19 Hammer & Stanton, 2000
20 Hess & Schuller, 2005
21 Davenport, 2005
22 Hess & Schuller, 2005
23 Kajüter, 2005
24 Kieser, 2002
25 Budros, 1999
26 Kieser, 2002
27 Cascio, Young & Morris, 1997
28 Dougherty & Bowman, 1995; Kieser, 2002
29 Matzler & Fässler, 2004
30 Hammer & Stanton, 2000
31 Rigby, Reichheld & Schefter, 2002
32 Rigby et al., 2002
33 Kordupleski, Rust & Zahorik, 1994
34 Hinterhuber, Handlbauer, & Matzler, 2003a
35 Matzler & Fässler, 2004
36 Matzler, Pechlaner & Kohl, 2000
37 Hammer & Stanton, 2000; Kaplan & Norton, 1997
38 Magretta, 2002
39 http://de.wikipedia.org/wiki/Hauptseite
40 A brief profile article on Southwest, www.beysterinstitute.org
41 Heuer, 2002; Sommer, 2005
42 In Anlehnung an: M. Porter, 199)

KAPITEL 8
1 Baron & Kenny, 1986
2 Und Frauen natürlich (Anmerkung der Verfasser)
3 Hinterhuber & Raich, 2006
4 Hinterhuber & Rothenberger, 2006
5 Hinterhuber, 2003
6 Waldman, Ramirez, House & Puranam, 2001; Hinterhuber & Stadler, 2006; Raich, 2005
7 Taylor, 1995
8 Wir folgen hier den zahlreichen Arbeiten zu Leadership und Management von Hans Hinterhuber (Hinterhuber, 2003b; Hinterhuber, 2004b; Hinterhuber, Friedrich & Krauthammer, 2001; Hinterhuber & Krauthammer, 1998, Hinterhu-

ber & Krauthammer, 2002; Hinterhuber & Renzl, 2004; Hinterhuber, Renzl &
Matzler, 2006; Hinterhuber, 2002)
9   Kirzner, 1980
10 Hinterhuber, 2004b
11 Donnithorne, 1994
12 Hinterhuber, 2004b
13 Xenophon, 1992, zitiert in: Hinterhuber, 2003a
14 Abfalter & Hinterhuber, 2006
15 Hinterhuber, 2003b
16 Senge, 1996
17 Wir folgen hier den Ausführungen von Pircher-Friedrich, 2001
18 Sadler-Smith & Shefy, 2004
19 Miller & Ireland, 2005
20 Hinterhuber & Rothenberger, 2006
21 Zeilinger, 2002
22 Coutu, 2005
23 H. A. Simon, 1987
24 H. A. Simon, 1987
25 Khatri & Ng, 2000
26 Prietula & Simon, 1989; Chester I. Barnard, zitiert in: H. A. Simon, 1987;
Khatri & Ng, 2000
27 Sadler-Smith & Shefy, 2004
28 Sinclair & Askhanasy, 2005
29 Miller & Ireland, 2005
30 Sadler-Smith & Shefy, 2004
31 Schmid, 2005
32 LeDoux, 1996
33 Goleman, 1996
34 Goleman, 2004
35 Sitkin, 1992
36 Drucker, 2004
37 Zitiert in: Miller & Ireland, 2005